21世纪高等学校计算机教育实用规划教材

Python
从入门到实践案例教程

祁瑞华　主　编

李绍华　李　敏　郭　旭　副主编

清华大学出版社

北京

内 容 简 介

本书是 21 世纪高等学校计算机教育实用规划教材，从零基础出发，结构精简，语言流畅，由浅入深、循序渐进地介绍 Python 程序设计语言，让读者能够较为系统全面地掌握程序设计的理论和应用。书中运用丰富的案例解释程序设计方法和思想，易于学习者理解，本书提供大量配套习题供读者深入学习、掌握教材内容，所提供的代码实例和案例均在 Python 3.7 环境下调试和运行。书中实例侧重实用性和启发性，趣味性强、通俗易懂，有助于读者在适应 Python 编程进行了实战中打下坚实的基础。

图书在版编目（CIP）数据

Python 从入门到实践案例教程/祁瑞华主编. —北京: 清华大学出版社, 2020.10（2022.8 重印）

21 世纪高等学校计算机教育实用规划教材

ISBN 978-7-302-56502-4

Ⅰ. ①P… Ⅱ. ①祁… Ⅲ. ①软件工具－程序设计－高等学校－教材 Ⅳ. ①TP311.56

中国版本图书馆 CIP 数据核字(2020)第 182020 号

责任编辑：贾 斌
封面设计：常雪影
责任校对：胡伟民
责任印制：朱雨萌

出版发行：清华大学出版社

网　　　址：http://www.tup.com.cn，http://www.wqbook.com
地　　　址：北京清华大学学研大厦 A 座　　　　邮　　编：100084
社 总 机：010-83470000　　　　邮　　购：010-62786544
投稿与读者服务：010-62776969，c-service@tup.tsinghua.edu.cn
质 量 反 馈：010-62772015，zhiliang@tup.tsinghua.edu.cn
课 件 下 载：http://www.tup.com.cn，010-83470236

印 装 者：三河市龙大印装有限公司

经　　销：全国新华书店

开　　本：185mm×260mm　　印　张：18.25　　字　数：470 千字
版　　次：2020 年 10 月第 1 版　　印　次：2022 年 8 月第 3 次印刷
印　　数：3001～4200
定　　价：59.00 元

产品编号：089780-01

前　言

本书是 21 世纪高等学校计算机教育实用规划教材。

Python 语言作为一门免费、开源语言，已被许多学校引入教学过程。它是面向对象和过程的程序设计语言，具有数据结构丰富、可移植性强、语言简洁、程序可读性强等特点。编者根据实际教学经验，对内容进行选择，力求面向以程序设计零基础为起点的读者，本书介绍了 Python 程序设计的基础知识、Python 的数据类型与运算符、选择结构和循环结构等控制语句、列表与元组、字典和集合、函数、文件操作和异常处理，通过丰富的应用实例向读者介绍了 Python 程序设计的方法及主要思想。

本书编者长期从事计算机课程的教学工作，具有丰富的教学经验和较强的科学研究能力。编者本着加强基础、注重实践、突出实践应用能力和创新能力培养的原则，力求使本书有较强的可读性、适用性和先进性。书中实例侧重实用性和启发性，趣味性强、通俗易懂，使读者能够快速掌握 Python 语言的基础知识与编程技巧，为适应实战应用打下坚实的基础。

本书从零基础出发，结构精简，语言流畅，具有以下特点：

（1）由浅入深、循序渐进地介绍 Python 程序设计语言，让读者能够较为系统全面地掌握程序设计的理论和应用。

（2）运用丰富的案例解释程序设计方法和思想，易于学习者理解。

（3）提供大量配套习题供读者深入学习、掌握教材内容。

本书由祁瑞华任主编，李绍华为副主编。提供本书初稿的主要有：祁瑞华（第 1、2 章），李绍华（第 3、4、7、10、11 章），李敏（第 5、6 章），郭旭（第 8、9 章）。

本书可作为（但不限于）：

（1）计算机专业本科生程序设计教材。

（2）会计、经济、管理、统计以及其他非工科专业本科生程序设计教材。

（3）非计算机相关专业本科生公共基础课程序设计教材。

（4）专科院校或职业技术学院程序设计教材。

（5）Python 培训用书。

（6）编程爱好者自学材料。

本书所提供的程序示例及实例均在 Python 3.7 环境下进行了调试和运行，同时，为了帮助读者更好地学习 Python,编者在每章后编写了适量的习题供读者练习。

在本书的编写过程中,清华大学出版社的魏江江老师和贾斌老师提出了许多宝贵的意见,在此致以衷心的感谢。

由于 Python 程序设计技术的发展日新月异,加之水平有限,书中难免存在不足之处,敬请广大读者批评指正。

编　者

2020 年 4 月于大连

目　　录

第1章

Python 概述

本章主要介绍了计算机及程序设计语言发展史、Python 程序设计的背景知识和基础语法。

本章要求了解计算机发展历史和体系结构，了解程序设计语言的发展过程，掌握 Python 运行环境的安装过程，学会编写简单的 Python 程序。

学习目标：

▸▸ **计算机及程序设计语言概述**

▸▸ Python 语言特点和应用领域

▸▸ Python 版本和开发环境

▸▸ **集成开发环境 Spyder 的使用**

▸▸ Python 语法基础和输入输出函数

1.1 计算机及程序设计语言概述

1.1.1 计算机发展史

计算机（Computer）的全称为电子计算机，也称电脑，是一种能够按照程序运行，自动、高速处理海量数据的现代化智能电子设备。计算机的应用领域从最初的军事科研应用扩展到社会的各个领域，已形成了规模巨大的计算机产业，带动了全球范围的技术进步，由此引发了深刻的社会变革。目前，计算机已经成为信息社会中必不可少的工具。

电子计算机的奠基人是英国科学家艾伦·麦席森·图灵（Alan M. Turing）和美籍匈牙利科学家冯·诺依曼（John Von·Neumann）。图灵建立了图灵机的理论模型，奠定了人工智能的基础，冯·诺依曼率先提出了计算机体系结构的设想。

第一代电子管计算机（1946—1958 年）

1946 年 2 月 15 日，标志现代计算机诞生的电子数字积分计算机（Electronic Numerical Integrator and Calculator，ENIAC）在美国费城公诸于世。为了满足美国军方计算弹道的需要，美国政府和宾夕法尼亚大学合作研发 ENIAC，共使用了 17840 支电子管，70000 多个电阻器，有 5 百万个焊接点，重达 28 吨，耗电 170 千瓦，造价约为 487000 美元，其运算速度为每秒 5000 次。

1950 年，世界上第一台并行计算机离散变量自动电子计算机（Electronic Discrete Variable Automatic Computer，EDVAC）诞生，采用了"计算机之父"冯·诺依曼的两个设想：二进制和存储程序。

第二代晶体管计算机（1954—1964 年）

1948 年，晶体管的应用代替了体积庞大的电子管，电子设备的体积不断减小。1954 年，IBM 公司制造了第一台使用晶体管的计算机 TRADIC（TRAnsistor Digital Computer），增加了浮点运算。第二代计算机体积小、速度快（一般为每秒数 10 万次，可高达 300 万次）、功耗低、性能更稳定。

这一时期出现了更高级的 COBOL 和 FORTRAN 等语言，使计算机编程更容易。新的职业（程序员、分析员和计算机系统专家）和整个软件产业也由此诞生。应用领域以科学计算和事务处理为主，并开始进入工业控制领域。

第三代集成电路计算机（1964—1970 年）

1958 年德州仪器公司发明了集成电路（Integrated Circuit，IC），将三种电子元件结合到一片小小的硅片上。更多的元件集成到单一的半导体芯片上，使得计算机变得更小，功耗更低，速度更快。第三代计算机的基本电子元件是每个基片上集成几个到十几个电子元件（逻辑门）的小规模集成电路和每片上几十个元件的中规模集成电路。运算速度可达每秒数百万次至数千万次基本运算。

这一时期的发展还包括使用了操作系统，使得计算机在中心程序的控制协调下可以同时运行许多不同的程序。软件方面出现了分时操作系统以及结构化、规模化程序设计方法。机器可靠性有了显著提高，价格进一步下降，产品走向了通用化、系列化和标准化之路。应用领域开始进入文字处理和图形图像处理领域。

第四代大规模集成电路计算机（1970 年至今）

1967 年和 1977 年分别出现了大规模和超大规模集成电路。由大规模和超大规模集成电路组装成的计算机，被称为第四代电子计算机。美国伊利诺伊自动计算机（ILLIAC-IV）是第一台全面使用大规模集成电路作为逻辑元件和存储器的计算机，它标志着计算机的发展到了第四代。到了 20 世纪 80 年代，超大规模集成电路（Very Large Scale Integration，VLSI）在芯片上容纳了几十万个元件，后来的甚大规模集成电路（Ultra Large Scale Integration，ULSI）上将数量扩充到百万级，可以在硬币大小的芯片上容纳如此数量的元件使得计算机的体积和价格不断下降，而功能和可靠性不断增强，运算速度可达每秒一亿甚至几十亿次。

这一时期在软件方面出现了数据库管理系统、网络管理系统和面向对象语言等。1971 年世界上第一台微处理器（INTEL4004）在美国硅谷诞生，开创了微型计算机的新时代。应用领域从科学计算、事务管理、过程控制逐步走向家庭。

第五代新型计算机

基于集成电路的计算机短期内还不会退出历史舞台，同时新的计算机正在跃跃欲试地加紧研究，下一代计算机包括能识别自然语言的计算机、高速超导计算机、纳米计算机、激光计算机、DNA 计算机、量子计算机和神经网络计算机等，具有体积更小、运算速度更快、更加智能化和耗电量更少等特点。

1.1.2 计算机体系结构

冯·诺依曼于 1946 年提出存储程序原理，把程序本身也当作数据来对待，程序和该程序处理的数据用同样的方式储存，计算机的数制采用二进制，按照程序顺序执行。冯·诺依曼的这个理论被称为冯·诺依曼体系结构。

冯·诺依曼体系结构提出计算机由控制器、运算器、存储器、输入设备、输出设备五部分组成，如图 1.1 所示。

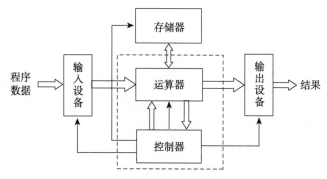

图 1.1　冯·诺依曼体系结构图

运算器：运行算术运算和逻辑运算，并将中间结果暂存到运算器中。

控制器：用来控制和指挥程序和数据的输入运行，以及处理运算结果。

存储器：用来存放数据和程序。

输入设备：用来将人们熟悉的信息形式转换为机器能够识别的信息形式，如键盘、鼠标等。

输出设备：将机器运算结果转换为人们熟悉的信息形式，如打印机、显示器等。

冯·诺依曼体系结构的指令和数据均采用二进制码表示；指令和数据以同等地位存放于存储器中，均可按地址寻访；指令由操作码和地址码组成，操作码用来表示操作的性质，地址码用来表示操作数所在存储器中的位置；指令在存储器中按顺序存放，通常指令是按顺序执行的，特定条件下，可以根据运算结果或者设定的条件改变执行顺序；机器以运算器为中心，输入输出设备和存储器的数据传送通过运算器。

1.1.3 计算机系统组成

计算机系统是由硬件系统（Hardware System）和软件系统（Software System）两部分组成的，如图 1.2 所示。

1. 硬件系统

硬件系统是指组成计算机的各种物理设备，也就是人们看得见、摸得着的实际物理设备，包括计算机的主机和外部设备。

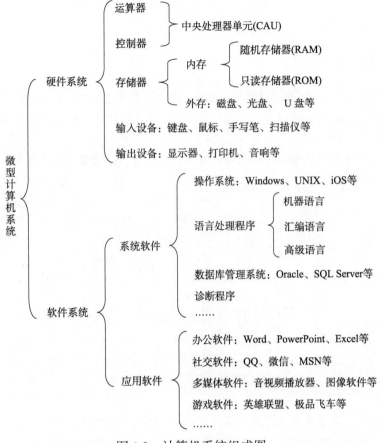

图 1.2　计算机系统组成图

自第一台计算机 ENIAC 发明以来,计算机系统的技术已经得到了很大的发展,但计算机硬件系统的基本结构没有发生变化,仍然属于冯·诺依曼体系计算机。计算机硬件系统仍然由运算器、控制器、存储器、输入设备和输出设备 5 部分组成。

(1)运算器和控制器集成在中央处理器单元(Central Processing Unit,CPU)上。CPU 作为计算机系统的运算和控制核心,被称为计算机的大脑,是信息处理、程序运行的最终执行单元。

运算器:又称算术逻辑单元,它是完成计算机对各种算术运算和逻辑运算的装置,能进行加、减、乘、除等数学运算,也能作比较、判断、查找、逻辑运算等。

控制器:由程序计数器、指令寄存器、指令译码器、时序产生器和操作控制器组成,它是发布命令的"决策机构",即完成协调和指挥整个计算机系统的操作。控制器是计算机指挥和控制其他各部分工作的中心,其工作过程和人的大脑指挥和控制人的各器官一样。

(2)存储器:将输入设备接收到的信息以二进制的数据形式存到存储器中。存储器有两种,分别叫作内存储器和外存储器。

内存储器:微型计算机的内存储器是由半导体器件构成的。从使用功能上可分为随机存储器(Random Access Memory,RAM)和只读存储器(Read Only Memory,ROM)。

外存储器的种类很多,又称辅助存储器。外存通常是磁性介质或光盘,像硬盘、软盘、磁带、CD 等，能长期保存信息，但是其速度与内存相比慢，优势是价格相对较低。

（3）输入设备：将数据、程序、文字符号、图像、声音等信息输送到计算机中。常用的输入设备有键盘、鼠标、触摸屏、数字转换器等。

（4）输出设备：将计算机的运算结果或者中间结果打印或显示出来。常用的输出设备有：显示器、打印机、绘图仪和传真机等。

2. 软件系统

软件系统是指由系统软件和应用软件组成的计算机软件系统，它是计算机系统中由软件组成的部分。

计算机软件分为系统软件和应用软件两大类：

（1）系统软件：负责管理计算机系统中各种硬件，使得它们可以协调工作。系统软件使得计算机使用者和其他软件将计算机当作一个整体而不需要顾及到底层每个硬件是如何工作的。

系统软件是指各类操作系统，如 Windows、Linux、UNIX、MacOS 等，包括操作系统的补丁程序及硬件驱动程序，都可归属于系统软件类。它也可以是一个由众多独立程序组成的庞大的软件系统，比如数据库管理系统。

（2）应用软件：为了某种特定的用途而被开发的软件。它可以是一个特定的程序，比如网络浏览器，也可以是一组功能联系紧密互相协作的程序集合，比如微软的 Office 软件。

应用软件包括办公软件、社交软件、多媒体软件、游戏软件等。

1.1.4　程序设计语言

程序设计语言（Programming Language）可以简单理解为一种计算机和人都能识别的语言，能够实现人与机器之间的交流和沟通。语言由一组记号和一组规则组成，是根据规则由记号构成的记号串的总体。计算机语言让程序员能够准确地定义计算机所需要使用的数据，并精确地定义在不同情况下应当采取的行动。

编程语言处在不断的发展和变化中，从最初的机器语言发展到如今的 2500 种以上的高级语言，每种语言都有其特定的用途和发展轨迹。编程语言并不像人类自然语言发展变化一样的缓慢而又持久，其发展是相当快速的，这主要是因为计算机硬件、互联网和 IT 产业的发展促进了编程语言的发展。

计算机程序设计语言一般分为：低级语言、高级语言和面向对象时代。具体内容如下：

1. 低级语言时代（1946—1953）

包括机器语言以及汇编语言。

1）机器语言

计算机工作基于二进制，计算机只能识别和接受由 0 和 1 组成的指令。这些指令的集合就是该计算机的机器语言。机器语言的缺点有：难学、难写、难记、难检查、难修改，难以推广使用。因此初期只有极少数的计算机专业人员会编写计算机程序。

6

2）汇编语言

由于机器语言难以理解，莫奇莱等人开始想到用助记符来代替 0、1 代码，于是汇编语言出现了。该语言主要是以缩写英文作为标记符进行编写，运用汇编语言进行编写的一般都是较为简练的小程序，其在执行方面较为便利，但汇编语言程序较为冗长，出错率较高。

2. 高级语言时代（1954—至今）

随着世界上第一个高级语言 FORTRAN 的出现，新的编程语言开始不断涌现出来。

所谓的高级语言，是由多种编程语言结合之后的总称，可以对多条指令进行整合，将其变为单条指令完成输送，在操作细节指令以及中间过程等方面都得到了适当的简化，整个程序更为简便，具有较强的操作性。而这种编码方式的简化，使得计算机编程对于相关工作人员的专业水平要求不断放宽。

1）第一个高级语言——FORTRAN

为了克服低级语言的缺点，20 世纪 50 年代由美国约翰·贝克斯（John Backus）创造出了第一个计算机高级语言——FORTRAN 语言。它很接近人们习惯使用的自然语言和数学语言。程序中所用运算符和运算表达式，很容易理解，使用也十方便，并且 FORTRAN 以其特有的功能在数值、科学和工程计算领域发挥着重要作用。

2）第一个结构化程序设计语言——ALGOL

这是在计算机发展史上首批清晰定义的高级语言，由欧美计算机学家合力在 20 世纪 50 年代所开发。国际计算机学会将 ALGOL 模式列为算法描述的标准，启发了 ALGOL 类现代语言 Pascal、Ada、C 语言等的出现。

3）最简单的语言——BASIC

1964 年 BASIC 语言正式发布。它是由达特茅斯学院院长、匈牙利人约翰·凯梅尼（John G. Kemeny）与数学系教师托马斯·库尔茨（Thomas E. Kurtz）共同研制的。该语言只有 26 个变量名，17 条语句，12 个函数和 3 个命令，这门语言被称为"初学者通用符号指令代码"。

4）编程语言重要的里程碑——Pascal

这是基于 ALGOL 的编程语言，为纪念法国数学家、哲学家、电脑先驱布莱兹·帕斯卡而命名。它由瑞士 Niklaus Wirth 教授于 20 世纪 60 年代末设计。Pascal 具有语法严谨、层次分明等特点，是第一个结构化编程语言，被称为"编程语言重要的里程碑"。

5）现代程序语言革命的起点——C 语言

C 语言的祖先是 BCPL（Basic Combined Programming Language）语言，1970 年，美国贝尔实验室的 Ken Thompson 在 BCPL 语言的基础上，设计出了 B 语言。接着在 1972 到 1973 年间，美国贝尔实验室的 Dennis M.Ritchie 在 Ken Thompson B 语言的基础上设计出了 C 语言。

3. 面向对象时代（90 年代初—至今）

面向对象程序设计最突出的特点为封装性、继承性和多态性。

1）Java

Java 是由 Sun Microsystem 于 1995 年推出的高级编程语言。近几年来，Java 企业级应用飞速发展，主要被运用于电信、金融、交通等行业的信息化平台建设。Java 是一个普遍适用的软件平台，其具有易学易用、平台独立、可移植、多线程、健壮、动态、安全等主要特性。

2）Python

近几年来，Python 语言上升势头比较迅速，其主要原因在于大数据和人工智能领域的发展，随着产业互联网的推进，Python 语言未来的发展空间将进一步得到扩大。Python 是一种高层次的脚本语言，目前应用于 Web 和 Internet 开发、科学计算和统计、教育、软件开发和后端开发等领域，且有着简单易学、运行速度快、可移植、可扩展、可嵌入等优点。

1.2　Python 语言特点及应用领域

Python 是一种简单易学、功能强大的编程语言，具有高效率的高级数据结构和简洁有效的面向对象编程方法。Python 语言具有简练的语法、动态的编程方法和解释执行的属性，已经成为很多领域和平台上的脚本撰写和快速应用开发的理想语言。

1.2.1　Python 语言特点

Python 语言具有以下特点。

（1）Python 是结合了解释型、交互型和面向对象的高级语言。

（2）Python 语言风格简洁优雅。基于"对于一个特定问题，只提供一种最好的解决方法"的思路，Python 语言具有简洁明确的语法风格，易读懂、易维护。

（3）Python 语言具有强大的处理能力，集成了模块、异常处理和类的概念，内置支持灵活的数组和字典等高级数据结构类型，完全支持继承、重载、派生、多继承，支持重载运算符和动态类型，源代码易于复用。

（4）Python 语言结构清晰，关键字相对较少，容易学习。

（5）Python 语言对代码行的缩进等编程习惯有严格要求。

（6）Python 语言可扩展性好，提供了丰富的 API 和工具，可作为扩展语言为各种应用开发接口、可编程接口方便对接当前主要的系统、函数库和应用程序，可在 C 或 C++ 中扩展。

（7）Python 语言开发的应用具有很好的可移植性和兼容性，可以在 UNIX、Mac、OS/2、MS-DOS、Windows 等各个版本的操作系统上运行。

（8）Python 语言提供了丰富的标准库和扩展库。Python 标准库功能齐全，提供了系统管理、网络通信、文本处理、文件处理、网页浏览器、数据库接口、电子邮件、密码系统、图形用户界面等操作。除了标准库，Python 还提供了操作系统管理、科学计算、自然语言处理、Web 开发、图形用户界面开发和多媒体应用等多个领域的高质量第三方扩展包。

1.2.2　应用领域

Python 语言目前已经广泛应用多个领域，主要包括：

1. 操作系统管理和服务器运维

Python 语言具有易读性好、效率高、代码重用性好、扩展性好等优势，适合用于编写操作系统管理脚本。Python 提供了操作系统管理扩展包 Ansible、Salt、OpenStack 等。

2. 科学计算

Python 科学计算扩展库包括了快速数组处理模块 NumPy、数值运算模块 SciPy、数据分析和建模库 Pandas、可视化和交互式并行计算模块 IPython 和绘图模块 matplotlib 等，其他开源科学计算软件包也为 Python 提供了调用接口，例如计算机视觉库 OpenCV、医学图像处理库 ITK、三维可视化库 VTK 等。因此 Python 开发环境很适合用于处理实验数据、制作图表或者开发科学计算应用程序。

3. 自然语言处理

Python 语言本身可以完成文本处理任务，同时还拥有功能强大的第三方自然语言处理工具库，包括 NLTK、spaCy、Pattern、TextBlob、Gensim、PyNLPI、Polyglot、MontyLingua、BLLIP Parser、Quepy 等，提供了分词、词干提取、词性标注、语法分析、情感分析、语义推理、机器翻译等类库，以及机器学习的向量空间模型、分类算法和聚类算法等丰富的功能。

4. Web 应用开发

Python 提供了多种 Web 应用开发解决方案和模块，可以方便地定制服务器软件，提供了 Web 应用开发框架，如 Django 和 Pyramid 等。微型 Python Web 框架有 Flask 和 Bottle 等，提供的高级内容管理系统有 Plone 和 django CMS 等。提供的工具集包括：Soket 编程、CGI、Freeform、Zope、CMF、Plone、Silva、Nuxeo CPS、WebWare、Twisted Python、CherryPy、SkunkWeb、Quixote、Suite Server、Spyce、Albatross、Cheetah、mod_python 等，Python 标准库支持的 Internet 协议包括：HTML、XML、JSON、E-mail processing、FTP、IMAP 等。

5. 图形用户界面开发

Python 提供的 GUI 编程模块包括 Tkinter、wxPython、PyGObject、PyQt、PySide、Kivy 等，用户可以根据需要编写出强大的跨平台用户界面程序。

6. 多媒体应用

Python 提供了丰富的多媒体应用模块，包括能进行二维和三维图像处理的 PyOpenGL 模块，以及可用于编写游戏软件的 PyGame 模块等。

7. 人工智能

Python 大大简化了人工智能领域的机器学习、神经网络、深度学习等技术的构建和实验运行的难度，人工智能技术和主流算法在 Python 平台上得到了广泛的支持和应用。

1.3 Python 版本和开发环境

1.3.1 Python 版本

1989 年，Guido van Rossum 与荷兰国家数学和计算机科学研究所共同设计了 Python 语言的雏形。Python 的设计基于多种计算机语言，包括 ABC、Modula-3、C、C++、Algol-68、SmallTalk、UNIX shell 和其他的脚本语言。

Python 语言的第一个公开发行版发行于 1991 年，目前主要使用的版本是 Python 3。Python 开发团队同时维护 Python 2.x 和 Python 3.x 两个系列，Python3.x 的发行时间并不一定晚于 Python 2.x。

本书编写完成时最高版本为 Python 3.8.0，更多版本的更新可以关注 Python 官方网站 https://www.python.org/。

由于 Python 3 在设计时不考虑向下兼容，还有很多 Python 2.x 的代码、第三方扩展库不支持 Python 3，因此作为 Python 的初学者，选择合适的版本是首要问题。选择 Python 版本的参考原则如下：

首先，如果开发的应用对 Python 的版本有特殊要求，应该按此要求选择 Python 的版本。

其次，如果在开发中需要使用特定的第三方扩展库，要注意确定是否与选定版本兼容。

📖 说明：

☑ 如果没有特别声明，本书后续内容的讲解均基于 Python 3.7 版本。

1.3.2 集成开发环境

Python 是一门跨平台的语言，集成开发环境可以提供 Python 程序开发环境的各种应用程序，一般包括代码编辑器、编译器、调试器和图形用户界面等工具，同时集成代码编写功能、分析功能、编译功能、调试功能等于一体。使用 Python 集成开发环境，可以帮助开发者提高开发的速度和效率，减少失误，也方便管理开发工作和组织资源。

常用的 Python 集成开发环境主要有：

1. IDLE

IDLE 是 Python 内置的集成开发环境。当安装好 Python 以后，IDLE 就自动安装好了。其基本功能包括：语法加亮、段落缩进、基本文本编辑、TABLE 键控制、调试程序等。

2. Anaconda

Anaconda 是 Python 的一个集成安装，完全开源和免费。其中默认安装 Python、IPython、集成开发环境 Spyder 和众多流行的科学、数学、工程、数据分析的 Python 包，支持 Linux、Windows、Mac 等操作系统平台，支持 Python 2.x 和 3.x，可在多版本 Python 之间自由切换。Anaconda 额外的加速、优化是收费的，对于学术用途可以申请免费许可。

Spyder 是一个强大的开放源代码的交互式跨平台 Python 语言科学运算开发环境，集成了 NumPy、SciPy、Matplotlib 与 IPython 等开源软件。提供高级的代码编辑、交互测试、调试等特性，支持 Windows、Linux 和 OS X 操作系统。Spyder 官方下载网址为 https://pypi.python.org/pypi/spyder，也可以使用 Anaconda 中集成的 Spyder。

3. Eclipse with PyDev

PyDev 是 Eclipse 开发的 Python 集成开发环境，支持 Python、Jython 和 IronPython 的开发。Eclipse+PyDev 插件适合开发 Python Web 应用，功能包括：自动代码完成、语法高亮、代码分析、调试器以及内置的交互浏览器。

PyDev 官方下载网址 http://pydev.org/。

4. PyCharm

PyCharm 是 JetBrains 开发的 Python 集成开发环境，功能包括：调试器、语法高亮、Project 管理、代码跳转、智能提示、自动完成、单元测试、版本控制等，并支持 Google App Engine 和 IronPython。

Pycharm 专业版是商业软件，提供部分功能受限制的免费简装版本，官方下载地址为 http://www.jetbrains.com/pycharm/。

5. Wing

Wing 是一个功能强大的 Python 集成开发环境，兼容 Python 2.x 和 3.x，可以结合 Tkinter、mod_wsgi、Django、matplotlib、Zope、Plone、App Engine、PyQt、PySide、wxPython 等 Python 框架使用，支持测试驱动开发，集成了单元测试和 Django 框架的执行和调试功能，支持 Windows、Linux、OS X 等操作系统。Wing 的专业版是商用软件，也提供了免费的简装版本，官方下载地址为 https://wingware.com/。

📖 **说明：**

☑ 本书后续内容的讲解将基于 Anaconda Spyder 集成开发环境。

1.3.3　Anaconda 安装

Anaconda 是 Python 的免费科学计算集成安装环境，编译集成了 Python 基本环境、交互式解释器 IPython、集成开发环境 Spyder、Python 科学计算和数据挖掘的第三方库 numpy、scipy、matplotlib 等模块。

Anaconda 的安装简单，在 Anaconda 中多版本 Python 和第三方库的安装和维护也简单易行。Anaconda 跨平台性好，可以在 Windows、MacOS 或 Linux 平台上使用。因此，Anaconda 非常适合需要协调不同版本 Python 及其扩展库的开发者和初学者使用。

Python 在不同操作系统平台上的安装和配置过程基本一致，本书基于 Windows 10 和 Python 3.7 搭建 Anaconda Spyder 集成开发环境。

1. Anaconda 的下载和安装

（1）Anaconda 的官方下载地址是 https://www.continuum.io/downloads，如果在国内访

问，建议到清华大学开源软件镜像站下载，地址如下：

https://mirrors.tuna.tsinghua.edu.cn/anaconda/archive/

本书下载的版本是 Anaconda3-2019.10-Windows-x86_64.exe，是 Windows 操作系统下的 64 位安装包。

（2）下载后双击安装程序，安装界面如图 1.3 所示。

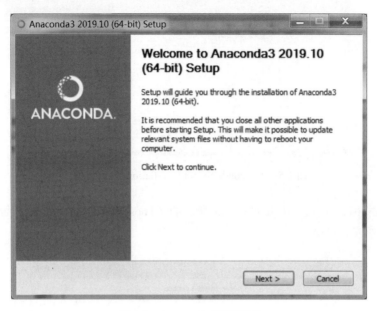

图 1.3　Anaconda 安装界面

（3）单击 Next 按钮，在如图 1.4 所示的 License Agreement 界面选择 I Agree。

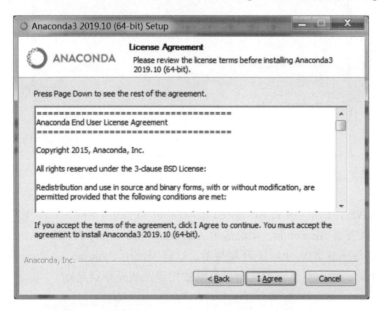

图 1.4　Anaconda License Agreement 界面

（4）在如图 1.5 所示的 Select Installation Type 界面选择使用此应用的用户。

Python 概述

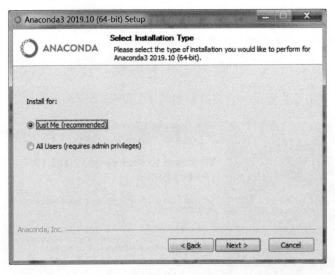

图 1.5　Anaconda Select Installation Type 界面

（5）单击 Next 按钮，进入如图 1.6 所示的 Choose Install Location 界面，在这里为 Anaconda 选择安装路径。

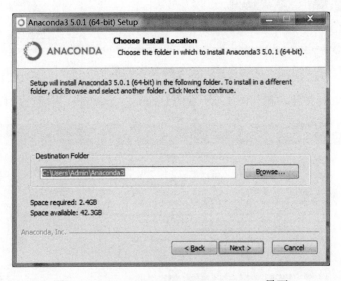

图 1.6　Anaconda Choose Install Location 界面

（6）单击 Next 按钮，进入 Advanced Installation Options 界面，如图 1.7 所示。

如果是首次安装 Anaconda，建议选中 Add Anaconda to my PATH environment variable 复选框，将 Anaconda 加入 PATH 环境变量，这样当使用 Python、IPython、conda 和其他 Anaconda 应用时，程序在系统中的路径可以被找到，从而顺利启动。

📃 说明：

☑ 选中复选框 Register Anaconda as my default Python 3.7，则其他应用程序会自动检

测并将 Python3.7 作为 Anaconda 的首要版本。

☑ 如果安装了多个版本的 Anaconda，选择此项会引起版本冲突，这种情况下不建议选择，可以通过 Windows "开始" 菜单|Anoconda3（64-bit）顺利启动程序。

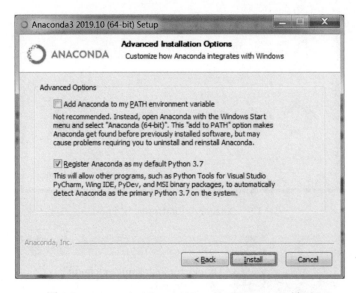

图 1.7　Anaconda Advanced Installation Options 界面

（7）单击 Install 按钮，进入 Installing 界面，可以单击 Show details 按钮查看安装详情，如图 1.8 所示。

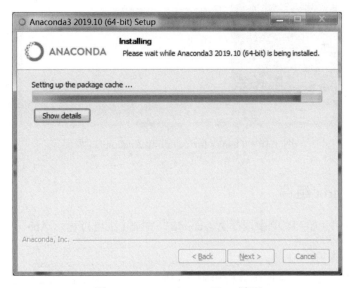

图 1.8　Anaconda Installing 界面

（8）单击 Next 按钮，显示如图 1.9 所示的 Anaconda+JetBrains 说明界面。

（9）单击 Next 按钮，进入 Thanks for installing Anaconda3 界面，如图 1.10 所示，单击 Finish 按钮，完成安装。

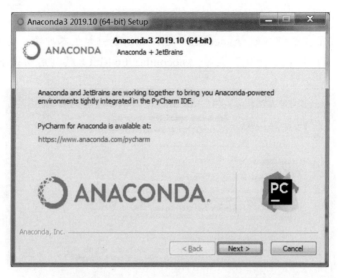

图 1.9　Anaconda+JetBrains 说明界面

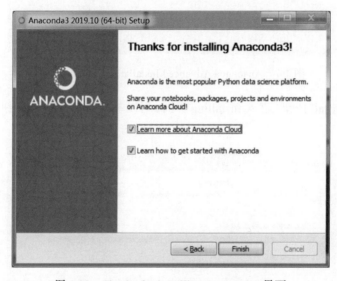

图 1.10　Thanks for installing Anaconda3 界面

1.3.4　Anaconda 组件

在 Windows "开始"菜单中选择 Anaconda3（64-bit），可以显示 Anaconda 的主要组件。

1. Anaconda Cloud

Anaconda Cloud 是一种连续分析包管理服务，云服务使得各种服务便于查询、访问、储存和共享。对于使用者，在 Anaconda Cloud 中不需要注册账号就可以搜索、下载和安装公共扩展包。对于开发者，Anaconda Cloud 可以为软件开发、发布和维护提供方便。

2. Anaconda Navigator

Anaconda Navigator 是基于 Web 的图形用户界面交互式计算环境，用于启动应用、管理扩展包和管理应用环境。可以设置 Anaconda Navigator 在 Anaconda Clouds 中或在本地搜索扩展包。

3. Anaconda Prompt

Anaconda Prompt 是 Anaconda 的命令行界面，在这里可以通过输入命令管理应用环境和扩展包。

4. IPython

IPython 是一个改进的 Python 交互式运行环境，为交互式计算提供了丰富的架构。支持变量自动补全、自动缩进、交互式的数据可视化工具、Jupyter 内核、可嵌入的解释器和高性能并行计算工具等功能。

5. Jupyter Notebook

Jupyter Notebook 是一个交互式笔记本，支持运行 40 多种编程语言，可以用来编写漂亮的交互式文档，便于创建和共享程序文档，支持实时编码、数学方程和可视化，可以用于数据清理和转换、数值模拟、统计建模、机器学习、展示数据分析过程等任务。

6. Jupyter QTConsole

Jupyter QTConsole 是一个轻量级可执行 IPython 的仿终端图形界面程序，可以直接显示代码生成的图形、实现多行代码输入执行，并提供内联数据、图形提示和图形显示等功能和函数。

7. Spyder

Spyder 是使用 Python 语言、跨平台的、科学运算集成开发环境，集成在 Anaconda 中，功能包括代码编辑、交互测试、程序调试和自检功能等。

8. Reset Spyder Settings

恢复 Spyder 的默认设置。

1.3.5　Anaconda Navigator 环境配置

Anaconda Navigator 是管理环境和扩展包的图形用户界面，在这里无须掌握相关命令就可以通过菜单就可以完成搜索、安装、运行和升级扩展包等功能。

在 Windows"开始"菜单中选择 Anaconda3(64-bit)| Anaconda Navigator，启动 Anaconda Navigator，如图 1.11 所示。

1. 创建一个新的环境

Anaconda 安装好后，Anaconda Navigator 中可以看到默认的基本环境 base（root），也称为"根环境"。用户也可以为特定的任务定制一个新的环境。单击如图 1.11 中的 Environment 标签，在如图 1.12 所示的 Environment 窗口中单击 Create 按钮。

在图 1.12 的对话框中，输入 Environment name，如 NLP3.7，在 Pakage 中选择 Python，在 Python version 中选择 3.7，单击 Create 按钮。

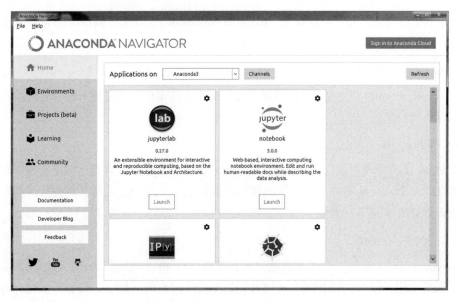

图 1.11　Anaconda Navigator 的 Home 界面

图 1.12　Anaconda Navigator 的 Environment 界面

这样，Anaconda Navigator 就创建了一个新的环境并激活了这个环境 NLP3.7，除非更改当前环境，之后所有的操作就在此环境中进行。

2. 扩展包管理

在 Environment 窗口中，右边显示的就是当前环境中的扩展包，可以在窗口上方选择 Installed 查看已经安装的扩展包，选择 Not Installed 查看未安装的扩展包，选择 Upgradable 查看可升级的扩展包，或者选择 All 查看全部扩展包。

例如，选择 NLP3.7 环境和 Installed 选项，可以查看当前 NLP3.7 环境中已经安装的扩展包及其版本。

3. 安装新的扩展包

有些扩展包需要用户自行安装，这时候选择 All 显示所有扩展包，在右边的搜索框中输入要安装的扩展包名称，如 Gensim，下面的窗口中即出现可以安装的新扩展包，如图 1.13 所示。

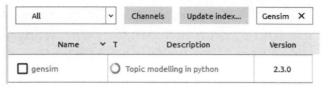

图 1.13　Anaconda Navigator 安装新的扩展包

选中 gensim 前面的复选框，框中出现一个绿色的下载箭头，单击下方的 Apply 按钮，弹出如图 1.14 所示对话框，选择 OK，即开始安装。

图 1.14　开始安装扩展包

1.4　在 Spyder 中运行 Python 程序

Spyder 是 Python 的科学计算集成开发环境，支持 Python 解释器和 IPython 解释器，支持常用的 Python 类库，例如线性代数包 NumPy、信号和图像处理包 SciPy、交互式 2D/3D 绘图包 matplotlib 等。

在 Windows "开始"菜单中选择 Anaconda3（64-bit）| Spyder，启动 Spyder，打开的界面如图 1.15 所示。

1. Spyder 编辑器（Editer）

图 1.15 中间的窗口是 Spyder 编辑器，Spyder 的编辑器是一个多语言编辑环境，支持语法彩色标记、实时代码分析、高级代码分析、代码自检功能和类浏览器等功能。

18

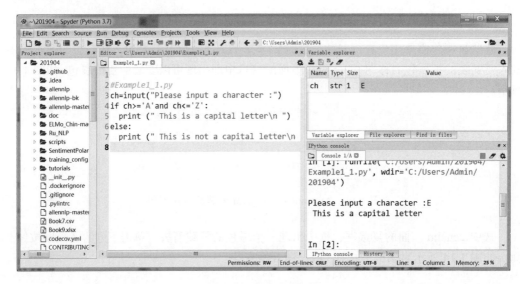

图 1.15 Spyder 界面

2. Spyder"运行"按钮

要运行上述编辑的程序代码，可单击工具栏中的"运行"按钮，运行刚才输入的代码，如图 1.16 所示。

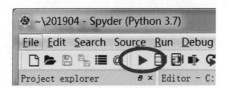

图 1.16 Spyder 工具栏中的"运行"按钮

3. Spyder 控制台（console）

Spyder 控制台中，可以在浏览和显示程序运行过程和结果。在控制台中输入的各个命令在各自独立的进程中执行时，自动在 Spyder 窗口右下角的 IPython console 中显示运行过程和结果，如图 1.17 所示。

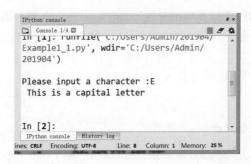

图 1.17 IPython console

如果不小心关闭了 IPython console 窗口，可以选择菜单 Consoles | Open an IPython console 打开新的 IPython 控制台。

1.4.1　第一个 Python 程序

【实例 1.1】由键盘输入的一个字符，判断是否是大写字母。

📑 说明：

☑ 可以通过 input() 函数由键盘输入一个字符。
☑ 可以通过此字符的 ASCII 码判断这个字符是否为大写字母。
☑ 判断的结果可以通过 print() 函数输出。
☑ print() 函数中的"\n"表示换行。

```
#Example1_1.py

ch=input("Please input a character :")
if ch>='A'and ch<='Z':
    print (" This is a capital letter\n ")
else:
    print (" This is not a capital letter\n ")
```

【操作步骤】

（1）在 Spyder 编辑器中输入上述代码，注意缩进的代码行；

（2）检查无误后，选择菜单 File | Save as 将上述代码以 Example1_1.py 为文件名保存；

（3）单击 Spyder 窗口上方的"运行"按钮；

（4）由于有 input() 函数，此时 Spyder 控制台中显示 Please input a character：并等待输入。此时输入一个字符，如字符"E"，按回车键；

（5）程序根据输入的字符判断，并在 Spyder 控制台中输出结果 This is a capital letter，如图 1-15 运行结果二所示。

【运行结果一】

```
Please input a character : e↙
This is not a capital letter
```

【运行结果二】

```
Please input a character : E↙
This is a capital letter
```

📑 **Python 的文件类型说明：**

☑ 源代码文件.py
　　python 源代码文件以.py 为扩展名，由 python 程序解释，不需要编译。
☑ 字节代码文件.pyc
　　Python 源代码文件经过编译后生成扩展名为.pyc 的字节代码文件。在 Spyder 集成开发环境下，运行过的.py 文件在同一文件夹下自动生成一个同名的.pyc 字节代码文件。

1.4.2 Python 语法基础

1. 缩进分层与冒号

Python 程序代码通过缩进结构来分层次，使得代码结构清晰、易于阅读。缩进结构一般用在条件语句、循环语句、函数定义等控制语句的语句块中。一般代码行末尾的冒号 ":" 标志着下一行应该有代码缩进，缩进的空格个数没有明确规定，一般每次缩进 4 个空格，同一语句块的代码缩进空格个数应该相同。

例如，实例 1.1 中的 "if ch>='A'and ch<='Z':" 这一行末尾的冒号标志着条件语句的条件后面需要代码缩进，"else:" 这一行末尾的冒号标志着后面需要代码缩进。

```
#Example1_1.py
ch=input("Please input a character :")
if ch>='A'and ch<='Z':                          #冒号 ":" 下一行开始缩进
    print (" This is a capital letter\n ")      #缩进 4 个空格，此语句块有 1 行
else:                                           #else 与 if 对齐，冒号 ":"
                                                 下一行开始缩进

    print (" This is not a capital letter\n ")  #缩进 4 个空格，此语句块有 1 行
```

🔖 **说明：**

☑ 可以通过 input()函数由键盘输入一个字符。

☑ 可以通过此字符的 ASCII 码判断这个字符是否为大写字母。

☑ 判断的结果可以通过 print()函数输出。

2. 代码注释

规范的代码注释是代码阅读和代码维护的重要前提。Python 中的代码注释有两种形式：

● 单行注释：以字符 "#" 开始，"#" 之后同一行的所有内容都被看作是注释，不作为代码执行。

● 多行注释：如果需要注释的内容有多行，可以采用三个英文状态下的单引号或者双引号，扩在注释内容的两端。

在 Python 集成开发环境中，注释部分会自动改变颜色方便用户查看。例如，在 Spyder 中注释部分会默认变为灰色。

3. 断行

Python 代码通常一条语句单独写在一行中。如果一条语句过长，可以使用 "\" 符号表示下一行是同一条语句。例如下面代码与实例 1.1 效果相同：

```
ch=input("Please input a character :")
if ch>='A'and ch<='Z':
    print \
        (" This is a capital letter\n ")
else:
    print (" This is not a capital letter\n)
```

☑ 使用"\"表示下一行是同一条语句时，"\"应该在行的末尾，此行后面不能有任何内容。

1.4.3 输入与输出

输入与输出是用户与 Python 程序进行交互的主要途径。通过输入语句，程序能获取运行过程中所需要的原始数据；通过输出语句，用户能够了解程序运行的中间结果和最终结果。

1. 输入函数 input( )

函数 input( )用于向用户生成一个提示，然后获取用户输入的内容，Python3.x 中 input( ) 函数将用户输入的内容放入字符串中，因此用户输入任何内容，input()函数总是返回一个字符串。input( )基本形式如下：

```
input([输入提示信息])
```

其中[输入提示信息]为可选信息，在运行到此条语句时显示输入提示信息，提示用户输入，用户输入后按回车键，输入的内容以字符串的形式输入到程序中。

2. 输出函数 print( )

Python 通过输出函数 print( )显示输出程序运行的中间结果和最终结果，基本形式如下：

```
print(*objects, sep=' ', end='\n', file=sys.stdout, flush=False)
```

参数说明：

☑ objects：表示输出的对象，*号表示一次可以输出多个对象，各个对象在 print 函数中用","逗号分隔。

☑ sep：表示输出显示时，各个对象之间的间隔，默认间隔是一个空格。

☑ end：表示输出显示时，用来结尾的符号，默认值是换行符\n，可以换成其他字符串。

☑ file：表示输入信息写入的文件对象。

☑ flush：如果设置此参数值为 True，输出信息缓存流会被强制刷新，默认值为 False。

【实例1.2】由键盘输入 3 个小写字母，转换为大写字母输出。

说明：

☑ 可以通过 input( )函数由键盘输入字母。

☑ 输入的小写字母分别保存在 3 个变量中。

☑ 通过 upper( )函数将字母转换为大写字母。

☑ 转换的结果可以通过 print( )函数输出。

```
#Example1_2.py

ch1=input("Please input the first lowercase letter:")
ch2=input("Please input the second lowercase letter:")
ch3=input("Please input the third lowercase letters:")
ch1=ch1.upper()              #ch1 的类型是字符串，可以调用.upper( )函数转换为
                              大写
ch2=ch2.upper()
ch3=ch3.upper()
print (ch1,ch2,ch3)          #用默认参数输出
print (ch1,ch2,ch3,sep=',')  #sep 分隔符号修改为逗号
print (ch1,ch2,ch3,end=';')  #end 结束符号修改为分号
```

【运行结果一】

```
Please input the first lowercase letter:y↙
Please input the second lowercase letter:o↙
Please input the third lowercase letters:u↙
Y O U
Y,O,U
Y O U;
```

三个 print 函数分别以空格作为分隔符、逗号作为分隔符、分号作为结束符号显示输出结果。

【运行结果二】

```
Please input the first lowercase letter:Y↙
Please input the second lowercase letter:o↙
Please input the third lowercase letters:u↙
Y O U
Y,O,U
Y O U;
```

当输入的字母中有大写字母，upper( )函数的返回结果仍然为大写字母。

1.5 本 章 小 结

计算机发展经历了电子管计算机、晶体管计算机、集成电路计算机、大规模集成电路计算机、第五代新型计算机。

计算机遵循冯·诺依曼体系结构，由控制器、运算器、存储器、输入设备、输出设备五部分组成。

程序设计语言发展经历了低级语言、高级语言、面向对象语言三个阶段。

Python 是一种高层次的结合了解释型、交互型和面向对象的脚本语言，语言风格简洁，集成了模块、异常处理和类的概念，提供丰富的标准库、扩展库、API 和工具，开发的应用具有很好的可移植性和兼容性。

Python 语言目前已经广泛应用于操作系统管理、科学计算、自然语言处理、Web 编程、图形用户界面开发、多媒体应用和人工智能等领域。

本章以 Windows 10 和 Python 3.7 为基础，介绍了 Python 的安装和开发环境设置，在不同操作系统平台上的安装和配置过程基本一致。本章介绍的集成开发环境 Anaconda 可以提供 Python 程序开发环境的各种应用程序和配置功能，能够有效帮助开发者提高效率和减少失误，本章还介绍在集成开发环境 Spyder 中编辑和运行 Python 程序的过程。

最后，本章通过两个 Python 程序实例介绍了 Python 的基础语法和基本输入输出函数。

1.6 习　　题

一、单项选择题

1. 以下关于 Python 语言中注释说法错误的是（　　）。

    A. 单行注释以"#"符号开头

    B. 多行注释可以用三个单引号或双引号，包括在注释部分两端

    C. 单行注释可以放在正常语句同一行的后面

    D. 注释语句也会被执行

2. Python3.7 环境下，执行下列语句后的显示结果是（　　）。
```
s = "Python"
print(s.upper( ), end=';')
```
    A. P Y T H O N   B. P,Y,T,H,O,N

    C. PYTHON;   D. 程序出错

3. 以下语句能够输出如下图形的是（　　）。
```
*
**
***
```
    A. print ('*','**','***')   B. print ('*','**','***',end ='\n')

    C. print ('*','**','***',sep='\n')   D. 以上都不对

4. 以下语句的输出结果是（　　）。

```
ch='q'
if ch>='A'and ch<='Z':
    print (" This is a capital letter\n ")
else:
    print (" This is not a capital letter\n ")
```

    A. This is a capital letter   B. This is not a capital letter

    C. This is not a capital letter:q   D. 程序出错

5. 在 Spyder 集成开发环境下，以下（　　）是断行错误的提示信息。

    A. SyntaxError: invalid syntax

    B. IndentationError: expected an indented block

    C. IndentationError: unexpected indent

    D. SyntaxError: unexpected character after line continuation character

6. Python 的源代码文件的扩展名是（　　）。

    A. pya   B. pyc   C. py   D.pyo

二、编程题

1. 参照实例 1.1 编写程序，由键盘输入一个字符，判断是否是小写字母并输出判断

结果。

2. 参照实例 1.2 和单项选择题第 2 题，编写程序，由键盘输入一个单词，转换为小写字母输出。提示：可以通过 lower( )函数将字母转换为小写字母。

3. 编写程序，输出如下图形。

```
  *
 ***
*****
 ***
  *
```

第2章

数据类型与运算符

本章主要介绍 Python 的字符串、数值、布尔值、空值等数据类型，以及变量、常量和基本运算符的使用方式等。

本章要求掌握字符串类型的变量的定义和常用操作，掌握数值类型的定义和类型转换，掌握运算符的使用方式和优先级，理解变量和常量。

学习目标：

▸▸ 字符串类型及其操作
▸▸ 数字类型及其操作
▸▸ 计算机中数的表示及进制转换
▸▸ 布尔类型及其操作
▸▸ 空值类型
▸▸ 基本数据类型之间的转换
▸▸ 变量和常量
▸▸ 基本运算符

2.1 字符串类型

Python 的基本数据类型包括字符串、数字、布尔值和空值。其中，字符串是最常用的基本数据类型之一。

字符串是一个有序的字符集合，即字符序列。在 Python 中，字符串属于不可变序列类型，使用单引号、双引号、三单引号或三双引号作为界定符，不同界定符之间可以互相嵌套。

📰 说明：

☑ 单引号界定的字符串，可以嵌套双引号字符串，如'Python programming "games"'。

☑ 双引号界定的字符串，可以嵌套单引号字符串，如"Python programming 'games' "。

☑ 三单引号或三双引号界定的字符串，如"'Python'"，可以跨行用于表示长字符串。

☑ Python 中的各种界定符都应该在英文输入状态下输入。

2.1.1 字符串的输入

Python3.x 中输入函数 input( )接收用户输入的数据，input( )返回值即为字符串类型。例如下面代码中，input("Please input name:")的返回值为用户输入的字符串，如"Guido van Rossum"，表达式中变量 name 的类型为字符串，值为"Guido Van Rossum"。

```
name=input("Please input name:")
```

📖 说明：

☑ 吉多·范罗苏姆（Guido van Rossum），荷兰计算机程序员，他作为 Python 程序设计语言的作者而为人们熟知，被誉为"Python 之父"。

2.1.2 转义字符串

在 Python 中如果要表示控制字符或特殊意义的符号，主要使用转义字符串。转义字符串以反斜杠"\"开始，紧跟一个转义字母，如"\n"表示换行符，"\t"表示制表符，"\\"表示这里是一个反斜杠。

Python 中主要的转义字符串如表 2.1 所示。

表 2.1 转义字符串

转义字符串	代表的特殊符号	转义字符串	代表的特殊符号
\'	单引号	\f	换页
\"	双引号	\n	换行
\\	反斜杠	\r	回车
\a	响铃	\t	水平制表符
\b	退格	\v	垂直制表符

2.1.3 字符串的格式化

字符串格式化方法可以将其他类型数据或者表达式转换为字符串或另一种数据格式，嵌入到字符串或模板中输出。

1. 字符串的 f-string 格式化

在 Python 3.6 之前，将 Python 表达式嵌入到字符串中进行格式化的主要方法是：%格式化方法和 str.format( )函数。

从 Python 3.6 开始，引入了更易读、更简洁、不易出错的 f-string 格式化方法。f-string 格式化字符串以字母"f"开头，后面紧跟着字符串，字符串中的表达式用大括号{}括起来，它会将变量或表达式计算后的值替换进去。

本节主要介绍字符串的 f-string 格式化和%格式化。

【实例 2.1】 字符串的 **f-string** 格式化。

```
#Example2.1.py

name1="Guido Van Rossum"
year1= 1956
program_lang1="Python"
name2="Dennis MacAlistair Ritchie"
year2= 1941
program_lang2="C"
print(f"\t {name1} is the author of the { program_lang1} language . He
    was born in {year1}.")
print(f"\t {name2} is the author of the { program_lang2} language . He
    was born in {year2}. ")
```

【运行结果】

```
Guido Van Rossum is the author of the Python language . He was born in
    1956.
Dennis MacAlistair Ritchie is the author of the C language . He was born
    in 1941.
```

📖 说明：

☑ f-string 格式化字符串以字母"f"开头，后面紧跟着字符串。

☑ 程序运行时，f-string 中的{ }被相应的变量值替代。

☑ 本例中使用了转义字符"\t"。

2. 字符串的%格式化

Python 字符串%格式化的一般格式如图 2.1 所示。

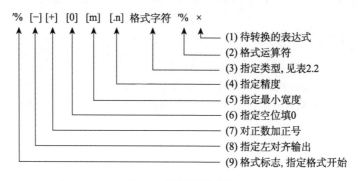

图 2.1 字符串格式化

📖 说明：

☑ %格式化的一般格式有可选项，但各项顺序不能改变。

☑ 第 1 个%符号是格式化字符串的开始符号。

☑ 转换标志–、+、0 是可选项，–表示左对齐；+表示在转换值之前要加上正负号；0
表示如果转换值位数不够就用 0 填充。

数据类型与运算符

☑ 最小宽度 m 是可选项，转换后的字符串如果小于这个宽度补 0 或空格，如果大于等于这个宽度则按照实际宽度输出。

☑ 精度 n 是可选项，表示出现在小数点后的位数。

☑ 格式字符规定以什么形式显示表达式，常见的格式字符如表 2.2 所示。

☑ 第 2 个%符号是待转换表达式的开始符号。

☑ 待转换的表达式 x 可以是常量、变量或者表达式。

表 2.2 格式字符

格式字符	说　明	格式字符	说　明
%s	字符串（采用 str( )的显示）	%X	十六进制整数（大写）
%r	字符串（采用 repr( )的显示）	%e	指数（基底写为 e）
%c	单个字符	%E	指数（基底写为 E）
%d	十进制整数	%f、%F	浮点数
%o	八进制整数	%g	指数（e）或浮点数
%u	无符号整数	%G	指数（E）或浮点数
%x	十六进制整数	%%	字符%

【实例 2.2】%格式化输出。

```
#Example2.2.py

print('''根据调查，84%的 Python 用户已经在用 Python 3。''')
print('''根据调查，%f 的 Python 用户已经在用%s。'''%(0.84,'Python 3'))
print('''根据调查，%.2f%%的 Python 用户已经在用%s。'''%(0.84*100,'Python 3'))
print('''根据调查，%8.2f%%的 Python 用户已经在用%.6s。'''%(0.84*100,'Python 3'))
print('''根据调查，%-8.2f%%的 Python 用户已经在用%-.6s。'''%(0.84*100,'Python 3'))
```

【运行结果】

```
根据调查，84%的 Python 用户已经在用 Python 3。
根据调查，0.840000 的 Python 用户已经在用 Python 3。
根据调查，84.00%的 Python 用户已经在用 Python 3。
根据调查，    84.00%的 Python 用户已经在用 Python。
根据调查，84.00    %的 Python 用户已经在用 Python。
```

说明：

☑ %格式化后面如果多个表达式，格式用%(表达式 1，表达式 2，……，表达式 n)。

☑ %f 格式字符默认保留小数点之后 6 位。

☑ 转换标志-符号表示左对齐。

☑ %%格式字符代表%。

☑ .n 格式字符对于数值来说，代表小数点后的位数。

☑ .n 格式字符对于字符串来说，代表能显示的最大字符个数。

2.1.4　字符串运算符

1. 连接运算符 "+"

连接运算符形式与加法符号相同，用于将两个字符串连接成一个新的字符串。

2. 重复运算符 "*"

重复运算符用于字符串的重复输出，重复的次数由与 "*" 运算符搭配的操作数指定。

【实例 2.3】字符串连接运算符和重复运算符。

```
#Example2.3.py

program_lang='Python'
print('Hello'+' '+program_lang+'\n')
print('Hello'+' '+program_lang*3+'!')
```

【运行结果】

```
Hello Python

Hello PythonPythonPython!
```

📖 说明：

☑ 重复运算符 "*" 不能用于字符串与字符串相乘，只用于字符串和整数相乘。
☑ 思考：为什么运行结果中有一个空行？

2.1.5　字符串函数

1. 字符串检测函数

- type()：查看数据类型。
- len()：计算字符串长度。
- .startswith('特定字符串')：检测字符串是否以特定字符串开头。
- .endswith('特定字符串')：检测字符串是否以特定字符串结尾。
- .isalnum()：检测字符串是否全为字母或数字组成。
- .isalpha()：检测字符串是否只由字母组成。
- .isdigit()：检测字符串是否只由数字组成。
- .islower()：检测字符串是否全由小写字母组成。
- .isupper()：检测字符串是否全由大写字母组成。
- .isspace()：检测字符串是否只由空格组成。
- .istitle()：检测字符串中所有单词是否首字母大写，且其他字母小写。

【实例 2.4】字符串检测函数的使用。

```
#Example2.4.py

sentence='''Python is a programming language that lets you work quickly
  and integrate systems
more effectively.'''
```

数据类型与运算符

```
word='''Python'''
print('type(sentence):',type(sentence))
print('len(sentence):',len(sentence))
print("sentence.startswith('Python'):",sentence.startswith('Python'))
print("sentence.endswith('ly'):",sentence.endswith('ly'))
print("word.isalnum():",word.isalnum())
print("sentence.isalpha():",sentence.isalpha())
print("word.isalpha():",word.isalpha())
print("word.isdigit():",word.isdigit())
print("word.islower():",word.islower())
print("word.isupper():",word.isupper())
print("sentence.istitle():",sentence.istitle())
print("word.istitle():",word.istitle())
print("word.isspace():",word.isspace())
```

【运行结果】

```
type(sentence): <class 'str'>
len(sentence): 100
sentence.startswith('Python'): True
sentence.endswith('ly'): False
word.isalnum(): True
sentence.isalpha(): False
word.isalpha(): True
word.isdigit(): False
word.islower(): False
word.isupper(): False
sentence.istitle(): False
word.istitle(): True
word.isspace(): False
```

思考:

☑ sentence.endswith('ly')的结果为什么是 False?

☑ sentence.isalpha()的结果为什么是 False?

☑ sentence.istitle()的结果为什么是 False?

2. 字符串字母处理函数

● .upper()：字符串所有字母变为大写。

● .lower()：字符串所有字母变为小写。

● .swapcase()：字符串所有字母大小写互换。

● .capitalize()：字符串首字母变为大写，其余小写。

● .title()：字符串所有单词首字母变为大写，其余小写。

【实例 2.5】字符串的字母处理。

```
#Example2.5.py

sentence='''software quality is a vital ingredient to success in industry
  and science. Ubiquitous IT systems control the business processes of
  the global economy. '''
print('sentence.upper():',sentence.upper())
print('sentence.swapcase():',sentence.swapcase())
```

```
print("sentence.capitalize():",sentence.capitalize())
print("sentence.title():",sentence.title())
print("sentence:",sentence)
```

【运行结果】

```
sentence.upper(): SOFTWARE QUALITY IS A VITAL INGREDIENT TO SUCCESS IN
   INDUSTRY AND SCIENCE. UBIQUITOUS IT SYSTEMS CONTROL THE BUSINESS
   PROCESSES OF THE GLOBAL ECONOMY.
sentence.swapcase(): SOFTWARE QUALITY IS A VITAL INGREDIENT TO SUCCESS
   IN INDUSTRY AND SCIENCE. uBIQUITOUS it SYSTEMS CONTROL THE BUSINESS
   PROCESSES OF THE GLOBAL ECONOMY.
sentence.capitalize(): Software quality is a vital ingredient to success
   in industry and science. ubiquitous it systems control the business
   processes of the global economy.
sentence.title(): Software Quality Is A Vital Ingredient To Success In
   Industry And Science. Ubiquitous It Systems Control The Business
   Processes Of The Global Economy.
sentence: software quality is a vital ingredient to success in industry
   and science. Ubiquitous IT systems control the business processes of
   the global economy.
```

思考：

☑ 注意比较 sentence.capitalize() 与 sentence.title() 的结果。

☑ 观察各个函数是否改变了 sentence 的初始值。

3. 字符串查找与替换函数

● .find()

语法：str.find(sub_str, begin=0, end=len(string))

从字符串 str 中 begin 开始的位置到 end 结束的位置,查找指定子串 sub_str 出现的位置,如果找到返回子串 sub_str 所在的索引值（从字符串第一个字符开始计算）,如果没有找到指定子串, 则返回-1。

☑ 字符串的索引值从 0 开始。

☑ begin 值可以省略,默认为 0,即从字符串第一个字符开始。

☑ end 值可以省略,默认为字符串的长度,即到字符串结束为止。

● .rfind()

语法：str.rfind(sub_str, begin=0, end=len(string))

在 str 字符串 begin 至 end 范围内,从右边开始查找指定子串 sub_str 出现的位置,即子串最后一次出现的位置。如果找到返回子串 sub_str 所在的索引值（从字符串第一个字符开始计算）,如果没有找到指定子串, 则返回-1。

☑ 如果 begin 值大于 end,函数返回-1。

☑ begin 值可以省略,默认为 0,即从字符串第一个字符开始。

☑ end 值可以省略,默认为字符串的长度,即到字符串结束为止。

● .index()

语法：str.index(sub_str, begin=0, end=len(string))

从字符串 str 中 begin 开始的位置到 end 结束位置,查找指定子串 sub_str 出现的位置,

数据类型与运算符

如果找到返回子串 sub_str 所在的索引值（从字符串第一个字符开始计算），如果没有找到指定子串，则抛出 VauleError 异常。

☑ find()与 index()的区别在于：index 如果查找不到指定子串抛出 VauleError 错误异常，而 find 查找不到子串时返回值–1。

☑ begin 值可以省略，默认为 0，即从字符串第一个字符开始。

☑ end 值可以省略，默认为字符串的长度，即到字符串结束为止。

● .count()

语法：str.count(sub_str, begin=0, end=len(string))

从字符串 str 中 begin 开始的位置到 end 结束位置，查找指定子串 sub_str 出现的次数并作为返回值。

☑ begin 值可以省略，默认为 0，即从字符串第一个字符开始。

☑ end 值可以省略，默认为字符串的长度，即到字符串结束为止。

● .replace()

语法：str.replace(子字符串 1, 子字符串 2[, 最大替换次数])

将字符串 str 中的子字符串 1 替换为子字符串 2，可以指定最大替换次数，默认替换所有符合条件的子串。

☑ 函数返回值为字符串中的子字符串 1 替换成子字符串 2 后生成的新字符串。

☑ 第三个参数“最大替换次数”可以省略，如果指定，则替换不超过指定的最大替换次数。

【实例 2.6】 字符串的查找与替换。

```
#Example2.6.py

sentence='''Software quality is a vital ingredient to success in industry
    and science. Ubiquitous IT systems control the business processes of
    the global economy. '''
print("sentence.find('the'):",sentence.find('the'))
print("sentence.find('the',106):",sentence.find('the',106))
print("sentence.find('the',140):",sentence.find('the',140))
print("sentence.rfind('the'):",sentence.rfind('the'))
print("sentence.rfind('the',100,140):",sentence.rfind('the',100,140))
print("sentence.rfind('the',130,100):",sentence.rfind('the',130,100))
print("sentence.index('the'):",sentence.index('the'))
print("sentence.count('the'):",sentence.count('the'))
print("sentence.replace('the','THE'):",sentence.replace('the','THE'))
```

【运行结果】

```
sentence.find('the'): 105
sentence.find('the',106): 131
sentence.find('the',140): -1
sentence.rfind('the'): 131
sentence.rfind('the',100,140): 131
sentence.rfind('the',130,100): -1
sentence.index('the'): 105
sentence.count('the'): 2
sentence.replace('the','THE'): Software quality is a vital ingredient
    to success in industry and science. Ubiquitous IT systems control THE
    business processes of THE global economy.
```

☑ 请解释 sentence.find('the',140)的输出结果。

☑ 请解释 sentence.rfind('the',130,100)的输出结果。

【实例 2.7】字符串 index 查找不成功抛出异常。

```python
#Example2.7.py

sentence='''Software quality is a vital ingredient to success in industry
  and science. Ubiquitous IT systems control the business processes of
  the global economy. '''
print("sentence.index('the'):",sentence.index('the'))
print("sentence.index('the',140):",sentence.index('the',140))
```

【运行结果】

```
File "D:/教材配套代码/第二章/Example2_7.py", line 10, in <module>
    print("sentence.index('the',140):",sentence.index('the',140))

ValueError: substring not found
```

4. 字符串的分割与连接函数

● .split()

语法：str.split(分隔符,分隔次数)

分隔符为可选参数，split()函数通过指定分隔符对字符串进行切片，默认的分隔符包括所有的空字符，如空格、换行(\n)、制表符(\t)等。

第二个可选参数"分隔次数"表示分割的次数，默认值为–1，表示不限制分割的次数；如果指定特定的值，分割后即得到分隔次数+1 个子字符串。

.split()函数的返回值为分割后的字符串列表。

● .rsplit()

语法：str.rsplit(分隔符,分隔次数)

从右侧开始分割字符串，语法同 split()。

● .partition()

语法：str.partition(分隔符)

分隔符不可省略，如果字符串包含指定的分隔符，则返回值为一个 3 元的元组，第一个为分隔符左边的子串，第二个为分隔符本身，第三个为分隔符右边的子串。

● .rpartition()

语法：str.rpartition(分隔符)

分隔符不可省略，从右侧开始分割字符串，如果字符串包含指定的分隔符，则返回值为一个 3 元的元组，第一个为分隔符左边的子串，第二个为分隔符本身，第三个为分隔符右边的子串。

● .join()

语法：连接字符.join(字符序列)

用于将序列中的元素以指定的字符连接生成一个新的字符串。返回值为指定的连接字符在连接字符序列后生成的新字符串。

【实例 2.8】字符串的分割与连接。

```
#Example2.8.py

sentence='''Software quality is a vital ingredient to success in industry
  and science. Ubiquitous IT systems control the business processes of
  the global economy.'''
print("sentence.split( ):",sentence.split( ))
print("sentence.split('.'):",sentence.split('.'))
print("sentence.split('.',1):",sentence.split('.',1))
print("sentence.rsplit('the',1 ):",sentence.rsplit('the',1))
print("sentence.partition('science'):",sentence.partition('science'))
link1 = "-"
link2 = ""
seq = ("p", "y", "t", "h", "o", "n")
print (link1.join( seq ))
print (link2.join( seq ))
```

【运行结果】

```
sentence.split( ): ['Software', 'quality', 'is', 'a', 'vital', 'in-
  gredient', 'to', 'success', 'in', 'industry', 'and', 'science.',
  'Ubiquitous', 'IT', 'systems', 'control', 'the', 'business',
  'processes', 'of', 'the', 'global', 'economy.']
sentence.split('.'): ['Software quality is a vital ingredient to success
  in industry and science', ' Ubiquitous IT systems control the business
  processes of the global economy', '']
sentence.split('.',1): ['Software quality is a vital ingredient to
  success in industry and science', ' Ubiquitous IT systems control the
  business processes of the global economy.']
sentence.rsplit('the',1 ): ['Software quality is a vital ingredient to
  success in industry and science. Ubiquitous IT systems control the
  business processes of ', ' global economy.']
sentence.partition('science'): ('Software quality is a vital ingredient
  to success in industry and ', 'science', '. Ubiquitous IT systems control
  the business processes of the global economy.')
p-y-t-h-o-n
python
```

思考:

☑ 请思考如何对一段英文文本进行分句。

5. 字符串填充对齐和删除指定字符

● .ljust()

语法: str.ljust(宽度[, 填充字符])

使用指定的填充字符填充字符串 str 到指定长度的新字符串,原字符串左对齐,填充的字符放在原字符串的右边。

填充字符可以省略,默认为填充空格。

返回值为新生成的字符串,如果指定的宽度小于原字符串的宽度度,则返回原字符串。

● .rjust()

语法: str.rjust(宽度[, 填充字符])

使用指定的填充字符，填充字符串 str 到指定长度的新字符串，原字符串右对齐，填充的字符放在原字符串的左边。

填充字符可以省略，默认为填充空格。

返回值为新生成的字符串，如果指定的宽度小于原字符串的宽度度，则返回原字符串。

- .center()

语法：str.center(宽度[, 填充字符])

使用指定的填充字符填充字符串 str 两端，字符串 str 在指定宽度中居中对齐。

填充字符可以省略，默认为填充空格。

返回值为新生成的字符串，如果指定的宽度小于原字符串的宽度度，则返回原字符串。

- .zfill(width)：获取固定长度，右对齐，左边不足用 0 补齐

语法：str.zfill(宽度)

使用字符"0"填充字符串 str 到指定长度的新字符串，原字符串右对齐，填充的字符"0"放在原字符串的左边。

返回值为新生成的字符串，如果指定的宽度小于原字符串的宽度度，则返回原字符串。

- .strip()

语法：str.strip([指定字符或字符序列])

用于移除字符串 str 前后的指定字符或字符序列，指定字符或字符序列可以省略，默认为空格。

返回值为移除字符串前后指定的字符序列生成的新字符串。

- .lstrip()

语法：str.lstrip([指定字符或字符序列])

用于移除字符串 str 前面的指定字符或字符序列，指定字符或字符序列可以省略，默认为空格。

返回值为移除字符串前后指定的字符序列生成的新字符串。

- .rstrip()

语法：str.rstrip([指定字符或字符序列])

用于移除字符串 str 后面的指定字符或字符序列，指定字符或字符序列可以省略，默认为空格。

返回值为移除字符串前后指定的字符序列生成的新字符串。

【实例 2.9】填充对齐和删除指定字符。

```
#Example2.9.py

str = "Python!!!"
print ('str.ljust(13):',str.ljust(13))
print ('str.ljust(13, "*"):',str.ljust(13, '*'))
print ('str.rjust(13):',str.rjust(13))
print ('str.rjust(13, "*"):',str.rjust(13, '*'))
print ('str.rjust(2, "*"):',str.rjust(2, '*'))
print ('str.center(13, "*"):',str.center(13, '*'))
print ('str.zfill(13):',str.zfill(13))
str1 = "*****Hello Python!!!******"
print('str1.strip("*"):',str1.strip('*'))
print('str1.lstrip("*"):',str1.lstrip('*'))
```

第
2
章

数据类型与运算符

```
print('str.rstrip("!"):',str.rstrip('!'))
```

【运行结果】

```
str.ljust(13): Python!!!
str.ljust(13, "*"): Python!!!****
str.rjust(13):     Python!!!
str.rjust(13, "*"): ****Python!!!
str.rjust(2, "*"): Python!!!
str.center(13, "*"): **Python!!!**
str.zfill(13): 0000Python!!!
str.strip("*"): Hello Python!!!
str.lstrip("*"): Hello Python!!!*****
str.rstrip("!"): Pythonpython
```

💾 说明：

☑ 字符串类型是不可变的，因此上述方法的返回值是字符串的副本，并没有改变原来的字符串。

6. 字符串的转换

● .maketrans( )

语法：str.maketrans(源字符表,目标字符表)

用于创建字符映射的转换表，第一个参数是字符串，表示需要转换的源字符，第二个参数也是字符串，表示转换的目标字符。

● . translate()

语法：str.translate(转换表)

根据参数给出的转换表一一转换字符串 str 中的字符。

返回值为字符串转换后生成的新字符串。

【实例 2.10】字符串的转换。

```
#Example2.10.py

source_lang= "Python"
target_lang = "我们是好朋友"
trantab = str.maketrans(source_lang, target_lang) # 制作转换表
str = "Hey, Python!!!"
print(str.translate(trantab))
```

【运行结果】

```
Hey, 我们是好朋友!!!
```

💾 说明：

☑ 两个字符串的长度必须相同，为一一对应的关系。

2.2　数　值　类　型

Python 3 支持的数字类型包括整数 int、浮点数 float 和复数 complex。Python 内置的 type()

函数可以用来查询对象所属的类型。

2.2.1 整数 int

在 Python 3 中，整数类型取消了 Python2 中整型与长整型的区别，只有一种整型数。Python3 的整数类型的取值范围仅与机器支持的内存大小有关，可以超过机器位数所能表示的数值范围表示很大的数。

Python 3 的整数类型可以是正整数或负整数，不带小数位数。在 Python 程序中数值类型的赋值和计算都是很直观的，例如：1024，-8086，0，等等。在 Python 中，可对整数执行加法（+）减法（−）乘法（*）除法（/、//）运算。

【实例 2.11】Python3 整数的基本运算。

```
#Example2.11.py

a=10
b=20
print("a+b=",a+b)
print("a-b=",a-b)
print("a*b=",a*b)
print("a/b=",a/b)
print("a//b=",a//b)
```

【运行结果】

```
a+b= 30
a-b= -10
a*b= 200
a/b= 0.5
a//b= 0
```

整数除法的说明：

☑ 在 Python 3 中，无论运算符 "/" 前后两个操作数是否浮点数，除法结果总是返回一个浮点数。

☑ 在 Python 3 中，运算符 "//" 除法结果向下取整，结果类型与分母分子的数据类型有关。

☑ 在 Python 2 中，运算符 "//" 效果与 Python 3 相同，如果运算符 "/" 前后两个操作数都是整数，除法结果将向下取整，结果是整数；如果两个操作数有浮点数，就是浮点数除法，结果是浮点数。

2.2.2 计算机中数的进制

日常生活中，数通常以十进制形式表示。在计算机的内部，数据的表示、处理和存储都基于电子器件的 "0" 或 "1" 状态，因此以二进制形式为基础。二进制数往往要用一长串 "0" 或 "1" 代码表示，为了提高表示效率，在计算机中数的处理引入了八进制和十六进制。

在计算机的数制中，数码、基数和位权是数制的三要素。

数据类型与运算符

☑ 数码：一个数制中表示基本数值大小的不同数字符号。例如，十进制有 0、1、2、3、4、5、6、7、8、9 共 10 个数码。

☑ 基数：一个数值所使用数码的个数。例如，二进制的基数为 2，十进制的基数为 10。

☑ 位权：一个数值中某一位上的 1 所表示数值的大小。如十进制的 123，百位上的 1 的位权是 100，十位上的 2 的位权是 10，个位上的 3 的位权是 1。

1. 二进制

由于计算机的物理实现上，具有两种不同稳定状态且能相互转换的电子器件是很容易找到，例如：电位的高低、晶体管的导通截止、磁化的正反方向、脉冲的有无、开关的闭合断开等，都可以用 0 和 1 两种状态对应。同时，这些物理器件的状态稳定可靠，抗干扰能力强。

因此，从易得性、可靠性、可行性、逻辑性等各方面考虑，计算机内部选择二进制数字系统，通过两种不同状态值的组合来表示计算机内部的所有信息。

二进制的要素：

☑ 数码：二进制有 0、1 共两个数码。

☑ 基数：二进制的基数即使用数码的个数为 2。

☑ 位权：二进制数个位上的位权是 $2^0=1$，从右往左第二位上的位权是 $2^1=2$，第三位上的位权是 $2^2=4$，以此类推。

☑ 运算规则：二进制运算规则简单，加法运算"逢二进一"，减法运算"借一当二"。二进制的加法、乘法的基本运算规则如下：

$$0+0=0 \qquad 0+1=1 \qquad 1+0=1 \qquad 1+1=10$$
$$0\times 0=0 \qquad 0\times 1=0 \qquad 1\times 0=0 \qquad 1\times 1=1$$

☑ 二进制转换为十进制的方法：按权展开。

☑ 在 Python 中二进制数用"0b"加相应数字来表示，如"0b1001"表示二进制数"1001"。

【实例 2.12】二进制数转换为十进制数。

$$(1101.001)_2=1\times 2^3+1\times 2^2+0\times 2^1+1\times 2^0+0\times 2^{-1}+0\times 2^{-2}+1\times 2^{-3}$$
$$=8+4+1+0.125$$
$$=(13.125)_{10}$$
$$(1101100.111)_2=1\times 2^6+1\times 2^5+1\times 2^3+1\times 2^2+1\times 2^{-1}+1\times 2^{-2}+1\times 2^{-3}$$
$$=64+32+8+4+0.5+0.25+0.125$$
$$=(108.875)_{10}$$

2. 八进制

为了简化计算机中二进制冗长的表示，引入了八进制。

八进制的要素：

☑ 数码：八进制有 0、1、2、3、4、5、6、7 共八个数码。

☑ 基数：八进制的基数即使用数码的个数为 8。

☑ 位权：八进制数个位上的位权是 $8^0=1$，从右往左第二位上的位权是 $8^1=8$，第三位上的位权是 $8^2=64$，以此类推。

☑ 运算规则：八进制加法运算"逢八进一"，减法运算"借一当八"。

☑ 八进制转换为十进制的方法：按权展开。

☑ 在 Python 中八进制数用"0o"加相应数字来表示，如"0o71"表示八进制数"71"。

【实例 2.13】八进制数转换为十进制数。

$(318)_8=3\times8^2+1\times8^1+8\times8^0=192+8+8=(208)_{10}$

$(652.4)_8=6\times8^2+5\times8^1+2\times8^0+4\times8^{-1}$

$\qquad=384+40+2+0.5$

$\qquad=(426.5)_{10}$

3. 十六进制

十六进制能够进一步简化计算机中二进制冗长的表示。

▶ 十六进制的要素：

☑ 数码：十六进制有 0、1、2、3、4、5、6、7、8、9、A、B、C、D、E、F 共十六个数码，其中数码 A 对应十进制的 10，B 对应十进制的 11，以此类推，数码 F 对应十进制的 15。

☑ 在 Python 中，十六进制的字母数码不区分大小写。

☑ 基数：十六进制的基数即使用数码的个数为 16。

☑ 位权：十六进制数个位上的位权是 $16^0=1$，从右往左第二位上的位权是 $16^1=16$，第三位上的位权是 $16^2=256$，以此类推。

☑ 运算规则：十六进制加法运算"逢十六进一"，减法运算"借一当十六"。

☑ 十六进制转换为十进制的方法：按权展开。

☑ 在 Python 中十六进制数用"0x"加相应数字来表示，如"0xA9"表示十六进制数"A9"。

【实例 2.14】十六进制数转换为十进制数。

$(3C7)_{16}=3\times16^2+12\times16^1+7\times16^0=768+192+7=(967)_{10}$

$(AB9.5)_{16}=10\times16^2+11\times16^1+9\times16^0+5\times16^{-1}$

$\qquad=2560+176+9+0.3125$

$\qquad=(2745.3125)_{10}$

4. 进制转换

▶ 其他进制转换为十进制

☑ 转换规则：以进制为基数按权展开并相加，例如【实例 2.12】【实例 2.13】和【实例 2.14】。

☑ 整数与小数部分同规则。

十进制转换为二进制、八进制和十六进制

☑ 整数部分转换规则：除基数取余数、直到商为 0，余数由下而上取，得到整数部分的由高位到低位排列。

☑ 小数部分转换规则：乘基数取整数，直到小数的当前值为 0，或者满足精度要求为止，取的整数由上而下取，得到小数部分的由高位到低位排列。

【实例 2.15】 十进制数转换为二进制数。

填空题：$(43.8125)_{10}=($ $)_2$

（1）先转换整数部分：

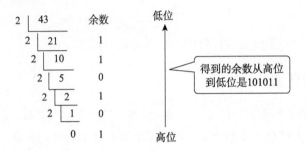

计算得到 $(43)_{10}=(101011)_2$

（2）再转换小数部分：

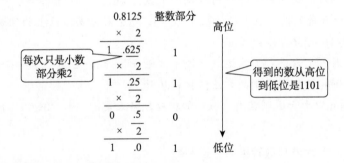

计算得到 $(0.8125)_{10}=(0.1101)_2$

综合整数部分和小数部分，最终得到转换结果：

$(43.8125)_{10}=(101011.1101)_2$

思考

☑ 试分析十进制转换为二进制时,为什么整数部分和小数部分的转换一个是由下而上取，一个是由上而下取？

☑ 十进制转换为八进制、十六进制同上例题，基数换为相应进制的基数 8 或 16 即可。

二进制与八进制、十六进制间的转换

☑ 观察表 2.3，可以发现有 1 位八进制对应 3 位二进制，1 位十六进制对应 4 位二进

制的规律。

☑ 二进制转换为八进制：二进制整数部分从右向左 3 位并 1 位转换成八进制，不够 3 位补 0；二进制小数部分从左向右 3 位并 1 位转换成八进制，不够 3 位补 0。

☑ 二进制转换为十六进制：二进制整数部分从右向左 4 位并 1 位转换成十六进制，不够 4 位补 0；二进制小数部分从左向右 4 位并 1 位转换成十六进制，不够 4 位补 0。

☑ 八进制转换为二进制：八进制 1 位转换成 3 位二进制。

☑ 十六进制转换为二进制：十六进制 1 位转换成 4 位二进制。

☑ 八进制与十六进制之间的转换：可以以二进制为中间进制，如八进制转换为二进制，再转换为十六进制。

表 2.3　十进制、二进制、八进制、十六进制的对应关系

十进制	二进制	八进制	十六进制	十进制	二进制	八进制	十六进制
0	0	0	0	16	10000	20	10
1	1	1	1	17	10001	21	11
2	10	2	2	18	10010	22	12
3	11	3	3	19	10011	23	13
4	100	4	4	20	10100	24	14
5	101	5	5	21	10101	25	15
6	110	6	6	22	10110	26	16
7	111	7	7	23	10111	27	17
8	1000	10	8	24	11000	30	18
9	1001	11	9	25	11001	31	19
10	1010	12	A	26	11010	32	1A
11	1011	13	B	27	11011	33	1B
12	1100	14	C	28	11100	34	1C
13	1101	15	D	29	11101	35	1D
14	1110	16	E	30	11110	36	1E
15	1111	17	F	31	11111	37	1F

【实例 2.16】二进制与十六进制之间的转换。

填空题一：$(4A3C.8D25)_{16}$ = (　　　　)$_2$

十六进制转换为二进制规则是 1 位转换成 4 位，对照表 2.3 可得：

$$(4A3C.8D25)_{16} = (100'1010'0011'1100.1000'1101'0010'0101)_2$$

填空题二：$(110100111.100010011)_2$ = (　　　　)$_{16}$

二进制转换为十六进制规则是 4 位转换成 1 位，可以从小数点往两端划分 4 位一组，不够 4 位补 0。对照表 2.3 可得：

$$(0001'1010'0111.1000'1001'1000)_2 = (1A7.898)_{16}$$

【实例 2.17】二进制与八进制之间的转换。

填空题一：$(453.25)_8$ = (　　　　)$_2$

八进制转换为二进制规则是 1 位转换成 3 位，对照表 2.3 可得：

$$(453.25)_8 = (100'101'011.010'101)_2$$

填空题二：$(10100111.10001001)_2 = ($ $)_8$

二进制转换为八进制规则是 3 位转换成 1 位，可以从小数点往两端划分 3 位一组，不够 3 位补 0。对照表 2.3 可得：

$$(010'100'111.100'010'010)_2 = (247.422)_8$$

♨ Python 的进制转换函数

☑ 转换为十进制数

int（其他进制数），返回值为相应的十进制数。

int（数字组成的字符串，进制基数），将数字组成的字符串按照进制基数读取，然后返回为相应的十进制数。

☑ 转换为二进制数

bin（其他进制数），返回值为相应的二进制数。

☑ 转换为八进制数

oct（其他进制数），返回值为相应的八进制数。

☑ 转换为十六进制数

hex（其他进制数），返回值为相应的十六进制数。

【实例 2.18】进制转换函数。

```python
#Example2.18.py

bin_number = 0b10111111
print("二进制数 bin_number=","0b10111111")
print("转换为十进制 int(bin_number)=",int(bin_number))
print("转换为十进制 int('10111111',2)=",int('10111111',2))
print("转换为八进制 oct(bin_number)=",oct(bin_number))
print("转换为十六进制 hex(bin_number)=",hex(bin_number))
oct_number = 0o277
print("八进制数 oct_number=","0o277")
print("转换为十进制 int(oct_number)=",int(oct_number))
print("转换为二进制 bin(oct_number)=",bin(oct_number))
print("转换为十六进制 hex(oct_number)=",hex(oct_number))
hex_number = 0xbf
print("十六进制数 hex_number=","0xbf")
print("转换为十进制 int(hex_number)=",int(hex_number))
print("转换为二进制 bin(hex_number)=",bin(hex_number))
print("转换为八进制 oct(hex_number)=",oct(hex_number))
```

【运行结果】

```
二进制数 bin_number= 0b10111111
转换为十进制 int(bin_number)= 191
转换为十进制 int('10111111',2)= 191
转换为八进制 oct(bin_number)= 0o277
转换为十六进制 hex(bin_number)= 0xbf
```

```
八进制数 oct_number= 0o277
转换为十进制 int(oct_number)= 191
转换为二进制 bin(oct_number)= 0b10111111
转换为十六进制 hex(oct_number)= 0xbf
十六进制数 hex_number= 0xbf
转换为十进制 int(hex_number)= 191
转换为二进制 bin(hex_number)= 0b10111111
转换为八进制 oct(hex_number)= 0o277
```

说明

☑ int('10111111',2)是 int（数字组成的字符串，进制基数）形式的实例，返回值为将 10111111 看做二进制数字时，相应的十进制数值。

2.2.3　浮点数（float）

浮点数由整数部分与小数部分组成。由于按照科学记数法表示时，一个浮点数的小数点位置是可变的，因此称为浮点数。整数和浮点数在计算机内部存储的方式不同，整数运算是精确的，而浮点数运算则可能会有四舍五入的误差。

浮点数可以使用科学计数法表示，例如 0.0000001024 可以用科学记数法表示为 1.024e–7。

【实例 2.19】圆周率的格式化输出。

```
#Example2.19.py

pi=3.1415926
print('圆周率的值为%d '%pi)            #十进制整数形式输出
print('圆周率的值为%e '%pi)            #指数形式输出
print('圆周率的值为%f '%pi)            #浮点数形式输出
print('圆周率的值为%.2f '%pi)          #浮点数形式输出，指定精度为小数点后 2 位
print('圆周率的值为%10.2f '%pi)        #浮点数形式输出，指定宽度为 10，其中包括小数
                                        点后 2 位
```

【运行结果】

```
圆周率的值为 3
圆周率的值为 3.141593e+00
圆周率的值为 3.141593
圆周率的值为 3.14
圆周率的值为     3.14
```

2.2.4　复数（complex）

复数是由一个实数和一个虚数组合构成，表示为：a+bj
其中，有序浮点数(a,b)中，a 表示实数部分，b 表示虚数部分。
在 Python 语言中，复数对象拥有数据属性，分别为该复数的实数部分和虚数部分。

数据类型与运算符

Python 语言中还可以调用 conjugate 方法返回该复数的共轭复数对象。复数的表示需要用到复合类型，本章不做详述。

2.3 布尔类型

布尔类型只有两种值：True 和 False，分别表示逻辑上的真和假，在数值上下文环境中，分别表示为 1 和 0。

在 Python 中，可以直接用 True、False 表示布尔值（注意首字母大写）。

📖 **说明：**

☑ 参与算术运算时，True 被当作 1，False 被当作 0，如 True+5 的结果是 6。

☑ 其他类型值转换为布尔值时除了 ""、""、""""、""""""、0、()、[]、{}、None、0.0、0L、0.0+0.0j、False 为 False 外，其他都为 True。

2.4 数据类型转换函数

本节介绍基本数据类型：字符串、整数、浮点数之间数据类型转换的函数。

📖 **Python 的数据类型转换函数**

☑ 转换为字符串
str（其他数据类型），返回值为相应的字符串。

☑ 转换为十进制整数
int（其他数字类型或由数字组成的字符串），返回值为相应的十进制整数。

☑ 转换为浮点数
float（其他数据类型），返回值为相应的浮点数。

☑ 转换为布尔值
bool（其他数据类型），返回值为相应的布尔值。

【实例 2.20】数据类型转换函数。

```python
#Example2_20.py

#其他数据类型转换为整数
print("字符串'37'转换为十进制整数 int('37',10)=",int('37',10))
print("浮点数8848.8转换为十进制整数 int(8848.8)=",int(8848.8))
print("布尔值False转换为十进制整数 int(False)=",int(False))
#其他数据类型转换为浮点数
print("字符串'37'转换为浮点数 float('37')=",float('37'))
print("整数1024转换为浮点数 float(1024)=",float(1024))
print("type(float(1024))=",type(float(1024)))
print("布尔值False转换为浮点数 float(False)=",float(False))
#其他数据类型转换为布尔值
```

```
print("字符串'37'转换为布尔值 bool('37')=",bool('37'))
print("整数 1024 转换为布尔值 bool(1024)=",bool(1024))
print("浮点数 8848.8 转换为布尔值 bool(8848.8)=",bool(8848.8))
#其他数据类型转换为字符串
print("布尔值 False 转换为字符串 str('37')=",str('37'))
print("整数 1024 转换为字符串 str(1024)=",str(1024))
print("浮点数 8848.8 转换为字符串 str(8848.8)=",str(8848.8))
print("type(str(8848.8))=",type(str(8848.8)))
```

【运行结果】

```
字符串'37'转换为十进制整数 int('37',10)= 37
浮点数 8848.8 转换为十进制整数 int(8848.8)= 8848
布尔值 False 转换为十进制整数 int(False)= 0
字符串'37'转换为浮点数 float('37')= 37.0
整数 1024 转换为浮点数 float(1024)= 1024.0
type(float(1024))= <class 'float'>
布尔值 False 转换为浮点数 float(False)= 0.0
字符串'37'转换为布尔值 bool('37')= True
整数 1024 转换为布尔值 bool(1024)= True
浮点数 8848.8 转换为布尔值 bool(8848.8)= True
布尔值 False 转换为字符串 str('37')= 37
整数 1024 转换为字符串 str(1024)= 1024
浮点数 8848.8 转换为字符串 str(8848.8)= 8848.8
type(str(8848.8))= <class 'str'>
```

说明:

☑ 实例中 type()函数返回值为数据对象的类型，如<class 'str'>表示字符串类型。

2.5 运 算 符

2.5.1 算术运算符

Python 中的算术运算符如表 2.4 所示。

表 2.4 算术运算符

运算符	描述
+	两个操作数相加
−	负数或是一个数减去另一个数
*	两个数相乘或是返回一个被重复若干次的字符串
/	除法运算，如 x/y 返回 x 除以 y 的结果
%	取模运算，返回除法的余数
**	幂运算，如：x**y 返回 x 的 y 次幂
//	取整除运算，返回值为商的向下取整的整数部分

【**实例 2.21**】算术运算符。

```
#Example2.21.py

a = 21
b = 4
c = 0
c = a + b
print ("a+b 的值为: ", c)
c = a - b
print ("a-b 的值为: ", c)
c = a * b
print ("a*b 的值为: ", c)
c = a / b
print ("a/b 的值为: ", c)
c = a % b
print ("a%b 的值为: ", c)
c = a**b
print ("a**b 的值为: ", c)
c = a//b
print ("a//b 的值为: ", c)
```

【**运行结果**】

```
a+b 的值为:  25
a-b 的值为:  17
a*b 的值为:  84
a/b 的值为:  5.25
a%b 的值为:  1
a**b 的值为:  194481
a//b 的值为:  5
```

2.5.2　赋值运算符

Python 中的赋值运算符如表 2.5 所示。

表 2.5　赋值运算符

运算符	描述
=	简单的赋值运算符
+=	加法赋值运算符，a+=b 等效于 a=a+b
-=	减法赋值运算符，a-=b 等效于 a=a-b
*=	乘法赋值运算符，a*=b 等效于 a=a*b
/=	除法赋值运算符，a/=b 等效于 a=a/b
%=	取模赋值运算符，a%=b 等效于 a=a%b
**=	幂赋值运算符，a**=b 等效于 a=a**b
//=	取整除赋值运算符，a//=b 等效于 a=a//b

【实例 2.22】赋值运算符。

```
#Example2.22.py

a = 21
b = 4
a += b
print ("a+=b后，a的值为: ",a )
a -= b
print ("a-=b后，a的值为: ",a )
a *= b
print ("a*=b后，a的值为: ",a )
a /= b
print ("a/=b后，a的值为: ", a)
a %= b
print ("a%=b后，a的值为: ", a)
a**=b
print ("a**=b后，a的值为: ", a)
a//=b
print ("a//=b后，a的值为: ", a) a//=b
```

【运行结果】

```
a+=b后，a的值为:  25
a-=b后，a的值为:  21
a*=b后，a的值为:  84
a/=b后，a的值为:  21.0
a%=b后，a的值为:  1.0
a**=b后，a的值为:  1.0
a//=b后，a的值为:  0.0
```

说明：

☑ 尝试改写【实例 2.21】，输出 a 值的变化，并比较【实例 2.21】和【实例 2.22】中 a 值的变化。

☑ 如果给多个变量赋同样的值，可以采用链式赋值，如：a=b=c=d=1。

2.5.3 比较运算符

比较运算符也称为关系运算符，Python 中的比较运算符如表 2.6 所示。

表 2.6 比较运算符

运算符	描述
==	比较对象是否相等，返回布尔值 True 或 False
!=	比较两个对象是否不相等，返回布尔值 True 或 False
>	比较 a>b 中，a 是否大于 b，返回布尔值 True 或 False
<	比较 a<b 中，a 是否小于 b，返回布尔值 True 或 False
>=	比较 a>=b 中，a 是否大于等于 b，返回布尔值 True 或 False
<=	比较 a<=b 中，a 是否小于等于 b，返回布尔值 True 或 False

【**实例 2.23**】比较运算符。

```
#Example2.23.py

a = 21
b = 4
if ( a == b ):
   print ("第一次比较: a 等于 b")
else:
   print ("第一次比较: a 不等于 b")
if ( a != b ):
   print ("第二次比较: a 不等于 b")
else:
   print ("第二次比较: a 等于 b")
if ( a < b ):
   print ("第三次比较: a 小于 b")
else:
   print ("第三次比较: a 大于等于 b")
if ( a > b ):
   print ("第四次比较: a 大于 b")
else:
   print ("第四次比较: a 小于等于 b")
if ( a <= b ):
   print ("第五次比较: a 小于等于 b")
else:
   print ("第五次比较: a 大于 b")
if ( a>= b ):
   print ("第六次比较: a 大于等于 b")
else:
   print ("第六次比较: a 小于 b")
```

【**运行结果**】

```
第一次比较: a 不等于 b
第二次比较: a 不等于 b
第三次比较: a 大于等于 b
第四次比较: a 大于 b
第五次比较: a 大于 b
第六次比较: a 大于等于 b
```

📑 **说明**：

☑ 注意，代码中的缩进和符号 ":" 不能缺失，后续章节将详细介绍 if-else 语句。

2.5.4 逻辑运算符

逻辑运算符用来连接布尔值进行逻辑运算，运算结果也是布尔值。Python 语言支持的逻辑运算符如表 2.7 所示。

表 2.7 逻辑运算符

运算符	描述	运算规则	
and	"与"运算	真 and 真	真
		真 and 假	假
		假 and 真	假
		假 and 假	假
or	"或"运算	真 or 真	真
		真 or 假	真
		假 or 真	真
		假 or 假	假
not	"非"运算	not 真	假
		not 假	真

【实例 2.24】逻辑运算符。

```
#Example2.24.py

a = 21
b = 0
if ( a and b ):
   print ("a and b: a 和 b 都为 True")
else:
   print ("a and b: a 和 b 有一个不为 True")
if ( a or b ):
   print (" a or b: a 和 b 都为 True，或其中一个变量为 True")
else:
   print (" a or b: a 和 b 都不为 True")
if not a :
   print (" not a: a 为 False ")
else:
   print (" not a: a 为 True")
```

【运行结果】

```
a and b: a 和 b 有一个不为 True
a or b: a 和 b 都为 True，或其中一个变量为 True
not a: a 为 True
```

📑 说明：

☑ 注意代码中的缩进和符号 ":" 不能缺失，后续章节将详细介绍 if-else 语句。

2.5.5　运算符的优先级

Python 运算符从高到低的优先级顺序如表 2.8 所示。

表 2.8 运算符优先级

优先级	运算符	描述
最高	**	指数运算
	~ + –	按位翻转，一元加号和减号
	* / % //	乘、除、取模和取整除法
	+ –	加法、减法
	>> <<	右移左移运算符
	&	位 'AND'
	^	位运算符
	<= >= > <	比较运算符：小于等于、大于等于、大于、小于
	== !=	比较运算符：等于、不等于
	= %= /= //= -= += *= **=	赋值运算符
	is is not	身份运算符
	in not in	成员运算符
低	Not or and	逻辑运算符

2.6 变量和常量

2.6.1 Python 变量

变量是计算机内存中的一块区域，每个变量在内存中的信息包括变量的标识、变量的名称和变量中存储的数据。

Python 中的变量不需要声明，变量的赋值操作就完成了变量的声明和定义。Python 变量名在引用前必须先赋值。

Python 允许你同时为多个变量赋值。例如：

```
a = b = c = 5
d, e, f = 1, 2, 3
```

上面第一行代码变量 a、b、c 的赋值均为 5。这三个变量被分配到相同的内存空间上。第二行代码变量 d、e、f 的赋值分别为 1、2、3。

1. Python 变量命名规则

Python 中变量的名称由字母、数字、下画线组成，并且不能以数字开头。

变量名不能用 Python 关键字和函数名，这些是 Python 用于特殊用途的保留字。Python3.7 有 35 个保留字，具体包括：False、None、True、and、as、assert、async、await、break、class、continue、def、del、elif、else、except、finally、for、from、global、if、import、in、is、lambda、nonlocal、not、or、pass、raise、return、try、while、with、yield。

2. 变量作用域

变量作用域是指在程序中命名的变量，在什么范围内能被访问到。根据变量作用域，可分为局部变量和全局变量。

局部变量是只能在函数或代码块内部使用的变量，函数或者代码块结束，局部变量的生命周期也结束。

全局变量是在函数之外定义的变量，能够被文件内不同的函数、类或者外部文件访问的变量。

在程序中应尽量避免使用全局变量，避免由于不同模块自由访问全局变量而带来的全局变量不可预知性。此外，全局变量还会降低函数或模块之间的通用性。

2.6.2 Python 常量

常量是一块只读的内存区域，常量一旦被初始化就不能被改变。因此，常量是不能修改的固定值，例如字符串常量"Hello Python"在运行时一直都不会发生变化。

2.7 空　　值

空值是 Python 中一个特殊的值，在 Python 中用 None 表示。None 不能理解为 0，因为 0 是有意义的，而 None 则是一个特殊的空值。

2.8 本 章 小 结

本章首先介绍了 Python 基本数据类型中的字符串，包括字符串的输入、转义字符串、字符串的格式化、字符串运算符、字符串函数等。然后讲解了 Python 中的数字类型，包括整数、浮点数和复数，还介绍了计算机中数的进制，包括二进制、八进制、十六进制以及进制转换。接着介绍了 Python 中的布尔类型，以及 Python 的数据类型转换函数。

Python 的运算符主要有算术运算符、赋值运算符、比较运算符和逻辑运算符，本章还介绍了各类运算符的优先级。

本章还介绍了变量和常量的概念，以及 Python 中的变量命名规则。

2.9 习　　题

一、单项选择题

1. 执行语句 print(2*"Today")的输出结果是（　　　　）。
   A. Today　　　　　　　　B. To　　　　　　　　C. ay　　　　　　　　D. TodayToday
2. 执行语句 print("Today".upper())的输出结果是（　　　　）。
   A. Today　　　　　　　　B. tODAY　　　　　　　C. today　　　　　　　D. TODAY
3. 执行语句 print("Today".swapcase())的输出结果是（　　　　）。
   A. Today　　　　　　　　B. tODAY　　　　　　　C. today　　　　　　　D. TODAY
4. 执行语句 print("today".title())的输出结果是（　　　　）。
   A. Today　　　　　　　　B. tODAY　　　　　　　C. today　　　　　　　D. TODAY
5. 执行语句 print("today".replace('to', 'mon'))的输出结果是（　　　　）。
   A. Today　　　　　　　　B. mONDAY　　　　　　C. monday　　　　　　D. MONDAY

6. 执行语句 print("today".zfill(8))的输出结果是（　　　　）。

    A. Today000   B. to000day   C. today000   D. 000today

7. 执行语句 print("today".center(9,'*'))的输出结果是（　　　　）。

    A. Today****   B. to****day   C. today****   D. **today**

8. 执行语句 print("Today is Monday.".split())的输出结果是（　　　　）。

    A. Today is Monday.   B. ['Today', 'is', 'Monday.']

    C. Today, is, Monday.   D. [Today] [is] [Monday.]

9. 执行语句 print('\nToday \t is \t a\t sunny\n day!'.split(None, 3))的输出结果是（　　　　）。

    A. ['Today is a sunny day!']   B. ['Today', 'is', 'a', 'sunny', 'day!']

    C. ['Today', 'is', 'a', 'sunny\n day!']   D. ['\nToday \t is \t a\t sunny\n day!']

10. 执行语句 print("Today is Monday.".rsplit(' ',1))的输出结果是（　　　　）。

    A. [Today is Monday.]   B. ['Today', 'is', 'Monday.']

    C. [Today, is, Monday.]   D. ['Today is', 'Monday.']

11. 执行语句 print("Today is Monday.".partition('is '))的输出结果是（　　　　）。

    A. [Today is Monday.]   B. ('Today', 'is', 'Monday.')

    C. (Today, is, Monday.)   D. ['Today' , 'is', 'Monday.']

12. 执行语句 print("Today is Monday.".replace('Monday','Tuesday'))的输出结果是
（　　　　）。

    A. [Today is Tuesday.]   B. ('Today', 'is', 'Tuesday.')

    C. (Today, is, Tuesday.)   D. Today is Tuesday.

13. 执行语句 print("Today is "+"a sunny"+" Monday")的输出结果是（　　　　）。

    A. [Today is a sunny Monday.]   B. ('Today', 'is', 'a', 'sunny', 'Monday.')

    C. (Today, is, a, sunny , Monday.)   D. Today is a sunny Monday.

14. 执行语句 print("Today is a sunny day".startswith('Mon'))的输出结果是（　　　　）。

    A. True   B. False   C. 0   D. 1

15. 执行语句 print("Today".rjust(7,'*'))的输出结果是（　　　　）。

    A. **Today   B. Today**   C. 0   D. 1

16. 执行语句 print("**Today**".strip('*'))的输出结果是（　　　　）。

    A. **Today   B. Today**   C. Today   D. *Today*

17. 执行以下代码的输出结果是（　　　　）。

```
sentence= "Today is a sunny Monday"
words=sentence.split()
print("Sentence:\' %s\' \nLength of sentence: %s" % (sentence,
    len(words)))
```

    A. Sentence:' Today is a sunny Monday'\n Length of sentence: 5

    B. Sentence:\' %s\' \nLength of sentence: %s

    C. Sentence:\' %s\' \nLength of sentence: %s % (sentence, len(words))

    D. Sentence:' Today is a sunny Monday'

       Length of sentence: 5

18. 在 Python 3 中 3/2 的结果是（　　　　）。

    A. 1.5   B. 1   C. 报错   D. 2

19. 下列变量名中错误的是（　　　　）。

    A. name1   B. name_1   C. 1_name   D. name_family

20. 下列可以用作变量名的是（　　　）。

    A. False   B. None   C. and   D. test

21. 以下不是赋值运算符的是（　　　）。

    A. +=   B. =   C. *=   D. ==

22. (3+ 6) ** 2 的运行结果是（　　　）。

    A. 30   B. 81   C. 20   D. 90

23. 算术运算符//的含义是（　　　）。

    A. 两次除法   B. 取整除运算   C. 斜线运算   D. 双斜线运算

24. x,y, z = 7, 13, "Python"，z 的值是（　　　）。

    A. 7   B. 13   C. "Python"   D. 空

25. 下列代码执行的结果是（　　　）。

```
a=1
b=2
print (a==b)
```

    A. 1   B. 0   C. False   D. True

26. 下列代码执行的结果是（　　　）。

```
a=True
b=False
print (a and b)
```

    A. 1   B. 2   C. False   D. True

27. 下列代码执行的结果是（　　　）。

```
a=1
b=2
print (a%b)
```

    A. 1   B. 0   C. False   D. True

28. 执行语句 print('-' .join('hello python')) 的输出结果是（　　　）。

    A. -h-e-l-l-o- -p-y-t-h-o-n-   B. h-e-l-l-o p-y-t-h-o-n

    C. -h-e-l-l-o -p-y-t-h-o-n   D. h-e-l-l-o- -p-y-t-h-o-n

29. 下列代码执行的结果是（　　　）。

```
a=4
b=27
b%=a
a//=b
print ("%d,%d"%(a,b))
```

    A. 1,3   B. 3,1   C. 0,3   D. 3,0

30. 100-50*3%4 的运行结果是（　　　）。

    A. 2   B. 98   C. –2   D. 0

31. 要将 5.2874 变成 00005.28 需要进行的格式化输出为（　　　）。

    A. "%.2f"%5.2874   B. "%08.2f"% 5.2874

    C. "%0.2f"%5.2874   D. "%8.2f"%5.2874

32. 下列代码执行的结果是（　　　）。

```
a=b=c=50
```

数据类型与运算符

```
a=c%3*4
b=-2 and 2
print ("%d,%d"%(a,b))
```

    A. 2,8   B. 4,0   C. 8,2   D. 0,4

33. 下列那个语句在 Python 中是非法的？（　　　）

    A. a**=b   B. a=b=c=6

    C. a=(b+1)=c   D. a,b=c,a

34. 下列代码的运行结果是（　　　）。

```
a='a'
print(a>'b' or 'c')
```

    A. a   B. b   C. c   D. True

35. 下列字符串格式化语法正确的是（　　　）。

    A. 'Jenny's%d%' book'   B. 'Jenny\'s%c%' book'

    C. 'Jenny's%s%' book'   D. 'Jenny\'s%s'%' book'

36. 判断 char 型变量 c 是否为小写字母的正确表达式是（　　　）。

    A. 'a'<=c'='z'   B. (c>=A)&&(c<=z)

    C. ('a'>=c)||('z'<=c)   D. (c>='a')&&(c<='z')

二、多项选择题

1. 下列关于 Python 字符串界定方式说法正确的是（　　　）。

    A. 单引号界定的字符串不可以嵌套双引号字符串

    B. 双引号界定的字符串可以嵌套单引号字符串

    C. 三单引号或三双引号界定的字符串可以用于跨行表示字符串

    D. Python 中各界定符只能英文输入状态下输入

2. 下列字符列中，用来表达转义字符的是（　　　）。

    A. \'   B. \0   C. \n   D. \\'

3. 下列函数中能够实现字符串查找的有（　　　）。

    A. find()   B. partition()   C. .index()   D. replace()

4. 下列属于格式字符的是（　　　）。

    A. %%   B. %s   C. %F   D. %d

5. 下列对于函数的说明错误的有（　　　）。

    A. find()函数在查找不到指定子字符串时不返回值

    B. index 如果查找不到指定子字符串时抛出异常

    C. split()函数的返回值为分割后的字符串列表

    D. islower()函数用于检测字符串是否含有小写字母

6. 下列运算结果输出正确的是（　　　）。

    A. a=80,b=20   a/b=4   B. a=80.0,b=20   a/b=4.0

    C. a=80,b=20.0   a//b=4.0   D. a=80,b=20   a//b=4.0

7. 下列数据类型转换结果正确的是（　　　）。

    A. int('24',10)= 24   B. int(False)= 0

    C. bool(455)= False   D. float(104)= 104.0

8. 下列表达式结果为 Ture 的有（　　　）。

    A. 'a'<'b'   B. 'abc'<'z'   C. 6>4>4   D. 'ax'>'x'

9. 下列关于运算优先级比较的叙述正确的是（　　　　）。
   A. 成员运算符>身份运算符
   B. 指数运算符>比较运算符
   C. 赋值运算符>成员运算符
   D. 比较运算符>赋值运算符

10. 下列属于 Python 保留字的有（　　　　）。
   A. None　　　　　　　B. lambda　　　　　　C. for　　　　　　D. def

11. Python 支持的数据类型有（　　　　）。
   A. Int　　　　　　　　B. float　　　　　　　C. char　　　　　D. list

12. 下列哪种说法错误的是（　　　　）。
   A. 空字符串的布尔值是 True
   B. 除字典类型外，所有标准对象均可以用于布尔测试
   C. 值为 0 的任何数字对象的布尔值是 False
   D. 空列表对象的布尔值是 False

13. 下列关于 Python 变量说法正确的是（　　　　）。
   A. Python 中的变量不需要声明
   B. Python 变量名在引用前必须先赋值
   C. Python 允许同时为多个变量赋值
   D. Python 中变量名称由字母、数字、下画线组成

二、判断题

1. 字符串属于不可变序列类型。（　　　　）

2. 字符串的不同界定符之间可以互相嵌套。（　　　　）

3. %%格式字符代表%。（　　　　）

4. 表达式'python.jpg'.endswith(('.png', '.jpg')) 的值 False。（　　　　）

5. isspace()函数用于检测字符串是否含有空格。（　　　　）

6. 由于引号表示字符串的开始和结束，所以字符串本身不能包含引号。（　　　　）

7. 不同类型的数据不能相互运算。（　　　　）

8. 表达式'a city of USA'.istitle()的值为 True。（　　　　）

9. 表达式 'pppython'.lstrip('p')的值为'python'。（　　　　）

10. 运算符 "//" 的结果类型与分母分子的数据类型有关。（　　　　）

11. '%10.2f ' % pi 的含义是指定宽度为 10 指定精度为小数点后 2 位的 pi。（　　　　）

12. 'aaa/bbb'.split('/')得到的结果为 ['aaa','/', 'bbb']。（　　　　）

13. a= '456',b= '789',表达式 a+b 的值为'456789'。（　　　　）

14. bool(0)和 bool(None)的值都为 False。（　　　　）

15. a=4,b=6,a=+b，得到 a 的值为 10。（　　　　）

16. None 是一个特殊的空值，不能理解为 0。（　　　　）

17. 表达式 'appe' in ['apples'] 的值为 True。（　　　　）

18. 'Hello python'.swapcase().swapcase() 的值为'Hello python'。（　　　　）

19. 表达式 '%c'%65==str(65)'的值为 False。（　　　　）

20. Python 变量使用前必须先声明，一旦声明就不能在当前作用域内改变其类型。（   ）

21. Python 变量名必须以字母或下画线开头，并且区分字母大小写。（   ）

22. 8888**8888 这样的命令在 Python 中无法运行。（   ）

23. 0o14f 在 Python 中是合法的八进制数字表示形式。（   ）

24. 0xbf 在 Python 中是合法的十六进制数字表示形式。（   ）

25. 在 Python 中可以使用 implement 做变量名。（   ）

26. Python 中 type()函数用来查看变量类型。（   ）

27. 表达式 int('101',2)的值为 6。（   ）

28. 假设 a 为整数，那么表达式 n&1==n%2 的值为 True。（   ）

29. 已知 a=3，b=5，在执行语句 a,b=b,a 后 a 的值为 3。（   ）

30. 表达式'Hellow python'.lower().upper()的值为'HELLOW PYTHON'。（   ）

四、计算题，写出计算过程

1. $(11001.11)_2 = (?)_{10} = (?)_{16} = (?)_8$

2. $(205.5)_{16} = (?)_{10} = (?)_2 = (?)_8$

3. $(215.75)_{10} = (?)_{16} = (?)_2 = (?)_8$

五、思考题

写出判断变量 year 代表的年份是否为闰年的逻辑表达式。闰年是能被 4 整除但不能被 100 整除，或者能被 400 整除的年份。

第 3 章

选 择 结 构

选择结构表示程序的处理步骤出现了分支，它需要根据某一特定的条件选择其中的一个分支执行。本章主要介绍了程序设计的一般方法、结构化程序设计的思想以及 Python 语言选择结构的实现方法。

本章要求了解结构化程序设计的思想，并且可以按照程序设计的一般方法完成简单程序的设计过程，熟练掌握顺序结构和选择结构的使用。

学习目标：

▶▶ **程序设计方法**
▶▶ **结构化程序设计**
▶▶ **简单 if 语句**
▶▶ **复杂 if 语句**

3.1　程序设计方法

程序设计的一般方法可以概括为以下四个步骤。

1. 设计算法

找出解决问题的规律，选择解题的算法，完成实际问题。

2. 画流程图

根据算法思想，画出程序流程图。

3. 编写程序

将算法翻译成计算机程序设计语言，本书采用 Python 语言进行编码。

4. 运行调试

能得到运行结果并不意味着程序正确，要对结果进行分析，看它是否合理。若不合理则要对程序进行调试，即通过上机发现和排除程序中的 Bug。

【实例 3.1】 计算梯形的面积。

第一步：根据梯形面积的计算公式，定义 top、bottom、height、area 为浮点型变量，分别用于存储梯形的上底、下底、高和面积，即得到：

$$area = \frac{(top + bottom) \times height}{2}$$

第二步：用流程图表示算法直观形象，可以比较清楚地显示出各个框之间的逻辑关系。流程图用来表示各种操作的图框，图 3.1 所示为几种常见的程序流程图符号。

(a) 起始/终止框　　(b) 处理框　　(c) 输入/输出框　　(d) 判断框　　(e) 注释框　　(f) 流程线

图 3.1　流程图常见符号

本题的程序流程图如图 3.2 所示。

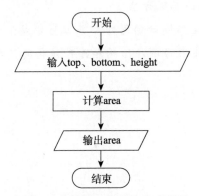

图 3.2　求梯形面积的算法流程图

第三步：根据程序流程图，编写代码。

```python
#Example3.1.py

top = float( input('top = ') )
bottom = float( input('bottom = ') )
height = float( input('height = ') )
area = ( top + bottom ) * height / 2
print('梯形的面积为：{:.2f}'.format(area))
```

第四步：对已经编写好的源程序进行上机调试，并且核对结果。如果不正确，则修改程序再调试，直至得到期望的结果值。

3.2　结构化程序设计

结构化程序设计（Structured Programming）是以模块功能和处理过程设计为主的详细设计的基本原则。结构化程序设计是过程式程序设计的一个子集，它对写入的程序使用逻辑结构，使得理解和修改更有效更容易。结构化程序设计的三种基本结构是：顺序结构、选择结构和循环结构，流程图如图 3.3 所示。

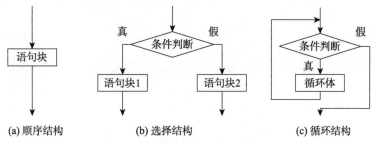

(a) 顺序结构　　　　　(b) 选择结构　　　　　(c) 循环结构

图 3.3　结构化程序设计的三种基本结构

1．顺序结构

顺序结构表示程序中的各操作是按照它们出现的先后顺序执行的。实例 3.1 便是顺序结构。

2．选择结构

选择结构表示程序的处理步骤出现了分支，它需要根据某一特定的条件选择其中的一个分支执行。选择结构有单选择、双选择和多选择三种形式。

3．循环结构

循环结构表示程序反复执行某个或某些操作，直到某条件为假（或为真）时才可终止循环。在循环结构中最主要的是：什么情况下执行循环？哪些操作需要循环执行？

3.3　简单 if 语句

3.3.1　单分支 if 语句

单分支 if 语句的语法格式如下：

```
if 条件判断:
    语句块
```

单分支 if 语句的流程图如图 3.4 所示。语句块是 if 语句的条件判断成立时执行的一条或多条语句序列，语句块中语句通过与 if 所在行形成缩进表达包含关系。当条件判断为真（True）时，执行语句块；当条件判断为假（False）时，则跳过 if 语句块。

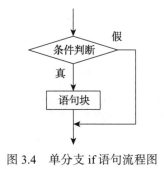

图 3.4　单分支 if 语句流程图

【实例 3.2】计算圆的周长和面积。

```
#Example3.2.py

import math                                              #①

radius = float(input('周长 = '))                          #②
if radius > 0:                                           #③
    perimeter = 2 * math.pi * radius                     #④
    area = math.pi * radius ** 2                         #⑤
    print('半径为{:.2f}圆的周长为{:.2f}，面积为{:.2f}'.format(radius,
perimeter,area))

print('计算完毕')                                          #⑥
```

【运行结果一】

```
周长 = 3✓
半径为3.00圆的周长为18.85，面积为28.27
计算完毕
```

【运行结果二】

```
周长 = -1✓
计算完毕
```

📖 说明：

☑ 为了使用圆周率 pi 的值，语句①使用 import 语句导入 math 模块。

☑ 语句②使用 float()函数将用户输入的表示数值的字符串转换为浮点类型数值。

☑ 语句③当 radius 的值大于 0 成立时，执行 if 语句包含的语句块；否则跳过 if 语句块。通过代码的缩进包含关系，使得 if 语句块由 3 条语句组成。

☑ 语句④⑤通过 math.pi 使用 3.141592653589793，参与圆的周长和面积的计算。

☑ 语句⑥不属于 if 语句，所以不论 if 条件判断是否为真，都将执行。

【实例 3.3】某公园门票正常价格是 **40** 元，老人（**>=60** 岁）或儿童（**<=12** 岁）门票半价。输入游客的年龄，输出游客的年龄和门票价格。

```
#Example3.3.py

price = 40
age = int(input('age = '))
if age >= 60 or age <= 12:                               #①
    price //= 2                                          #②

print('您的年龄为{}岁,票价为￥{}元.'.format(age,price))
```

【运行结果一】

```
age = 20✓
您的年龄为20岁,票价为￥40元.
```

【运行结果二】

```
age = 10✓
```

您的年龄为10岁,票价为¥20元.

【运行结果三】

```
age = 60↙
您的年龄为60岁,票价为¥40元.
```

📇 **说明:**

☑ or为逻辑或运算,两侧有一个表达式的值为True时,逻辑运算表达式结果为True,见语句①。

☑ 因为price的原价为40,所以计算半价票时用到了"//"整数除法运算符,见语句②。

3.3.2 双分支if-else语句

双分支if-else语句的语法格式如下:

```
if 条件判断:
      语句块1
else:
      语句块2
```

双分支if-else语句的流程图如图3.5所示。if语句通过行缩进关系包含语句块1,else语句通过行缩进关系包含语句块2。当条件判断为True时,执行语句块1;当条件判断为False时,则执行else包含的语句块2;if和else语句块具有互斥关系。

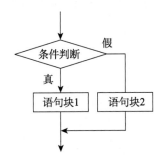

图3.5 双分支if-else语句流程图

【实例3.4】使用**if-else**语句计算圆的周长和面积。

```
#Example3.4.py

import math                                                #①导入math模块

radius = float(input('周长 = '))
if radius > 0:                                             #②
    perimeter = 2 * math.pi * radius
    area = math.pi * radius ** 2
    print('半径为{:.2f}圆的周长为{:.2f}, 面积为{:.2f}'.format(radius,
perimeter,area))
```

```
else:
    print('半径值必须大于 0! ')

print('计算完毕')                                              #③
```

【运行结果一】

```
周长 = 3↙
半径为 3.00 圆的周长为 18.85, 面积为 28.27
计算完毕
```

【运行结果二】

```
周长 = -1↙
半径值必须大于 0!
计算完毕
```

说明:

☑ 在 Python 语言中, 使用 "#" 表示单行注释, "#" 后面的文字不是代码, 见语句①。

☑ 代码注释的作用就是对代码进行解释说明, 为日后的阅读或者他人阅读源程序提供方便。

☑ 虽然没有强行规定程序中一定要写注释, 但是为程序代码写注释是一个良好的习惯, 这会为以后查看代码带来很大方便。并且如果程序交给别人看, 他人便可以快速掌握程序的思想与代码的作用。所以养成编写良好的代码格式规范和添加详细的注释习惯, 是一个优秀程序员应该具备的素质。

☑ 当 radius 的值大于 0 成立时, 见语句②, 执行 if 语句包含的语句块; 否则执行 else 语句包含的语句块。

☑ 根据代码行之间的包含关系, 语句③既不属于 if 语句, 也不属于 else 语句, 所以不论 if-else 语句如何执行, 它都将执行。

【实例 3.5】计算某年的天数。

```
#Example3.5.py

year = int(input('请输入年份: '))
days = 365
if ( year % 4 == 0 and year %100 != 0 ) or year % 400 == 0: #①
    days += 1
    print('{}年为闰年,共{}天.'.format(year,days))
else:
    print('{}年共{}天.'.format(year,days))
```

【运行结果一】

```
请输入年份: 2019↙
2019 年共 365 天.
```

【运行结果二】

```
请输入年份: 2000↙
2000 年为闰年,共 366 天.
```

说明：

☑ 判断任意年份是否为闰年，需要满足以下条件中的任意一个：该年份能被 4 整除同时不能被 100 整除；或者该年份能被 400 整除。

☑ if 语句的条件判断表达式使用了逻辑与（and）、逻辑或（or）运算符，因为 and 运算符的优先级高于 or 运算符，所以可以不使用小括号，见语句①。

3.4 复杂 if 语句

3.4.1 if-elif-else 语句

当程序的分支数量大于 2 时，可以使用 if-elif-else 多分支语句，语法格式如下：

```
if 条件判断 1:
    语句块 1
elif 条件判断 2:
    语句块 2
…
else:
    语句块 N
```

多分支 if-elif-else 语句的流程图如图 3.6 所示。elif 语句具有同上一条 if 或 elif 或 else 语句的互斥性，还具有条件判断的功能。当 if 语句条件判断为 True 时，执行其包含的语句块，跳过剩余的 elif 和 else 语句块；当 if 语句条件判断为 False 时，如果某个 elif 语句条件判断为 True 时，执行其包含的语句块，跳过剩余的 elif 和 else 语句块；如果 if 和所有 elif 语句条件判断都为 False 时，则执行 else 包含的语句块。在 if-elif 语句后面并不要求必须有 else 语句块。

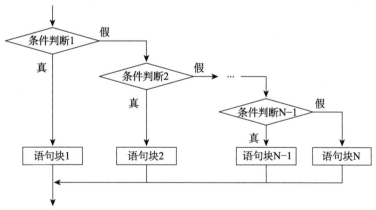

图 3.6 多分支 if-elif-else 语句流程图

【实例 3.6】将输入的百分制成绩转换为 A、B、C、D、E 五个等级。

```
#Example3.6.py

grade = int(input('grade = '))
```

```
if grade > 100:
    print('成绩有误! ')
elif grade >= 90:
    print('Level A.')
elif grade >= 80:
    print('Level B.')
elif grade >= 70:
    print('Level C.')
elif grade >= 60:
    print('Level D.')
elif grade >= 0:
    print('Level E.')
else:
    print('成绩有误! ')
```

【运行结果一】

```
grade = 85↙
Level B.
```

【运行结果二】

```
grade = -78↙
成绩有误!
```

📄 说明:

☑ 根据题干要求进行分析,本题成绩等级的计算共分为七种情况,所以使用 if-elif-else 语句实现。

☑ 将输入的百分制成绩从上向下,依次进行 if 语句的条件判断或 elif 语句的条件判断,如果某个条件判断语句为 True 时,则执行其包含的语句块,跳过剩余的 elif 和 else 语句块。

☑ 如果 if 语句和所有的 elif 语句的条件判断都为 False 时,则执行 else 语句块。

☑ 本题的程序流程图如图 3.7 所示。

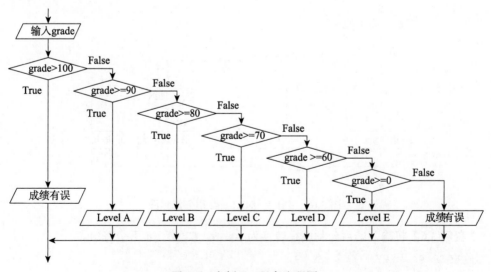

图 3.7 实例 3.6 程序流程图

【实例 3.7】企业发放的奖金根据利润提成。利润低于等于 10 万元时，奖金可提 10%；利润高于 10 万元，低于 20 万元时，低于 10 万元的部分按 10%提成，高于 10 万元的部分，可提成 7.5%；20 万到 40 万之间时，高于 20 万元的部分，可提成 5%；40 万到 60 万之间时高于 40 万元的部分，可提成 3%；60 万到 100 万之间时，高于 60 万元的部分，可提成 1.5%，高于 100 万元时，超过 100 万元的部分按 1%提成，从键盘输入当月利润，求应发放奖金总数。

```python
#Example3.7.py

profit = float(input('请输入利润:'))
benefit = 0
if profit <= 100000:
    benefit = profit * 0.1
elif profit <= 200000:
    benefit = (profit - 100000) * 0.075 + 10000
elif profit <= 400000:
    benefit = (profit - 200000) * 0.05 + 10000 + 7500
elif profit <= 600000:
    benefit = (profit - 400000) * 0.03 + 10000 + 7500 + 10000
elif profit <= 1000000:
    benefit = (profit - 600000) * 0.015 + 10000 + 7500 + 10000 + 6000
else:
    benefit = (profit - 1000000) * 0.01 + 10000 + 7500 + 10000 + 6000 + 6000

print('该员工获得的奖金为￥{:.2f}元.'.format(benefit))
```

【运行结果】

```
请输入利润:750000
该员工获得的奖金为￥35750.00元.
```

3.4.2　if-else 嵌套语句

当有多个分支语句时，也可以使用 if-else 嵌套语句实现，语法格式如下：

```
if 条件判断1:
    if 条件判断2:
        语句块1
    else:
        语句块2
else:
    if 条件判断3:
        语句块3
    else:
        语句块4
```

if-else 嵌套语句的流程图如图 3.8 所示。if 语句的嵌套中，else 与 if 的配对的原则是：else 总是与同一语法层次中离它最近的尚未配对的 if 配对。

选择结构

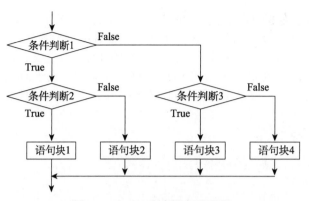

图 3.8　if-else 嵌套语句流程图

【实例 3.8】从键盘输入三个整数值，输出最大值。

```
#Example3.8.py

num1 = int(input('num1 = '))
num2 = int(input('num2 = '))
num3 = int(input('num3 = '))
if num1 >= num2:
    if num1 >= num3:
        max = num1
    else:
        max = num3
else:
    if num2 >= num3:
        max = num2
    else:
        max = num3
print('{},{},{}的最大值为{}.'.format(num1,num2,num3,max))
```

【运行结果】

```
num1 = 3↙
num2 = 5↙
num3 = 4↙
3,5,4 的最大值为 5.
```

说明：

☑ 从 else 去找它前面的 if 配对，不能用 if 来找 else 配对。

☑ 配对的 if-else 语句必须是同一语法层次的，不能出现在不同的层次里。

☑ 必须是离 else 最近的那个 if，不要越级。

☑ 找到的这个 if 必须是没有和其他的 else 配对的，不能抢其他 else 的。

【实例 3.9】从键盘输入三个整数，请把这三个数由小到大输出。

```
#Example3.9.py

x,y,z = eval(input('请输入三个整数: '))                    #①
if x > y:
```

```
    if y > z:
        print('从小到大排序结果为{},{},{}'.format(z,y,x))
    elif x > z:
        print('从小到大排序结果为{},{},{}'.format(y,z,x))
    else:
        print('从小到大排序结果为{},{},{}'.format(y,x,z))
else:
    if x > z:
        print('从小到大排序结果为{},{},{}'.format(z,x,y))
    elif y > z:
        print('从小到大排序结果为{},{},{}'.format(x,z,y))
    else:
        print('从小到大排序结果为{},{},{}'.format(x,y,z))
```

【运行结果】

请输入三个整数：4,5,3↙

从小到大排序结果为3,4,5

📖 **说明：**

☑ 本题中从键盘通过执行input()函数输入"4,5,3"字符串。eval()函数将字符串"4,5,3"的值，依次赋值给"x,y,z"，使得 x=4，y=5，z=3，而且 x、y、z 变量均为整数类型。见语句①。

☑ 本题中 if-else 语句块中分别嵌套了 if-elif-else 语句。

3.5　本　章　小　结

结构化程序设计的三种基本结构是：顺序结构、选择结构和循环结构。顺序结构的程序是一条语句接一条语句顺序地往下执行。选择结构表示程序的处理步骤出现了分支，它需要根据某一特定的条件选择其中的一个分支执行。循环结构表示程序反复执行某个或某些操作，直到某条件为假（或为真）时才可终止循环。

在 Python 语言中分为单分支、双分支和多分支选择结构。只使用 if 语句可以实现单分支结构，使用 if-else 语句可以实现双分支结构，使用 if-elif-else 语句或 if-else 嵌套语句可以实现多分支结构。

3.6　习　　题

一、单项选择题

1. 以下不属于结构化程序设计的三种基本结构是（　　　）。

　　A. 顺序结构　　　　　　　　　　B. 选择结构

　　C. 逻辑结构　　　　　　　　　　D. 循环结构

2. 在 Python 语言中，逻辑"真"值等价于（　　　）。

　　A. 大于零的数　　　　　　　　　B. 大于零的整数

　　C. 非零的数　　　　　　　　　　D. 非零的整数

3. 在 if 嵌套语句中，为避免 else 匹配错误，规定 else 总是与（　　）组成配对关系。

  A. 最近的 if
         B. 在其之前未配对的 if

  C. 在其之前尚未配对的最近的 if
    D. 同一行的 if

4. 关于分支结构，以下选项中描述不正确的是（　　）。

  A. if 语句中语句块执行与否依赖于条件判断

  B. if 语句中条件部分可以使用任何能够产生 True 和 False 的语句和函数

  C. 二分支结构有一种紧凑形式，使用保留字 if 和 elif 实现

  D. 多分支结构用于设置多个判断条件以及对应的多条执行路径

5. 以下关于 Python 的控制结构，错误的是（　　）。

  A. 每个 if 条件后要使用冒号 "："

  B. 在 Python 中，没有 switch-case 语句

  C. Python 中的 pass 是空语句，一般用作占位语句

  D. elif 可以单独使用

6. 以下关于程序控制结构描述错误的是（　　）。

  A. 单分支结构是用 if 保留字判断满足一个条件，就执行相应的处理代码

  B. 二分支结构是用 if-else 根据条件的真假，执行两种处理代码

  C. 多分支结构是用 if-elif-else 处理多种可能的情况

  D. 在 Python 的程序流程图中可以用处理框表示计算的输出结果

7. 关于 Python 的分支结构，以下选项中描述错误的是（　　）。

  A. 分支结构使用 if 保留字

  B. Python 中 if-else 语句用来形成二分支结构

  C. Python 中 if-elif-else 语句描述多分支结构

  D. 分支结构可以向已经执行过的语句部分跳转

8. 下面程序执行后，a、b、c 值是（　　）。

```
a = 1
b = 2
c = 3
if a>b:
    c=a
    a=b
b=c
```

  A. a=1, b=3, c=3
        B. a=1, b=1, c=3

  C. a=2, b=3, c=3
        D. a=2, b=2, c=3

9. Python 语言中，if 语句的条件判断表达式的值叙述正确的是（　　）。

  A. 必须是逻辑值
        B. 必须是整数值

  C. 必须是正数
        D. 可以是任意合法的数值

10. 以下程序的输出结果是（　　）。

```
t = 'Python'
print(t if t>='python' else 'None')
```

  A. Python
        B. python

  C. t
        D. None

11. 以下程序的输出结果是（　　　　）。

```
a = 30
b = 1
if a >=10:
    a = 20
elif a>=20:
    a = 30
elif a>=30:
    b = a
else:
    b = 0
print('a={}, b={}'.format(a,b))
```

A. a=30, b=1　　　　　　　　　　B. a=30, b=30

C. a=20, b=20　　　　　　　　　　D. a=20, b=1

二、判断题

1. if 和 else 语句必须成对出现。（　　　　）

2. Python 里每一行语句后必须用分号来结束。（　　　　）

3. Python 使用"#"号来标示单行注释。（　　　　）

4. 变量名在引用前必须赋值。（　　　　）

5. Python 中在语句块周围采用缩进形式将语句分组。（　　　　）

三、程序填空题

1. 以下程序的功能是：输入一个整数，如果输入的整数大于等于 100，输出显示该数大于等于 100。否则输出显示该数小于 100。请填空。

```
num = int(input('num = '))
if _____:
    print('{}的值大于等于 100'.format(num))
else:
    print('{}的值小于 100'.format(num))
```

2. 以下程序的功能是：已知计算三角形面积的公式为：area = sqrt(s*(s-a)*(s-b)*(s-c))，其中 s=(a+b+c)/2。公式中 a、b 和 c 分别为三角形的三条边。编写程序判断三边能否构成三角形。如果能构成三角形求该三角形的面积，否则输出"无法构成三角形"。

```
import math
a,b,c = eval(input('请输入三角形三条边的值: '))
if "_____"
    s = (a + b + c) / 2
    area = math.sqrt( s * (s - a) * (s - b) * (s - c) )
    print(area)
else:
    print('无法构成三角形')
```

四、编程题

1. 输入两个整数，输出其中较大的数。

2. 输入一个正整数，判断该数是否既是 5 又是 7 的倍数。若是，输出"yes"；若否，输出"no"。

3. 输入整型变量 x 的值：当 x<1 时，y=x；当 1<=x<10 时，y=2x-1；当 x>=10 时，y=3x+11；最后输出 y 的值。

4. 用 if 语句实现：输入一个字符，判断该字符是数字、英文字母还是其他字符。

5. 输入两个数和一个符号。如果该符号为'+'，则输出两个数的和。如果该符号为'－'，则输出两个数的差。如果该符号为'*'，则输出两个数的积。如果该符号为'/'，则输出两个数的除。

6. 人体指数 BMI 的计算为：BMI = 体重（kg）/（身高*身高）（m）。下面是 BMI 对应的国际标准指数与国内标准指数，请实现用户输入身高、体重，输出二者对应的指数值。

分类	国际 BMI 值（kg/m^2）	国内 BMI 值（kg/m^2）
偏瘦	<18.5	<18.5
正常	18.5~25	18.5~24
偏胖	25.1~29.9	24.1~27.9
肥胖	≥30	≥28

7. 要求输入某年某月某日，求判断输入日期是当年中的第几天？

第4章

循 环 结 构

循环结构用于在给定条件成立时，反复执行某一个程序段。本章介绍 Python 语言提供的两种循环结构语句：while 循环和 for 循环，介绍循环结构中常用的语句 break、continue 的使用以及循环的嵌套。

本章要求熟练掌握循环语句的基本用法，了解循环的嵌套，理解 break 和 continue 在循环结构中的不同作用。

学习目标：

➤➤ while 循环
➤➤ for 循环
➤➤ 循环嵌套
➤➤ break 和 continue 语句

循环结构可以减少源程序重复书写的工作量，用来描述重复执行某段算法的问题，是程序设计中最能发挥计算机特长的程序结构。

4.1　while 循环

while 循环的语法格式如下：

```
while 条件判断:
    语句块 1
语句块 2
```

while 循环的流程图如图 4.1 所示。语句块 1 是 while 语句的条件判断成立时执行的一条或多条语句序列，称为循环体，循环体语句通过与 while 所在行形成缩进表达包含关系。当条件判断为真（True）时，执行循环体语句；当条件判断为假（False）时，则跳过 while 循环，执行语句块 2。

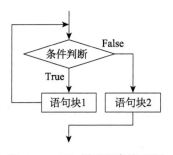

图 4.1　while 循环程序流程图

【实例 4.1】从键盘输入正整数值 n，输出 1 到 n 之间所有整数。

```
#Example4.1.py

n = int(input('n = '))
i = 1                              #①

while i <= n:                      #②
    print(i)                      #③
    i += 1                        #④

print('输出完毕')                   #⑤
```

【运行结果】

```
n = 5↙
1
2
3
4
5
输出完毕
```

📖 说明：

☑ 循环结构包含三个要素：循环变量、循环体和循环终止条件。

☑ 语句①定义循环变量 i，并将 i 初始化为 1。

☑ 语句②中"i <= n"是循环终止条件，当"i <= n"判断为 True 时，执行循环体；否则跳过 while 循环。

☑ 语句③④构成了循环体语句块，当语句②条件判断为 True，执行语句③④。

☑ 当为 n 输入整数值 5 时，语句②中"i <= n"将执行 6 次，其中前 5 次判断结果为 True，循环体语句③④将执行 5 次；第 6 次判断结果为 False，跳过 while 循环，执行语句⑤。

☑ 每当语句②判断为 True 时，语句③将被执行，打印此时 i 的值，语句④将被执行，循环变量 i 的值+1；当 i = 6 时，语句②判断为 False，结束 while 循环。

【实例 4.2】从键盘输入正整数值 n，输出 1 到 n 之间所有奇数之和。

```
#Example4.2.py

n = int(input('n = '))
```

```
i = 1
sum = 0                                                    #①

while i <= n:                                              #②
    sum += i                                              #③
    i += 2                                                #④

if n % 2 != 0:                                             #⑤
    print('1+3+...+%d=%d'%(n,sum))                        #⑥
else:                                                      #⑦
    print('1+3+...+%d=%d'%(n-1,sum))
```

【运行结果一】

```
n = 11
1+3+...+11=36
```

【运行结果二】

```
n = 10
1+3+...+9=25
```

说明：

☑ 本题是计算累加和问题，语句①定义变量 sum 并赋初始值为 0，因为任何一个数和 0 相加结果不变。

☑ 当语句②"i <= n"判断为 True 时，执行循环体语句③④。

☑ 语句③计算变量 sum 当前值和 i 当前值之和，再赋给 sum，实现累加和的计算。

☑ 语句④将变量 i 的值+2，得到下一个奇数值。

☑ 键盘输入的整数 n 可能为奇数，也可能为偶数，通过语句⑤"n % 2 != 0"判断 n 是奇数还是偶数。

☑ 如果 n 为奇数，则执行语句⑥。

☑ 如果 n 为偶数，则执行语句⑦。

☑ 本实例参考代码的程序流程图如图 4.2 所示。

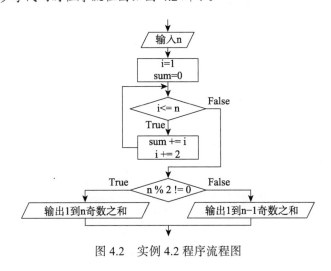

图 4.2　实例 4.2 程序流程图

第4章

循环结构

【实例 4.3】打印所有四位"回文数"。所谓"回文数",就是说一个数字从左边读和从右边读的结果是一模一样的,比如 **1221**。

```
#Example4.3.py

i = 1000

while i <= 9999:
    unitDigit = i % 10                                          #①
    tenDigit = i % 100 // 10                                    #②
    hundredDigit = i // 100 % 10                                #③
    thousandDigit = i // 1000                                   #④
    if unitDigit == thousandDigit and tenDigit == hundredDigit:  #⑤
        print(i)
    i += 1
```

【运行结果】

```
1001
1111
1221
...
9779
9889
9999
```

说明:

☑ 四位回文数的特点是:个位和千位相等,十位和百位相等。

☑ 语句①②③④通过取余运算(%)或整除运算(//),分别得到个位、十位、百位和千位数。

☑ 获得个位、十位、百位和千位数的方法不唯一,请读者设计其他解决方案。

☑ 语句⑤使用逻辑与运算(and),左右两个条件都为 True 时,if 判断才为真。

☑ 本题的解题方法被称为枚举法或穷举法,也常常称之为暴力破解法,是指从可能的集合中一一枚举各个元素,用题目给定的约束条件判定哪些是无用的,哪些是有用的。能使命题成立者,即为问题的解。

【实例 4.4】有一分数序列:**2/1,3/2,5/3,8/5,13/8,21/13...**,求出这个序列的前 **20** 项之和。

```
#Example4.4.py

x1 = 2
x2 = 3
y1 = 1
y2 = 2
sum = x1 / y1 + x2 / y2                                         #①
i = 3

while i <= 20:
    x3 = x1 + x2                                                #②
```

```
        y3 = y1 + y2                                          #③
        sum += x3 / y3                                        #④
        x1 = x2                                               #⑤
        x2 = x3                                               #⑥
        y1 = y2                                               #⑦
        y2 = y3                                               #⑧
        i += 1
print('%.2f'%(sum))
```

【运行结果】

```
32.66
```

说明：

☑ 通过观察可以发现，从第 3 个分数开始，分子等于前两项分子之和，分母等于前两项分母之和。

☑ 可以将前两个分数之和看作已知条件，所以语句①sum 等于前两个分数之和。

☑ 变量 i 通过 while 循环从 3 递增到 21，条件判断表达式前 18 次值为 True，第 19 次条件判断表达式值为 False，表示计算结束。

☑ 语句②③让本次循环对应分数的分子、分母值分别等于前两项分子、分母之和。

☑ 语句④实现分数的累加。

☑ 语句⑤⑥⑦⑧将 x1、x2、y1、y2 表示的值分别向后平移，表示下一个分数的值，等待下一次 while 循环条件判断成立时，计算新分数的分子和分母。

4.2　for 循环

Python 语言通过关键字 for 实现"遍历循环"，语法格式如下：

```
for 循环变量 in 序列：
    语句块
```

遍历循环是指 for 循环执行次数是根据序列的元素个数确定的。遍历循环可以理解为从序列中逐一提取元素，赋值给循环变量，对于所提取的每个元素执行一次语句块。

序列可以是字符串、range()函数值、列表、元组或字典等，部分概念将在后续章节讲解。

【实例 4.5】统计一个字符串中字母、数字和其他字符的个数。

```
#Example4.5.py

userInput = input('请输入一个字符串：')

userStr = ''                                                 #①
userNumber = ''                                              #②
```

76

```
userOthers = ''                                                    #③

strCount = 0                                                       #④
numberCount = 0                                                    #⑤
othersCount = 0                                                    #⑥

for ch in userInput:                                              #⑦
    if ch >= 'a' and ch <= 'z' or ch >= 'A' and ch <='Z':        #⑧
        userStr = userStr + ch                                    #⑨
        strCount += 1
    elif ch >= '0' and ch <= '9':                                 #⑩
        userNumber += ch
        numberCount += 1
    else:
        userOthers += ch
        othersCount += 1

print(strCount,userStr)
print(numberCount,userNumber)
print(othersCount,userOthers)
```

【运行结果】

```
请输入一个字符串：1#I2Lo3@v4&eC5!hi67n$a8↙
10 ILoveChina
8 12345678
5 #@&!$
```

☒ 说明：

 ☑ 语句①②③定义三个字符串变量，赋值为空字符串，用于进行字符串的拼接。

 ☑ 语句④⑤⑥定义三个整型变量，赋初始值为 0，用于统计个数。

 ☑ 语句⑦使用 for 循环对字符串变量 userInput 进行遍历，ch 会依次等于 userInput 字符串中的每一个字符。

 ☑ 语句⑧if 语句判断当前字符是否是字母。

 ☑ 语句⑨当"+"号两侧是字符串类型值时，"+"号的作用是字符串的拼接，将"+"号右侧的字符串拼接到左侧字符串后面。

 ☑ 语句⑩elif 语句判断当前字符是否是数字。

【实例 4.6】打印 1 到 100 之间所有能被 7 整除，以及含有数字 7 的整数。要求每行输出 5 个整数。

```
#Example4.6.py

count = 0                                                          #①

for i in range(1,101):                                             #②
    if i % 7 == 0 or i % 10 == 7 or i // 10 ==7:                  #③
        count += 1
```

```
      if count % 5 != 0:                                              #④
          print('%4d'%(i),end = '')                                   #⑤
      else:
          print('%4d'%(i))
```

【运行结果】

```
  7  14  17  21  27
 28  35  37  42  47
 49  56  57  63  67
 70  71  72  73  74
 75  76  77  78  79
 84  87  91  97  98
```

📑 说明：

☑ 语句①定义计数器变量 count 来统计满足条件的整数个数。

☑ range(start, stop[, step])函数可以创建一个整数序列，start：计数从 start 开始，默认是从 0 开始；stop：计数到 stop 结束，但不包括 stop；step：步长，默认为 1。

☑ 语句②通过函数 range(1,101)将生成一个有 1 到 100 之间整数组成序列，for 循环对该序列进行遍历，将每次提取到的整数值赋给循环变量 i。

☑ 满足题干要求的整数分为三类：能被 7 整除的数、个位含有 7 的数、十位含有 7 的数，因此在 for 循环的 if 条件判断语句中使用两个逻辑或（or）运算对当前 i 的值进行判断，见语句③。

☑ 语句④判断本次循环中 count 的值能否不被 5 整除，不能整除则 print()函数中使用"，end = ''"实现不换行打印，见语句⑤。

4.3　循　环　嵌　套

在 Python 语言中，循环语句的循环体可以包含另一个循环语句，称为循环嵌套。
while 语句循环嵌套的语法格式如下：

```
while 条件判断1：
    语句块1

    while 条件判断2：
        语句块2

    语句块3
```

for 语句循环嵌套的语法格式如下：

```
for 循环变量1 in 序列1：
    语句块1

    for 循环变量2 in 序列2：
```

循 环 结 构

> 语句块 2
>
> 语句块 3

在循环体内可以嵌入其他的循环体,如在 while 循环中可以嵌入 for 循环,反之,在 for 循环中也可以嵌入 while 循环。

【实例 4.7】 九九乘法表。

```
#Example4.7.py

i = 1                                                          #①

while i <= 9:                                                  #②
  j = 1                                                        #③

  while j <= i:                                               #④
    print('%3d*%d=%2d'%(j,i,i*j),end='')                      #⑤
    j += 1                                                    #⑥

  print()                                                     #⑦
  i += 1                                                      #⑧
```

【运行结果】

```
1*1= 1
1*2= 2  2*2= 4
1*3= 3  2*3= 6  3*3= 9
1*4= 4  2*4= 8  3*4=12  4*4=16
1*5= 5  2*5=10  3*5=15  4*5=20  5*5=25
1*6= 6  2*6=12  3*6=18  4*6=24  5*6=30  6*6=36
1*7= 7  2*7=14  3*7=21  4*7=28  5*7=35  6*7=42  7*7=49
1*8= 8  2*8=16  3*8=24  4*8=32  5*8=40  6*8=48  7*8=56  8*8=64
1*9= 9  2*9=18  3*9=27  4*9=36  5*9=45  6*9=54  7*9=63  8*9=72  9*9=81
```

📖 **说明:**

☑ 语句①定义外层 while 循环的循环变量 i。

☑ 语句②是外层 while 循环的条件判断语句,共执行 10 次,其中前 9 次判断结果为 True,进入外层 while 循环;第 10 次判断结果为 False,跳过外层 while 循环。

☑ 根据代码行的缩进关系,语句③⑦⑧属于外层 while 循环,将分别执行 9 次。

☑ 语句③定义内层 while 循环的循环变量 j。

☑ 语句④是内层 while 循环的条件判断语句,共执行 2+3+4+5+6+7+8+9+10=54 次,其中 45 次为 True,进入内层 while 循环;9 次判断为假,跳过内层 while 循环,继续执行外层 while 循环。

☑ 根据代码行的缩进关系,语句⑤⑥属于内层 while 循环将分别执行 45 次。

☑ 语句⑦的作用是当前 i 值所表示行打印完毕后,进行回车换行。

☑ 本实例参考代码的程序流程图如图 4.3 所示。

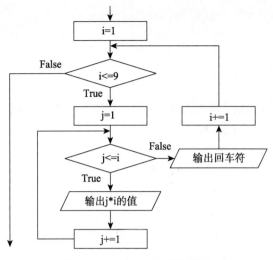

图 4.3　实例 4.7 程序流程图

【实例 4.8】1、2、3、4 个数字，能组成多少个互不相同且无重复数字的三位数？具体是多少？

```python
#Example4.8.py

count = 0
i = 1                                                        #①

while i < 5:                                                 #②
    j = 1                                                    #③

    while j < 5:                                             #④
        k = 1                                                #⑤

        while k < 5:                                         #⑥
            if i != j and i != k and j != k:
                print(i * 100 + j * 10 + k)
                count += 1

            k += 1                                           #⑦

        j += 1                                               #⑧

    i += 1                                                   #⑨
print('合计%d个'%count)
```

【运行结果】

```
123
124
132
...
423
```

📒 说明：

☑ 本题使用了三层 while 循环嵌套，外层表示百位的变化过程、中间层表示十位的变化过程、内层表示个位的变化过程。

☑ 语句①③⑤分别进行百位、十位和个位的初始化赋值。

☑ 根据代码行的缩进关系，语句③⑨属于外层循环。

☑ 根据代码行的缩进关系，语句⑤⑧属于中间层循环。

☑ 根据代码行的缩进关系，语句⑦属于内层循环。

☑ 语句②是外层 while 循环的条件判断语句，共执行 5 次，其中前 4 次为 True，第 5 次为 False。

☑ 语句④是中间层 while 循环的条件判断语句，共执行 5+5+5+5=20 次，其中 16 次为 True，4 次为 False。

☑ 语句⑥是内层 while 循环的条件判断语句，共执行 17+17+17+17=68 次，其中 64 次为 True，4 次为 False。

☑ 本实例参考代码的程序流程图如图 4.4 所示。

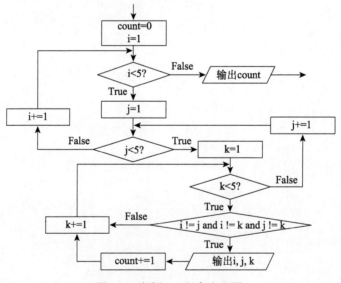

图 4.4　实例 4.8 程序流程图

【实例 4.9】打印出如下图案（菱形）。

```
   *
  ***
 *****
*******
 *****
  ***
   *
```

```
#Example4.9.py

i = 1
while i <= 4:
    j = 1
    while j <= 4 - i:
        print(end=' ')
        j += 1
    k = 1
    while k < 2 * i:
        print('*',end='')
        k += 1
    print()
    i += 1

i = 1
while i <= 3:
    j = 1
    while j <= i:
        print(end=' ')
        j += 1
    k = 1
    while k <= 7 - 2 * i:
        print('*',end='')
        k += 1
    print()
    i += 1
```

📄 说明:

☑ 先把图形分成两部分来看待，前四行一个规律，后三行一个规律。

☑ 利用 while 循环嵌套，外层 while 循环控制行，内层两个 while 循环控制列。

☑ 内层的第一个 while 循环负责打印空格，第二个 while 循环负责打印 "*" 号。

4.4　break 和 continue 语句

4.4.1　break 语句

Python 语言的 break 语句，可以打破最小封闭 for 或 while 循环。break 语句用来中止循环语句，即使循环条件没有 False 条件，也会停止执行循环语句。如果在循环嵌套中使用 break 语句，break 将停止执行最深层的循环，并开始执行下一行代码。

break 语句语法格式如下：

```
break
```

【实例 4.10】break 语句应用举例。

```
#Example4.10.py

for ch in 'Python':
```

```
        if ch == 'h':                                              #①
            break                                                  #②
        print('当前字符为: %s'%ch)

i = 6
while i >= 1:
    i -= 1                                                         #③
    if i == 2:                                                     #④
        break                                                      #⑤
    print('当前数字为: %d'%i)
```

【运行结果】

当前字符为: P
当前字符为: y
当前字符为: t
当前数字为: 5
当前数字为: 4
当前数字为: 3

📄 说明:

☑ 通过 for 循环实现对字符串常量'Python'的逐字符遍历，并将当次循环得到的字符赋给变量 ch。

☑ 当 for 循环进行第 4 次循环读取到字符'h'赋给变量 ch 时，语句①if 条件判断为真，执行语句②break 语句，直接跳出 for 循环。

☑ 通过 while 循环实现对循环变量 i 的倒序打印输出。

☑ 当 while 循环进行到第 4 次时，执行完语句③后，i 的值变为 2，语句④if 条件判断为真，执行语句⑤break 语句，直接跳出 while 循环。

【实例 4.11】输出 2 到 30 之间所有素数。素数又称质数，是指除了 1 和它本身以外，不能被任何整数整除的数，例如 17 就是素数，因为它不能被 2~16 的任一整数整除。

```
#Example4.11.py

i = 2
while i <= 30:
    j = 2
    while j < i:
        if i % j == 0:
            break
        j += 1
    if i == j:                                                     #①
        print('%d 是素数'%i)
    i += 1
```

【运行结果】

2 是素数
3 是素数

5 是素数
7 是素数
11 是素数
13 是素数
17 是素数
19 是素数
23 是素数
29 是素数

📱 说明：

☑ 通过外层 while 循环的循环变量 i 的变化，使用穷举法依次判断 2~30 之间所有整数是否是素数。

☑ 内层 while 循环的循环变量 j 可能依次等于 2 到 i，有两种结束条件：一是 "j < i" 为 False，二是 if 判断语句 "i % j == 0" 为 True，则执行 break 语句，提前结束内层 while 循环。

☑ 语句①的 if 条件判断结果如果为 True，代表内层 while 循环是因为 "j < i" 为 False 而退出的，则表示当前 i 的整数值是一个素数。

☑ 本实例参考代码的程序流程图如图 4.5 所示。

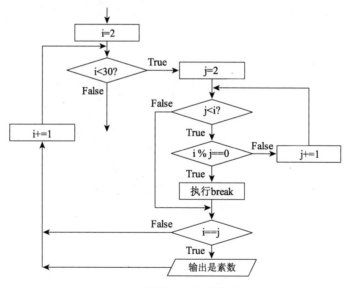

图 4.5　实例 4.11 程序流程图

4.4.2　continue 语句

Python 语言 continue 语句跳出本次循环，而 break 跳出整个循环。continue 语句用来告诉 Python 跳过当前循环的剩余语句，然后继续进行下一轮循环。continue 语句用在 while 和 for 循环中。

continue 语句语法格式如下：

循　环　结　构

```
continue
```

【实例 4.12】 将实例 4.10 中的 **break** 语句换成 **continue**。

```
#Example4.12.py

for ch in 'Python':
    if ch == 'h':                                    #①
        continue                                     #②
    print('当前字符为: %s'%ch)

i = 6
while i >= 1:
    i -= 1
    if i == 2:                                       #③
        continue                                     #④
    print('当前数字为: %d'%i)
```

【运行结果】

```
当前字符为: P
当前字符为: y
当前字符为: t
当前字符为: o
当前字符为: n
当前数字为: 5
当前数字为: 4
当前数字为: 3
当前数字为: 1
当前数字为: 0
```

说明：

☑ 当语句①if 语句的条件判断为真时，执行语句②continue 语句，提前结束本次循环，进入下一次 for 循环语句的执行。

☑ 当语句③if 语句的条件判断为真时，执行语句④continue 语句，提前结束本次循环，进入下一次 Whire 循环语句的执行。

4.4.3　pass 语句

Python 语言中 pass 是空语句，是为了保持程序结构的完整性。pass 不做任何事情，一般用做占位语句。

pass 语句语法格式如下：

```
pass
```

例如有代码如下：

```
if True:
    pass
else:
    pass
```

上述代码的 pass 便是占据一个位置，因为如果写一个空的 if-else 语句程序会报错，当没有想好 if-else 内容时可以用 pass 填充，使程序可以正常运行。

4.5　本 章 小 结

循环结构是指在程序中需要反复执行某个功能而设置的一种程序结构。

当 while 循环的条件判断表达式的值为 True 时，执行循环体，否则跳出循环。

使用 for 循环可以实现对序列的自动遍历。

break 语句可以提前跳出循环。

continue 语句可以提前结束本次循环，接着执行下一次循环。

使用 pass 语句可起到占位语句的作用。

4.6　习　　　题

一、单项选择题

1. 关于 Python 循环结构，以下选项中描述错误的是（　　　）。

　　A. 遍历循环中的遍历结构可以是字符串、文件、组合数据类型和 range() 函数等

　　B. break 用来跳出最内层 for 或者 while 循环，脱离该循环后程序从循环代码后继续执行

　　C. 每个 continue 语句只有能力跳出当前层次的循环

　　D. Python 通过 for、while 等保留字提供遍历循环和无限循环结构

2. 以下关于分支和循环结构的描述，错误的是（　　　）。

　　A. Python 在分支和循环语句里使用例如 x<=y<=z 的表达式是合法的

　　B. 分支结构的中的代码块是用冒号来标记的

　　C. while 循环如果设计不小心会出现死循环

　　D. 二分支结构的<表达式 1> if <条件> else <表达式 2>形式，适合用来控制程序分支

3. 以下关于程序控制结构描述错误的是（　　　）。

　　A. 分支结构包括单分支结构和二分支结构

　　B. 二分支结构组合形成多分支结构

　　C. 程序由三种基本结构组成

　　D. Python 里能用分支结构写出循环的算法

4. for 或者 while 与 else 搭配使用时，关于执行 else 语句块描述正确的是（　　　）。

　　A. 仅循环非正常结束后执行（以 break 结束）

　　B. 仅循环正常结束后执行

　　C. 总会执行

D. 永不执行

5. 设有程序段：

```
k = 10
while k == 0:
    k = k - 1
```

则下面描述中正确的是（　　　）。

A. 循环执行 10 次　　　　　　　　　B. 循环是无限循环

C. 循环体语句一次也不执行　　　　　D. 循环体语句执行一次

6. 下面程序的功能是将从键盘输入的一对数，由小到大排序输出。当输入一对相等数时结束循环，请选择填空（　　　）。

```
a = int(input())
b = int(input())
while _____:
    if a>b:
        t=a
        a=b
        b=t
    print('%d,%d\n'%(a,b))
    a = int(input())
    b = int(input())
```

A. !a = b　　　　　　　　　　　　　B. a != b

C. a == b　　　　　　　　　　　　　D. a = b

7. 以下程序段的执行结果为：

```
1 1
1 2
2 2
```

请选择填空（　　　）。

```
n = 3
for m in range(1,n):
    for n in range(_____):
        print(n,m)
```

A. 1, m　　　　　　　　　　　　　　B. 1, m+1

C. 1, m-1　　　　　　　　　　　　　D. 1, n+1

8. 下面代码输出结果是（　　　）。

```
for i in [1,2,3,4][::-1]:
    print (i,end='')
```

A. 1234　　　　　　　　　　　　　　B. 4321

C. 3214　　　　　　　　　　　　　　D. 以上说法错误

9. 下列语句的执行结果是什么？

```
a = 1
for i in range(5):
    if i == 2:
        break
```

```
        a += 1
    else:
        a += 1
print(a)
```

A. 3   B. 4

C. 5   D. 6

10. 下列关于 range() 函数，说法错误的是（　　　　）。

    A. range() 函数返回的是一个 range 对象

    B. range() 函数返回的是一个列表

    C. 可以使用 list() 函数将 range 对象转换成 list 对象

    D. range 是一个可迭代的对象，可以使用 for 循环迭代输出

11. 下列程序执行结果为（　　　　）。

```
for i in range(2):
    print(i, end="")
for i in range(4, 6):
    print(i, end="")
```

A. 246   B. 0145

C. 012456   D. 1234

12. 若 k 为整型，下列 while 循环执行的次数为（　　　　）。

```
k = 1000
while k > 1:
    print(k)
    k = k / 2
```

A. 9   B. 10

C. 11   D. 100

13. 以下叙述正确的是（　　　　）。

    A. continue 语句的作用是结束整个循环的执行

    B. 只能在循环体内使用 break 语句

    C. 在循环体内使用 break 或 continue 语句的作用相同

    D. 从多层循环嵌套中退出时，只能用使用 goto 语句

14. 下面的循环体执行的次数与其他不同的是（　　　　）。

    A.

```
i = 1
while i < 100:
    print(i)
    i = i + 1
```

    B.

```
for i in range(100):
    print(i)
```

    C.

```
for i in range(100,0,-1):
    print(i)
```

D.

```
i = 100
while i > 0:
    print(i)
    i = i - 1
```

15. ls = [1,2,3,4,5,6]，以下关于循环结构的描述，错误的是（　　　）。

A. 表达式 for i in range(len(ls)) 的循环次数跟 for i in ls 的循环次数是一样的

B. 表达式 for i in range(len(ls)) 的循环次数跟 for i in range(0,len(ls)) 的循环次数是一样的

C. 表达式 for i in range(len(ls)) 的循环次数跟 for i in range(1,len(ls)+1) 的循环次数是一样的

D. 表达式 for i in range(len(ls)) 跟 for i in ls 的循环中，i 的值是一样的

16. 以下关于循环结构的描述，错误的是（　　　）。

A. 遍历循环使用 for <循环变量> in <循环结构>语句，其中循环结构不能是文件

B. 使用 range()函数可以指定 for 循环的次数

C. for i in range(5)表示循环 5 次，i 的值是从 0 到 4

D. 用字符串做循环结构的时候，循环的次数是字符串的长度

17. 以下程序的输出结果是（　　　）。

```
for i in 'the number changes':
    if i == 'n':
        break
    else:
        print( i, end= '')
```

A. the umber chages　　　　　　　　　B. thenumberchanges

C. theumberchages　　　　　　　　　　D. the

18. 以下程序的输出结果是（　　　）。

```
for i in range(3):
    for s in 'abcd':
        if s=='c':
            break
        print (s,end="")
```

A. abcabcabc　　　　　　　　　　　　B. aaabbbccc

C. aaabbb　　　　　　　　　　　　　　D. ababab

19. 以下程序的输出结果是（　　　）。

```
chs = "|''-|"
for i in range(6):
    for ch in chs[i]:
        print(ch,end='')
```

A. |"-'　　　　　　　　　　　　　　　B. |-|

C. "|-'"　　　　　　　　　　　　　　　D. |"-'|

20. 以下程序的输出结果是（　　　）。

```
for i in 'CHINA':
```

```
    for k in range(2):
        print(i, end='')
        if i == 'N':
            break
```

A. CCHHIINNAA   B. CCHHIIAA

C. CCHHIAA   D. CCHHIINAA

21. 以下程序的输出结果是（   ）。

```
x= 10
while x:
    x -= 1
    if not x%2:
        print(x,end = '')

print(x)
```

A. 86420   B. 975311

C. 97531   D. 864200

22. 以下程序的输出结果是（   ）。

```
j = ''
for i in '12345':
    j += i + ','
print(j)
```

A. 1,2,3,4,5   B. 12345

C. '1,2,3,4,5,'   D. 1,2,3,4,5,

23. 下面代码的输出结果是（   ）。

```
for n in range(400,500):
    i = n // 100
    j = n // 10 % 10
    k = n % 10
    if n == i ** 3 + j ** 3 + k ** 3:
        print(n)
```

A. 407   B. 408

C. 153   D. 159

24. 给出以下代码：

```
a = input("").split(",")
x = 0
while x < len(a):
    print(a[x],end="")
    x += 1
```

代码执行时，从键盘获得"Python 语言,是,脚本,语言"，则代码的输出结果是（   ）。

A. 执行代码出错   B. Python 语言,是,脚本,语言

C. Python 语言是脚本语言   D. 无输出

25. 执行以下程序输入"qp"，输出结果是（   ）。

```
k = 0
while True:
    s = input('请输入 q 退出: ')
```

```
    if s == 'q':
        k += 1
        continue
    else:
        k += 2
        break
print(k)
```

A. 2   B.请输入 q 退出：

C. 3   D. 1

26. 下列 for 语句中，在 in 后使用不正确的是（   ）。

```
for var in _____:
    print(var)
```

A. set('str')   B. (1)

C. [1,2,3,4,5]   D. range(0,10,5)

27. 以下代码段，不会输出 "A，B，C，" 的选项是（   ）。

A.

```
for i in range(3):
    print(chr(65+i),end=',')
```

B.

```
for i in [0,1,2]:
    print(chr(65+i),end=',')
```

C.

```
i = 0
while i < 3:
    print(chr(i+65),end=',')
    i += 1
```

D.

```
i = 0
while i < 3:
    print(chr(i+65),end=',')
    break
    i += 1
```

二、判断题

1. 如果仅仅是用于控制循环次数，那么使用 for i in range(20) 和 for i in range(20, 40) 的作用是等价的。（   ）

2. 在循环中 continue 语句的作用是跳出当前循环。（   ）

3. 循环嵌套时，为了提高运行效率，应尽量减少内循环中不必要的计算。（   ）

4. 在 Python 中可以使用 for 作为变量名。（   ）

5. 在循环中 break 语句的作用是跳出当前循环。（   ）

6. 如果希望循环是无限的，可以通过设置条件表达式永远为真来实现无限循环。

（   ）

7. Python 中的 pass 表示的是空语句。（   ）

8. elif 语句是 else 语句和 if 语句的组合。（   ）

9. 循环次数确定时，可以使用 for 循环语句。（　　　）

10. for 循环和 while 循环可以互相嵌套。（　　　）

三、编程题

1. 输出 10 行内容，每行的内容都是"*****"。

2. 输出 10 行内容，每行的内容都不一样，第 1 行一个星号，第 2 行两个星号，依此类推第 10 行十个星号。

3. 输出 9 行内容，第 1 行输出 1，第 2 行输出 12，第 3 行输出 123，以此类推，第 9 行输出 123456789。

4. 计算 10 个 99 相加后的值并输出。

5. 计算 10 的阶乘。

6. 计算 2 的 20 次方。不允许用**和 pow()函数。

7. 计算从 1 到 1000 以内所有奇数的和并输出。

8. 计算从 1 到 1000 以内所有能被 3 或者 17 整除的数的和并输出。

9. 计算从 1 到 1000 以内所有能同时被 3，5 和 7 整除的数的和并输出。

10. 计算 1 到 100 以内能被 7 或者 3 整除但不能同时被这两者整除的数的个数。

11. 计算 1 到 100 以内能被 7 整除但不是偶数的数的个数。

12. 计算从 1 到 100 临近两个整数的合并依次输出。比如第一次输出 3(1+2)，第二次输出 5(2+3)，最后一次输出 199(99+100)。

13. 一球从 100 米高度自由落下，每次落地后反跳回原高度的一半，再落下。求它在第 n 次落地时，共经过多少米？

14. 设计一个验证用户名和密码程序，用户只有三次机会输入错误！

15. 猜数字。随机生成一个数（1,20），输入一个数，如果是相等，输出猜对了，程序结束；如果猜小了，就输出猜小了，继续猜；如果猜大了，就输出猜大了，继续猜；只有三次猜的机会，超过三次，游戏结束。

第 5 章

列表与元组

序列是 Python 程序设计中经常使用的数据存储方式，具有可以顺序编号的特征。本章主要介绍几种经常使用的简单序列——列表、元组，介绍通用的序列操作以及这两种简单序列的特殊之处。下一章主要介绍无序序列——字典与集合。

本章要求掌握三种序列——列表、元组、字符串的通用操作，掌握列表的特殊方法及函数，掌握元组的基本操作，了解列表推导式和生成器推导式。

学习目标：
- ▶▶ **序列及通用操作**
- ▶▶ **列表及相关的方法和函数**
- ▶▶ **元组及基本操作**

5.1　序列及通用操作

序列是 Python 程序设计中经常用到的数据存储方式。简单地说，序列是一块用来存放多个值的连续内存空间，类似于 C 语言中的数组结构。序列的成员依次排列，可以通过下标访问任意成员。一般而言，同一个序列中的元素通常是相关的。值得一提的是，Python中的序列是所有程序设计语言中最灵活的，而且功能也非常强大，类似数据结构。Python提供列表、元组、字符串等有序序列类型，以及字典、集合等无序序列类型。简单来说，列表是用中括号括起来的序列，元素之间用逗号分隔，如列表[1,2,3,4]。元组是用圆括号括起来的序列，如元组(3, 'a', 'mn')。字符串在之前的章节中介绍过，用单引号或双引号括起来。

📇 说明：

☑ 下标就是索引号，是每个序列元素的"编号"，通过序列名+下标的形式就可以访问序列元素。

☑ 有序序列指的是序列元素位置固定，顺序以创建时顺序为序。例如：字符串"abc"

和 "acb" 是两个不同的字符串，列表[1,2,3]和[3,2,1]是两个不同的列表。

☑ 无序序列指的是序列元素位置不确定，不以创建的先后顺序为序。例如，集合{1,3,5}和{3,1,5}是相同的。

所有序列类型通用的操作包括：索引（indexing）、切片（slicing）、加（adding）、乘（multiplying）、检查某个元素是否属于序列的成员（成员资格判断，in）以及序列比较（关系运算）。除此之外，还有计算序列长度、求最大值最小值的内置函数等。

5.1.1 索引

序列中每个元素都有一个标号用于标识其位置，即索引号（下标）。使用索引操作可以从序列中得到特定的元素。

除了字典和集合这两个无序序列之外，列表、元组和字符串等有序序列类型均支持双向索引，即正向索引和逆向索引。正向索引就是从左向右依次编号，逆向索引就是从右向左依次编号。例如，有一个长度是 n 的序列，即序列包含 n 个元素。如果使用正向索引，第一个元素下标为 0，第二个元素下标为 1，以此类推，最右边一个元素下标是 n–1；如果使用逆向索引，则最右一个元素下标为–1，倒数第二个元素下标为–2，以此类推，最左边元素下标是–n，如图 5-1 所示。逆向索引的引入使得每个序列元素可以有两种引用方式，更加灵活好用，大幅度提高开发效率，这是 Python 语言不同于 C 语言的一大特色。

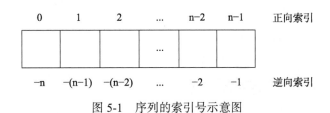

图 5-1　序列的索引号示意图

【实例 5.1】序列索引示例。

```
#Example5.1

>>>s='1234567'                          #字符串序列
>>>s[0]
'1'
>>>s[6]
'7'
>>>s[-1]
'7'
>>>s[-7]
'1'
```

📇 说明：

☑ 对序列的操作，建议使用 Spyder 的 IPython console 直接进行输入和查看输出。如果使用源代码编辑器在.py 文件中编辑，需要使用 print()函数才能在 IPython console 查看输出结果。

☑ "＞＞＞" 是输入提示符，表示需要在该提示符后输入命令，与控制台中的 "In[x]:" 含义相同（其中 x 是整数，表示系统接收的输入的次数，会自动变换）。所以，"In[x]:" 后输入命令时不要再输入 "＞＞＞"，否则系统报错。"Out[x]:" 后的内容则是输出的结果。

【实例 5.2】源代码编辑器中的序列索引示例。

```
#Example5.2.py

s='1234567'
print(s[0])
```

【运行结果】

```
In [1]:runfile('D:/python/untitled2.py', wdir='D:/python')
1
```

【实例 5.3】序列的索引越界错误示例。

```
#Example5.3

>>> lst=[1, 2, 3, 4, 5]                              #列表序列
>>>lst[5]
IndexError: list index out of range
```

📎 说明：

☑ 越界指的是访问不存在的索引位置。本例中最后一个元素是 lst[4]，而 lst[5]这个元素根本不存在。如果索引越界，则导致 IndexError。

【实例 5.4】序列的索引类型错误示例。

```
#Example5.4

>>>tup=('a', 'b', 'c', 'd')                          #元组序列
>>>tup['a']
TypeError: string indices must be integers
```

📎 说明：

☑ 索引号必须是整数，如果不是则会导致类型错误。本例中第一个元素'a'的引用方式应该是 tup[0]。

5.1.2 切片

序列切片是利用一些符号截取出的序列的一部分，其基本形式是 **s[i:j:k]**。其中，s 为序列，i、j、k 是三个整数，i 表示切片开始位置（默认为 0），j 表示切片截止（但不包含）位置（默认为列表长度），k 表示切片的步长（默认为 1）。表示从元素 s[i]开始切到元素 s[j]的前一个元素，每隔 k 个切一个，最终形成一个新序列。

若步长 k=1 时，则可省略不写，第二个冒号也一起省略掉，基本形式就变为 **s[i:j]**；若 i 省略，表示从最左侧下标 0 的位置开始切；若省略 j，表示截止位置一直到序列结尾处。

【实例 5.5】序列切片示例。

```
#Example5.5

>>> n=[1, 2, 3, 4, 5, 6, 7, 8, 9, 10]        #列表切片
>>>n[2:6:2]
[3,5]
>>>n[1:5]
[2, 3, 4, 5]
>>>n[:5:2]
[1, 3, 5]
>>>n[1::2]
[2, 4, 6, 8, 10]
>>>n[-7:-2]
[4, 5, 6, 7, 8]
>>>n[:]
[1, 2, 3, 4, 5, 6, 7, 8, 9, 10]
```

说明：

☑ n[2:6:2]表示切片范围是从列表的元素 n[2]切到 n[5]且每 2 个切出一个元素，形成一个新列表，即[n[2],n[4]]。

☑ n[1:5]表示切片范围是从列表的元素 n[1]切到 n[4]且默认步长是 1，即[n[1],n[2],n[3], n[4]]。

☑ n[:5:2]是省略了初始位置，就是默认从 n[0]开始，即 n[0:5:2]。

☑ n[1::2]是省略了截止位置，就是切到最后一个元素，即 n[1:9:2]。

☑ 索引有逆向索引，切片同样可以用逆向索引来进行切片。n[-7:-2]表示从元素 n[-7]开始，切到 n[-3]，步长是 1。注意：只要步长为正数，就是从左往右切，–2 位置的前一个就是–3 位置而不是–1 位置。

☑ n[:]省略初始位置和结束位置，步长也省略默认为 1，表示从头切到尾，即整个序列的复制。

若步长 k 为负数时，s[i:j:k]就是进行逆向切片，即从右往左切，得到的新序列是原序列的一个逆序片段。逆向切片时，从位置 i 开始切到 j 的前一个位置，这个"前"就是 j 的右侧。

【实例 5.6】序列逆向切片示例。

```
#Example5.6

>>> t=('a', 'b', 'c', 'd', 'e', 'f', 'g', 'h')    #元组切片
>>>t[6:1:-1]
('g', 'f', 'e', 'd', 'c')
>>>t[-2::-2]
('g', 'e', 'c', 'a')
>>>t[-99:-3]
('a', 'b', 'c', 'd', 'e')
>>>t[2:-1]
('c', 'd', 'e', 'f', 'g')
```

```
>>>t[2:6:-1]
()
>>>t[-2:-3:-1]
('g',)
```

📖 说明：

☑ t[6:1:-1]中步长–1 是负数,表示这是逆向切片,切片范围是从元素 t[6]向左切到 t[2], 逐个切出这个范围内的每一个元素,形成一个新元组(t[6],t[5],t[4],t[3],t[2])。注意,从右向左切的时候,t[1]的"前"在右侧,是 t[2]。

☑ t[-2::-2]中步长–2 是负数,表示这是逆向切片,切片范围是从元素 t[-2]开始向左切到 t[-8],每两个切一个,即(t[-2],t[-4],t[-6],t[-8])。

☑ t[-99:-3]省略步长默认是 1,表示这是正向切片,切片范围从 t[-99]开始向右切到 t[-4]。但是,已知的元组 t 并没有–99 位置,那么默认就是左侧全切,截止到 t[-4]。

☑ t[2:-1]省略步长默认是 1,表示正向切片,从 t[2]切到 t[-2]。起始位置的索引号是允许同时出现正负数的。

☑ t[2:6:-1]步长–1 是负数,逆向切片,从右往左切,但是起始位置 2 小于终止位置 6,所以是切不出逆向序列的,结果为空。

☑ t[-2:-3:-1]步长–1 是负数,逆向切片,从右往左切。只有一个元素的元组写法为元素写完需要加一个逗号,即('g',)。

切片操作首先确认步长的正负,当使用正数作为步长时,表示从左往右切;当使用负数作为步长时,表示从右往左切（逆向切片）。正向切片时结束点大于开始点,否则得到空序列。逆向切片时必须让开始点（开始索引）大于结束点,否则得到一个空序列。而且,结束位置索引号与开始位置索引号的差就是新的序列的长度,即序列中元素的个数。

对于列表来说,切片功能十分好用,除了可以使用切片来截取列表中的任何部分,得到一个新列表,还可以通过切片来修改和删除列表中部分元素,甚至可以通过切片操作为列表对象增加元素。这部分操作将在后续介绍列表的修改时举例。但是,对于元组和字符串来说,利用切片进行修改和赋值则不可以。因为,列表属于可变序列,而元组和字符串则属于不可变序列,即一旦定义就不能对元素进行任何改动的序列。

5.1.3　加

两个序列相加实则进行的是两个序列的连接操作,通过连接操作符+,可以连接两个序列（s1 和 s2）,形成一个新的序列对象 **s1+s2**。需要注意,进行连接操作的两个序列必须是同一类型,否则系统会报错。

连接操作符支持复合赋值运算,即+=,例如：s1+=s2 与 s1=s1+s2 等价。

【实例 5.7】序列相加示例。

```
#Example5.7

>>>lst=[1,3,5,7]          #列表相加
>>>lst+[2,4,6]
```

```
[1,3,5,7,2,4,6]
>>>lst+=[8,9]
>>>lst
[1,3,5,7,8,9]
>>>t1=(1,2)                          #元组相加
>>>t2=('m', 'n')
>>>t1+t2
(1,2,'m', 'n')
>>> s1='abc'                         #字符串相加
>>>s2=s1+'ABC'
>>>s2
'abcABC'
>>>lst+t1                            #不同类型序列相加
TypeError: can only concatenate list (not tuple) to list
```

📖 说明：

☑ lst+[2,4,6]把两个列表连接的结果显示出来,但是列表 lst 本身没有变化。而 lst+=[8,9]
则是将两个列表连接的结果赋值给 lst, lst 就发生了变化。

☑ t1+t2 是两个元组连接的结果,可以看出,元组中的元素类型是可以不同的,既有
整数又有字符。

☑ lst+t1 是将列表与元组进行连接,系统报类型错误。

5.1.4 乘

序列的乘运算表示序列的重复,操作符为*,重复的次数由与"*"运算符搭配的操作
数指定。若重复一个序列 n 次,基本形式为 **s * n 或者 n * s**。

重复操作符也支持复合赋值运算,即*=,例如 s*=3 表示 s=s*3。

【实例 5.8】序列的乘运算示例。

```
#Example5.8

>>> lst1=[1, 2,3]
>>> 3*lst1
[1, 2,3,1,2,3,1,2,3]
>>> lst2=[1, 'b']
>>>lst2*=2
[1, 'b', 1, 'b']
>>>s1='hello'
>>>s1*2
'hellohello'
>>>'python'*3
'pythonpythonpython'
>>>(2,4,6)*2
(2,4,6,2,4,6)
```

📖 说明：

☑ 序列进行*=运算时,是将重复的结果重新赋值给原序列,lst2*=2 与 lst2=lst2*2 等价。

5.1.5　成员资格判断

判断某个元素是否在序列中，可以使用 in 或者 not in 运算符。对于 in 运算，如果在结果就是 True，如果不在结果就是 False。

【实例 5.9】序列的成员资格判断示例。

```
#Example5.9

>>> lst=[1, 2, 'a', 'b', (3,4),[5]]
>>> 2 in lst
True
>>> 3 in lst
False
>>> 5 in lst
False
>>>[5] not in lst
False
>>> (3,4) not in lst
False
>>>'ab' not in lst
True
```

📑 **说明：**

☑ 3 in lst 是不成立的，因为列表中没有元素整数 3，只有元素元组(3,4)。
☑ [5]是一个列表，同时它也是 lst 的一个元素。

判断某个元素是否在序列中，还可以使用序列的内置函数，若序列为 s，可以调用求元素个数的函数 s.count()和求元素索引号的函数 s.index()，将在后续内容中讲解这两个函数。

5.1.6　序列比较运算

序列支持比较运算（<、<=、==、! =、>=、>），比较运算按照序列元素的顺序依次进行比较，直到比较出大小关系为止，运算结果是 True 或 False。

【实例 5.10】序列比较运算示例。

```
#Example5.10

>>>str1= 'abcd '
>>> str2='abcde'
>>> str3='abcd'
>>> str4='dcba'
>>> str1>str2
False
>>> str1<=str3
True
>>> str1==str4
False
>>> str3!=str4
```

```
True
>>>lst1= [1,2,3]
>>>lst2= [1,2,4,3]
>>>lst3= [3,2,1]
>>>lst1<=lst2
True
>>>lst1>lst3
False
>>> t1=('a', 'b')
>>> t2=('a', 'b', 'c')
>>> t3=('c', 'b', 'a')
>>>t1>t2
False
>>>t1<t3
True
>>>t2==t3
False
>>>t2<t3
True
```

📖 说明：

☑ str1>str2 的比较是将 str1 中的每个字符依次与 str2 中对应位置的字符进行比较，字符进行比较的时候，比较的是它们的 ASCII 码。首先 'a' 与 'a' 相等，则继续比下一个，直到 'd' 与 'd' 比较仍然比不出大小，最后 str1 没有元素了，而 str2 还有最后一个 'e'，所以 str2 比 str1 大，str1>str2 这个关系表达式的值为 False。

☑ str1==str4 的比较是两个字符串的每个元素依次比较，第一个元素 'a' 与 'd' 比较，显然 'a' 的 ASCII 码比 'd' 的小，所以 str1 小于 str4，后续的字符就不用再比较了。两个字符串元素相同，但是元素的顺序不同，则这两个字符串就不相同，印证了字符串是有序序列。

5.1.7　内置函数

内置函数 len( )、max( )和 min( )分别返回序列中所包含元素的数量、序列中最大和最小的元素，sum()返回序列所有元素的和。

1. 求序列长度函数 len()

语法：len(sequence)
求序列 sequence 的长度，即返回序列 sequence 中所包含元素的数量，值是一个整数。

2. 求序列元素最大值函数 max()

语法：max(sequence)
返回序列 sequence 中最大的元素。注意：前提是序列中的元素是可比的，才能返回最大值，否则会报错。

3. 求序列元素最小值函数 min()

语法：min(sequence)

返回序列 sequence 中最小的元素。注意：前提是序列中的元素是可比的，才能返回最小值，否则会报错。

4. 求序列所有元素和函数 sum()

语法：sum(sequence)

返回序列 sequence 中所有元素的累加和。注意：前提是序列中的元素是可以进行加运算的，才能返回元素和，否则会报错。

【实例 5.11】求序列长度、最大值、最小值、元素和操作示例。

```
#Example5.11

>>>lst= [1,3,5]                         #列表操作
>>>len(lst)
3
>>>max(lst)
5
>>>min(lst)
1
>>>sum(lst)
9
>>>s=''                                 #字符串操作
>>>len(s)
0
>>>sum(s)
0
>>>max(s)
ValueError: max() arg is an empty sequence
>>>tup=(1,3, 'a',[2,4])                 #元组操作
>>>len(tup)
4
>>>max(tup)
TypeError: '>' not supported between instances of 'str' and 'int'
>>>sum(tup)
TypeError: unsupported operand type(s) for +: 'int' and 'str'
```

说明：

☑ len(s)是求字符串 s 的长度，因为 s 是空串，所以长度是 0。

☑ max(s)是求空串的最大值，空串没有最大值，所以报错。

☑ tup 元组的元素类型不一致，所以无法比较大小、求和、求最大值，只可以进行求长度的操作。

5.2　列表及相关的方法和函数

列表是 Python 的内置可变列表，是包含若干元素的有序连续内存空间。列表的所有元素放在一对方括号“[”和“]”中，相邻元素之间使用逗号分隔开。Python 创建列表时，解释器在内存中生成一个类似数组的数据结构存储数据，列表可以包含混合类型的数据，

当列表增加或删除元素时，列表对象自动进行内存的扩展或收缩，从而保证元素连续存放。现实生活中的账单、通讯录等都可以看作列表。

5.2.1 列表的创建与删除

1. 创建列表

列表采用方括号中用逗号分隔元素的形式进行定义。其基本形式如下：

[x1, [x2, ..., xn]]

如同其他类型变量一样，使用赋值运算符"="直接将一个列表赋值给变量即可创建列表对象。

【实例 5.12】赋值创建列表示例。

```
#Example5.12

>>> lst = [1,2,3,4]              #创建元素都是整数的列表
>>> lst2= [ ]                    #创建空列表，即没有元素的列表
>>> lst3= ['a', 'b' ]            #创建元素是字符的列表
```

或者，也可以使用 list()函数将元组、range 对象、字符串或其他类型的可迭代对象类型的数据转换为列表，类似于其他语言中的强制类型转换。

【实例 5.13】lis()函数创建列表示例。

```
#Example5.13

>>> lst4= list( (2,4,6) )
>>> lst4
[2,4,6]
>>>list(range(1, 10, 3))
[1, 4, 7]
>>> list('hello python')
['h', 'e', 'l', 'l', 'o', ' ', 'p', 'y', 't', 'h', 'o', 'n']
                                    #空格也是一个字符
>>> lst5 = list()                   #创建空列表 lst5
```

上面的代码中用到了内置函数 range()，该函数语法为：

range([start,] stop[, step])

内置函数 range()接收 3 个参数，第一个参数表示起始值（默认为 0），第二个参数表示终止值（结果中不包括这个值），第三个参数表示步长（默认为 1），该函数在 Python3.x 中返回一个 range 对象，强制类型转换后可以生成列表。list(range(1, 10, 3))表示生成一个从 1 到 9 范围内每 3 个元素选一个的列表[1, 4, 7]。

2. 列表特性

列表具有如下特性：

（1）每个列表都有唯一的名称，类似于变量名。例如 lst=[1,2,3]，其中 lst 就是列表名；

（2）每个列表元素都有索引和值两个属性，索引用于标识元素在列表中的位置，值就

是对应位置的元素的值。例如 lst[0]代表列表的第一个元素，它的值是 1；

（3）同一个列表中元素的类型可以不相同，可以同时包含整数、实数、字符串等基本类型，也可以是列表、元组、字典、集合以及其他自定义类型的对象。

【实例 5.14】创建混合元素列表示例。

```
#Example5.14

>>> lst6= [1, 2, 3, 4]                                    #元素为整数的列表
>>> lst7= ['Monday', 'Tuesday', 'Wednesday', 'Thursday', 'Friday']
                                                         #元素为字符串的列表
>>> lst8= ['spam', 1.0, 6, [10, 20]]                    #元素为混合类型的列表
>>> lst9= [['Tom', 10, 3], ['Mary', 8, 1]]             #元素为混合类型的列表
```

3．删除列表

当列表元素或者整个列表不再使用时，使用 del 命令删除。如果列表对象所指向的值不再由其他对象使用，Python 将同时删除该值。

【实例 5.15】删除列表示例。

```
#Example5.15

>>> lst10= [3,6,1]                                       #元素为整数的列表
>>>del lst10[1]                                          #删除列表第二个元素
>>> lst10
[3,1]
>>>del lst10[:1]                                         #删除列表切片
>>>lst10
[1]
>>>del lst10                                             #删除列表
>>>lst10
NameError: name 'lst10' is not defined                  #在内存中已经不存在 lst10
```

📄 说明：

☑ 删除列表元素 lst10[1]之后，列表 lst10 元素少了一个，变为[3,1]。

☑ 切片 lst10[:1]是列表的第一个元素，删除第一个元素后列表 lst10 变为[1]。

☑ 删除列表对象 lst10 之后，该对象就不存在了，再次访问时将抛出异常 NameError 提示所访问的对象名未定义。

5.2.2 列表切片

在第 5.1.2 节"切片"中已经介绍过序列的切片操作，而列表不同于元组和字符串，它作为可变序列又有一些独特的操作。

可以使用切片操作来快速调整列表。原地修改列表内容，列表元素的增、删、改、查以及元素替换等操作都可以通过切片来实现，并且不影响列表对象内存地址。

【实例 5.16】利用切片修改列表示例。

```
#Example5.16

>>> lst = [2,4,6]
>>> lst[len(lst)-1:]                    #列表切片
[6]
>>> lst[len(lst):] = [8]                #列表元素增加
>>> lst
[[2,4,6,8]
>>> lst[:2] = [1,3]                     #切片赋值
>>> lst
[1,3,6,8]
>>> lst[1:3] = [ ]                      #切片赋空值, 相当于删除列表元素
>>> lst
[1,8]
>>> lst[1] = [ ]                        #单个列表元素赋值, 元素值为空列表
>>>lst
[1, []]
>>> del lst[:1]                         #删除列表元素
>>> lst
[[]]
```

📖 说明:

☑ lst[len(lst)-1:]式中先求列表长度, len(lst)=3, 然后求切片 lst[3-1:], 即 lst[2:]。

☑ lst[len(lst):]=[8]式中先求列表长度 len(lst), 然后将列表[8]赋值给切片 lst[3:], 形成新的列表就是在原列表 lst 的结尾增加元素 8。

☑ lst[:2] = [1,3]是进行切片赋值, lst[:2]切片位置元素值被[1,3]替代。

☑ lst[1:3] = [ ]是对切片赋空值, 相当于删除切片位置的元素。

☑ lst[1] = [ ]是对列表单个元素赋值, 该值是一个空列表。注意区分列表切片赋空值和列表单个元素赋空值。

☑ del lst[:1]是用删除命令删除列表的一段, 是删除列表元素的一种方法。

☑ 最后列表 lst 是仅含有 1 个元素的列表[[]], 该元素是个空列表。

列表切片返回的是列表元素的浅复制, 与列表对象的直接复制并不一样。这两种复制一个是在内存中另外开辟空间进行存储, 另一个则不需要重新开辟空间而仅仅是与原列表指向同一空间。

【实例 5.17】浅复制与直接复制示例。

```
#Example5.17

>>> lst = [1,2,3]
>>> lst2=lst                            #直接复制, lst2 与 lst 指向同一块内存
>>>lst2
[1,2,3]
>>> lst3=lst[::]                        #浅复制, lst3 有独立的内存, 是 lst 的副本
```

列表与元组

```
>>>lst3
[1,2,3]
>>>lst3[2]=99
>>>lst3
[1,2,99]
>>>lst
[1,2,3]
>>>lst2[1]=66
>>>lst2
[1,66,3]
>>>lst
[1,66,3]
```

📃 说明：

☑ lst2=lst 是进行列表直接复制，两个列表指向同一内存空间，无论对两个列表中的哪一个进行操作，都会改变另外一个。

☑ lst3=lst[::]是进行列表浅复制，lst3 与 lst 是两个完全独立的列表，都有自己的内存空间，两个列表操作互不影响。

5.2.3 列表的方法和函数

对于 Python 序列而言，有很多方法是通用的，很多内置函数和命令也可以对序列对象进行操作。而不同类型的序列又有一些特有的方法，比如前面章节介绍的字符串的方法和函数。本小节将介绍列表对象涉及的方法和函数，包括元素的增加、元素的删除、元素的查找、元素排序及列表推导式。

1. 列表元素的增加

向列表中增加元素是常见的操作，Python 提供多种列表对象的方法来完成这一操作，包括.append()方法、.extend()方法、.insert()方法。

● .append ()方法

语法：s.append(x)

将元素 x 添加至列表 s 的尾部。无论 x 是简单的字符、整数、浮点数，还是列表、元组、字符串，都只作为一个元素增加到原列表的结尾。使用.append()方法后，原列表 s 的长度增加 1。使用.append()方法是真正意义上的在列表尾部添加元素，且速度较快。

【实例 5.18】.append()方法示例。

```
#Example5.18

>>> s = [1,2,3]
>>> s.append('a')                    #向列表 s 结尾增加单个字符'a'
>>>s
[1, 2, 3, 'a']
>>>len(s)
4
>>> s.append((4,5))                  #向列表 s 结尾增加元组(4,5)
>>>s
```

```
[1, 2, 3, 'a', (4, 5)]
>>>len(s)
5
```

📖 说明：

☑ s.append('a')是将单个字符 'a' 作为一个元素增加到列表 s 的尾部，增加后的 s 长度增加 1，变为 4。

☑ s.append((4,5))是将元组(4,5)作为一个元组增加到列表 s 的尾部，增加一个元素后的 s 长度加 1，变为 5。

● .extend()方法
  语法：s.extend(lst)

将迭代对象 lst 添加至列表 s 的尾部。无论 lst 是什么类型，都将作为列表类的迭代对象，其所有元素添加至列表 s 尾部。使用.extend()方法后，原列表 s 的长度增加 len(lst)。

【实例 5.19】.extend()方法示例。

```
#Example5.19

>>> s = [1,2,3]
>>> s.extend([8,9])              #向列表 s 结尾增加列表
>>>s
[1, 2, 3, 8, 9]
>>>len(s)
5
>>> s.extend((4,5))             #向列表 s 结尾增加元组
>>>s
[1, 2, 3, 8, 9, 4, 5]
>>>len(s)
7
>>> s.extend('hello')            #向列表 s 结尾增加字符串
>>>s
[1, 2, 3, 8, 9, 4, 5, 'h', 'e', 'l', 'l', 'o']
>>>len(s)
12
>>> s.extend('x')                #向列表 s 结尾增加单个字符
>>>s
[1, 2, 3, 8, 9, 4, 5, 'h', 'e', 'l', 'l', 'o', 'x']
>>>len(s)
13
>>> s.extend(99)                 #向列表 s 结尾增加一个整数
TypeError: 'int' object is not iterable
```

📖 说明：

☑ s.extend([8,9])将列表增加至 s 尾部，则列表的两个元素作为 s 结尾的两个元素。

☑ 采用.extend()方法可以将单个字符、字符串、元组、列表等迭代对象增加至列表 s 尾部，但是整数、浮点数等非迭代对象不可以使用该方法。如果是非迭代对象可以使用.append()方法。

列表与元组

● . insert ()方法

语法：s.insert(i,x)

在列表 s 指定位置 i 处添加元素 x。列表的.insert()方法可以在列表的任意位置插入元素，插入点后的所有元素依次向后移动，这种操作会影响处理速度。与前两种在列表尾部增加元素的方法相比，.insert()方法优点是插入位置灵活，但代价是增加额外的移动工作量。在实际操作过程中，应该根据增加的位置选择合适的方法。

【实例 5.20】.insert()方法示例。

```
#Example5.20

>>> s=[1,2,3]
>>> s.insert(1,88)                    #指定在索引号为 1 的位置处插入元素 88
>>> s
[1, 88, 2, 3]
>>> s.insert(9,55)                    #指定在索引号为 9 的位置处插入元素 55
>>> s
[1, 88, 2, 3, 55]
>>> s.insert(3,[1,2])                 #指定在索引号为 3 的位置处插入元素[1,2]
>>> s
[1, 88, 2, [1,2],3, 55]
```

 说明：

☑ s.insert(1,88)指定在索引号是 1 的位置插入整数 88，则该位置处原来的元素 2 及后面元素依次向后移动。

☑ s.insert(9,55)指定在索引号为 9 的位置插入整数 55，但是原列表长度是 3，索引号为 9 的位置就看作列表的尾部，所以是将 55 增加到列表尾部。

☑ s.insert(3,[1,2])指定在索引号为 3 的位置插入一个列表[1,2]。

除了上述列表对象方法外，还可以利用 "+" 和 "*" 运算符完成列表元素增加操作，第 5.1 节 "序列及通用操作" 的例题中就有列表相加、相乘的例子。虽然加、乘在形式上比较简单且容易理解，但是实质上这并不是真给列表添加元素，而是创建一个新的列表，并将原列表中的元素和新元素依次复制或者重复到新列表的内存空间，而原来的列表并没有改变，而上面提到的三种列表元素增加的方法都是原地改变列表。乘运算在处理元素本身就是列表的列表时，并不创建元素的复制，而是创建已有对象的引用。因此，当修改其中一个值时，相应的引用也会被修改。应该谨慎使用乘运算来增加列表元素。

2. 列表元素的删除

从列表中删除元素是常见的操作，Python 提供多种列表对象的方法来完成这一操作，包括.pop()方法、.remove()方法。

● . pop ()方法

语法：s.pop([i])

使用列表的.pop()方法弹出（删除）指定 i（默认为最后一个）位置上的元素，如果给定的索引超过了列表的范围，则抛出异常。

【实例 5.21】.pop()方法示例。

```
#Example5.21

>>> s=[1,2,3,4,5,6]
>>> s.pop(1)                          #指定弹出索引号为 1 位置处的元素
2
>>> s
[1, 3, 4, 5, 6]
>>> s.pop()                           #默认弹出列表最后一个元素
6
>>> s
[1, 3, 4, 5]
>>> s.pop(99)                         #指定弹出索引号为 99 位置处的元素
IndexError: pop index out of range
```

📇 **说明：**

☑ s.pop(1)指定删除并返回索引号为 1 位置处的元素,则 2 被弹出,列表变为[1, 3, 4, 5, 6]。

☑ s.pop()没有指定位置,则默认弹出最后一个元素 6,列表变为[1, 3, 4, 5]。

☑ s.pop(99)指定弹出索引号为 99 处的元素,列表长度为 4,索引号 99 超出范围,报错。

● . remove ()方法

语法：s.remove(x)

在列表 s 中删除首次出现的指定元素 x,若对象 x 不存在,将抛出异常。

【实例 5.22】.remove()方法示例。

```
#Example5.22

>>> s=[1,2,3,4,1,2,3,4]
>>> s.remove(2)                       #删除首次出现的元素 2
>>> s
[1, 3, 4, 1, 2, 3, 4]
>>> s.remove(99)                      #删除不存在的元素 99
ValueError: list.remove(x): x not in list
```

📇 **说明：**

☑ s.remove(2)删除指定元素 2,而列表中有两个 2,则删除第一个。

☑ s.remove(99)删除指定元素 99,而 99 不存在于列表中,则报 ValueError 的错误。

.pop()方法和.remove()方法都可以实现删除列表中的元素,但是两种方法的参数不同,.pop()方法的参数是位置,.remove()方法的参数是元素,可以根据这个不同点来选择使用哪一种方法。

除了上述列表对象方法外,还可以使用 del 命令删除列表中的指定位置上的元素以及整个列表。前面已经提到过,此处不再赘述。

3. 列表元素的查找

从列表中访问和查找元素的操作,Python 提供几种列表对象的方法来完成这一操作,包括.index()方法、.count()方法。

● . index()方法

　语法：s.index(x)

使用列表的.index()方法返回列表 s 中第一个值为 x 的元素的索引号，即一个整数，若不存在值为 x 的元素，则抛出异常。

【实例 5.23】**.index()方法示例。**

```
#Example5.23

>>> s=[1,2,3,4]
>>> s.index(1)                    #指定返回元素 1 的索引号
0
>>> s.index(99)                   #指定返回元素 99 的索引号
ValueError: 99 is not in list
```

📘 说明：

☑ s.index(1)返回元素 1 的索引号，第一个元素索引号为 0。

☑ s.index(99)返回元素 99 的索引号，因为 99 不在列表 s 中，所以报错。

● . count ()方法

　语法：s.count(x)

使用列表的.count()方法返回指定元素 x 在列表 s 中的出现次数，即一个整数。如果 x 存在于 s 中，则返回大于 0 的数；如果返回 0，则表示不存在。

【实例 5.24】**.count()方法示例。**

```
#Example5.24

>>> s=[1,2,3,1,2,3,4]
>>> s.count(1)                    #指定返回元素 1 出现的次数
2
>>> s.count(4)                    #指定返回元素 4 出现的次数
1
>>> s.count(99)                   #指定返回元素 99 出现的次数
0
```

📘 说明：

☑ s.count(1)返回元素 1 在 s 中出现次数。

☑ s.count(99)返回元素 99 在 s 中出现次数，因为 99 不在列表 s 中，所以出现次数为 0。

.index()方法和.count()方法都可以实现列表元素的查找功能，但是两种方法的返回值含义不同，.index()方法返回的是元素在列表中的位置，而.count()方法返回的是元素在列表中出现的次数，可以根据这个不同点来选择使用哪一种方法。如果查找的元素不在列表中时，.index()方法会报错，而.count()方法返回 0。

除了上述列表对象方法外，还可以使用 in 命令判断表中是否存在指定的值，返回结果为 True 或 False。前面已经提到过，此处不再赘述。

4. 列表元素的排序

列表元素排序是经常使用的操作，Python 提供多种列表对象的方法和内置函数来完成这一操作，包括.sort()方法、sorted()函数、.reverse()方法、reversed()函数。

● .sort()方法

语法：s.sort()

.sort()方法用于对列表 s 进行原地排序，即改变原来的列表 s，使其元素能按一定的顺序排列，而不是简单地返回一个已排序的列表副本，该方法默认为升序排序。

【实例 5.25】.sort()方法示例。

```
#Example5.25

>>> s=[4,2,3,1,7,5]
>>> s.sort()                    #对 s 进行原地排序
>>>s
[1, 2, 3, 4, 5, 7]
>>> s2=[2,1,4,8]
>>>s3=s2                         #s3 是 s2 的直接复制，二者指向同一块内存空间
>>>s3.sort()
>>>s3
[1, 2, 4, 8]
>>>s2
[1, 2, 4, 8]
>>>s4=[3,2,5,9]
>>>s5=s4[:]                      #s5 是 s4 的浅复制，二者都有独立的内存空间
>>>s5
[3,2,5,9]
>>>s5.sort()
>>>s5
[2, 3, 5, 9]
>>>s4
[3, 2, 5, 9]
```

说明：

☑ s.sort()是对列表 s 进行原地排序，默认升序，内存中 s 变为[1, 2, 3, 4, 5, 7]。

☑ s3=s2 后两个列表指向同一块内存空间，无论对 s2 还是 s3 中的哪一个进行排序，都会改变内存，s2 和 s3 就都变了。

☑ s5=s4[:]是完成一个浅复制，s5 与 s4 是完全独立的两个列表，各自都分配了内存空间。对 s5 做的任何修改都不会影响 s4。

思考：

☑ 如果想查看列表 s 排序的结果，但又不想改变 s 本身，应该如何处理？

● sorted()函数

语法：sorted(s)

sorted()函数返回列表 s 排序的结果，是一个新列表，不改变原来的列表 s，即返回一个副本，默认升序排列。sorted()函数实际上可以用于任何序列的排序，但是返回结果为列

表类型。

【实例 5.26】**sorted()**函数示例。

```
#Example5.26

>>> s=[4,2,3,1,7,5]
>>> sorted(s)                     #返回 s 排序后的结果
[1, 2, 3, 4, 5, 7]
>>> s
[4,2,3,1,7,5]
>>> sorted('hello')               #返回字符串排序后的结果
['e', 'h', 'l', 'l', 'o']
>>> sorted((1,4,3,7))             #返回元组排序后的结果
[1, 3, 4, 7]
```

说明：

☑ sorted(s)只返回对列表 s 进行排序的结果，默认升序，但内存中 s 没有改变。

☑ sorted('hello')和 sorted((1,4,3,7))是返回字符串和元组排序后的结果，而结果是列表类型。

☑ 注意：字符串和元组是不可变序列，内存中是无法改变的，所以不能用.sort()方法原地排序，但是可以用 sorted()函数来查看排序后的副本。

● .reverse()方法

语法：s.reverse()

.reverse()方法用于将列表 s 的元素原地翻转，也就是第一个元素与最后一个元素调换位置，第二个元素与倒数第二个元素调换位置，以此类推。

【实例 5.27】**.reverse()**方法示例。

```
#Example5.27

>>> s=[4,2,3,1,7,5]
>>> s.reverse()                   #原地翻转列表 s
>>> s
[5, 7, 1, 3, 2, 4]
```

说明：

☑ s.reverse()原地翻转列表 s 的元素，内存中 s 已改变。

● reversed()函数

语法：reversed(s)

reversed( )函数支持对列表 s 的元素进行逆序排列，返回一个逆序排列后的迭代对象，该对象经过强制类型转换为列表后才可以显示，而原列表 s 在内存中不变。

【实例 5.28】**reversed()**函数示例。

```
#Example5.28
```

```
>>> s=[4,2,3,1,7,5]
>>> reversed(s)                          #返回翻转后的对象
<list_reverseiterator at 0xbdd16a0>
>>> s
[4,2,3,1,7,5]
>>> t= reversed(s)
>>>list(t)                               #将翻转对象t强制类型转换为列表
>>>t
[5, 7, 1, 3, 2, 4]
```

📑 **说明：**

☑ reversed(s)返回翻转对象，该对象不是列表，无法显示翻转后的状态。

☑ reversed()函数不会改变列表s。

☑ 要想看到翻转后的状态需要将翻转对象转换为列表才可以显示。

5. 列表推导式

列表推导是一种从其他列表创建列表的方式，类似于数学中的集合推导。列表推导的工作原理很简单，有点类似于 for 循环。使用列表推导式，可以简单高效地处理一个可迭代对象，并生成列表。基本形式为：

[x **for** i in range() **if…**]

其中表达式 x 的值就是生成的列表中的元素，循环控制变量 i 的范围受 range()函数的控制，i 每变化一次表达式 x 就计算一个值放入到列表中，if 是可选的，表示满足条件的 x 才能加入列表。

```
>>> s=[x * x for x in range(5)]
```

上面的式子就是一个简单的列表推导式，表示一个列表由 range(5)内每个值的平方组成。这个式子可以拆开在 spyder 编辑器中写成如下几条语句：

```
s = [ ]
for x in range(5):
    s.append(x*x)
print(s)
```

还可以根据要求在列表推导式中增加条件语句来过滤列表元素。比如生成一个由 range(5)内所有元素的平方组成的列表，并且列表元素是偶数的平方，就可以写成如下形式：

```
>>> s=[x * x for x in range(5) if x%2==0]
>>> s
[0, 4, 16]
```

还可以根据要求在列表推导式中使用多个 for 语句，相当于多重 for 循环嵌套。

```
>>> [(x, y) for x in range(2) for y in range(2)]
[(0, 0), (0, 1), (1, 0), (1, 1)]
```

上面的式子可以拆开，在 spyder 编辑器中写成如下几条语句：

```
result = []
```

```
for x in range(2):
    for y in range(2):
        result.append((x, y))
print(result)
```

【实例 5.29】列表推导式操作示例。

```
#Example5.29

>>>[x**3 for x in range(4)]
[0, 1, 8, 27]
>>>[x+2 for x in range(10) if x%3==0]
[2, 5, 8, 11]
>>>[(a,b) for a in range(3) for b in range(1,5) if a+b<5]
[(0, 1), (0, 2), (0, 3), (0, 4), (1, 1), (1, 2), (1, 3), (2, 1), (2, 2)]
>>> [[a,a*b] for a in range(3) for b in range(1,4) if a+b==4]
[[1, 3], [2, 4]]
```

说明：

☑ [x**3 for x in range(4)]表示生成一个元素是 x 的立方的列表，x 变化范围是[0,1,2,3]。

☑ [x+2 for x in range(10) if x%3==0] 表示生成一个元素是 x+2 的列表，x 的变化范围是 range(10)的，并且满足 x 为 3 的整数倍这个条件。

☑ [(a,b) for a in range(3) for b in range(1,5) if a+b<5]表示生成一个元素是元组（a,b）的列表，a 的变化范围受 range(3)控制，b 的变化范围受 range(1,5)控制，并且要满足 a+b<5 这个条件。

☑ [[a,a*b] for a in range(3) for b in range(1,4) if a+b==4]表示生成一个元素是列表[a,a*b]的列表，a 的变化范围受 range(3)控制，b 的变化范围受 range(1,4)控制，并且要满足 a+b==4 这个条件。

5.3　元组及基本操作

元组（Tuple）和列表类似，都属于序列的一种，但其元素是不可变的，即元组一旦创建，用任何方法都不可以修改其元素。所有的增加、删除、修改元素的操作都不能进行。

5.3.1　元组的创建与删除

1. 创建元组

元组采用圆括号中用逗号分隔元素的形式进行定义。与列表很相似，区别在于定义元组使用圆括号而列表使用中括号。元组的圆括号可以省略，用逗号分隔了一些值，默认就是创建了元组。基本形式如下：

(x1, [x2, ..., xn])

或者

x1, [x2, ..., xn]

其中，x_1, x_2, …, x_n 为任意类型对象。注意：如果元组中只有一个项目时，后面的逗号不能省略，因为 Python 解释器把(x1)解释为 x1，(x1,)才解释为含有一个项目 x1 的元组。

如同其他类型变量一样，使用赋值运算符"＝"直接将一个元组赋值给变量即可创建元组对象。

【实例5.30】创建元组示例。

```
#Example5.30

>>> tup = (1,2,3)                         #创建元素都是整数的元组
>>> tup
(1,2,3)
>>> tup2= ('a', 'b' , 'c',5,[2,4])       #创建混合元素的元组
>>> tup2
('a', 'b' , 'c',5,[2,4])
>>> tup3= ()                              #创建空元组，即没有元素的元组
>>> tup3
()
>>> tup4=(4,)                             #创建只有一个元素的元组
>>> tup4
(4,)
>>>tup5=(7)                               #创建一个整型变量
>>>tup5
7
>>>tup6=3,5,7                             #省略圆括号，创建元组
>>>tup6
(3,5,7)
```

📑 **说明：**

☑ tup2= ('a', 'b' , 'c',5,[2,4])中包含不同类型的元素。

☑ tup3= ()创建空元组，与创建空列表类似。

☑ tup4=(4,)创建只有一个元素的元组时，逗号千万不能省，圆括号可以省略，该式可以写成"tup4=4,"。

☑ tup5=(7)并不是创建元组，只是给一个变量赋了整数值。只有一个元素的元组也要有逗号。

☑ tup6=3,5,7省略圆括号，依然默认创建的是元组。

或者，也可以使用 tuple( )函数将列表、range 对象、字符串或其他类型的可迭代对象类型的数据转换为元组，类似于 list()函数，完成强制类型转换。

【实例5.31】tuple()函数创建元组示例。

```
#Example5.31

>>> lst = [1,2,3]
>>> tuple(lst)                            #返回列表 lst 转换为元组的结果
(1,2,3)
>>> lst
[1,2,3]
>>> t = tuple(lst)                        #lst 转换为元组的结果赋值给 t
>>> t
```

```
(1,2,3)
>>> lst
[1,2,3]
>>> tuple("hello")                    #返回字符串转换为元组的结果
('h', 'e', 'l', 'l', 'o')
>>>tuple(range(1,5))                   #返回 range()对象转成元组的结果
(1, 2, 3, 4)
```

📇 说明：

☑ tuple(lst)返回列表 lst 转换为元组的结果， lst 列表本身没有变化，只是显示列表转成元组的情况。

☑ t = tuple(lst)将列表转成元组的结果赋值给 t，lst 依然没有变化。

☑ tuple("hello")返回字符串转成元组的结果，字符串的每个字符作为元组的元素。

☑ tuple(range(1,5))返回 range()对象转换为元组的结果。

2. 删除元组

元组是不可变的序列，所以一旦创建就不能修改和删除它的元素，但是可以利用 del 命令删除整个元组对象。

【实例 5.32】删除元组示例。

```
#Example5.32

>>>tup = (1,2,3)
>>>del tup[0]                         #删除元组第一个元素
TypeError: 'tuple' object doesn't support item deletion
>>>del tup                            #删除整个元组
>>>tup
NameError: name 'tup' is not defined
```

📇 说明：

☑ del tup[0]删除元组第一个元素，系统报错：元组对象不支持元素删除操作。

☑ del tup 删除整个元组后，内存中不再有 tup 这个元组，再次查询元组时系统报错。

5.3.2 元组的基本操作

元组作为不可变序列操作比较简单，除了创建元组和删除元组之外，还支持基本的序列操作，包括索引访问、切片、连接（"+"）、重复（"*"）、成员资格判断（in）、比较运算，以及一些求元组长度（len()）、最大值（max()）、最小值（min()）、求元素和（sum()）的函数等。

元组是不可变序列，所以可变序列列表的方法和内置函数是不适用于元组的，包括增加元素的方法.append()、.extend()、.insert()，删除元素的方法.pop()、.remove()，排序方法和函数.sort()方法、sorted()函数、.reverse()方法、reversed()函数等。但是元组支持查找元素的方法.index()、.count()。

【实例 5.33】元组操作示例。

```
#Example5.33

>>>tup = (1,2,3,4,5)
>>>tup[1]                                #元组索引访问
2
>>>tup[1:4]                              #元组切片
(2, 3, 4)
>>>tup+('a','b')                         #连接操作
(1, 2, 3, 4, 5, 'a', 'b')
>>>tup*2                                  #重复操作
(1, 2, 3, 4, 5, 1, 2, 3, 4, 5)
>>>'a' in tup                            #成员资格判断
False
>>>tup<=(2,3,4)                          #元组比较大小
True
>>>len(tup)                              #求元组长度函数
5
>>>max(tup)                              #求元组最大值函数
5
>>>min(tup)                              #求元组最小值函数
1
>>>sum(tup)                              #求元组元素累加和函数
15
>>>sum((1,3, 'a'))
TypeError: unsupported operand type(s) for +: 'int' and 'str'
```

说明：

☑ 无论连接还是重复运算都只是将连接和重复的结果显示出来，而不能改变元组本身。

☑ 元组比较大小遵循序列比较大小的规则，对应元素依次比较，直到得出结论。

☑ 最大值函数、最小值函数、求和函数能够得到正确结果的前提是元组的元素必须是可以进行上述运算的。(1,3, 'a')的三个元素不可以进行求最大值、最小值、求和。

虽然元组属于不可变序列，一经定义其元素的值就不可以改变，但是如果元组中包含列表，情况就略有不同。

【实例 5.34】元素为列表的元组操作示例。

```
#Example5.34

>>>tup = (1,2,3,[4,5])                   #元素含有列表的元组
>>>tup[3][0]                             #tup[3]是列表，访问它的第一个元素
4
>>>tup[3][0]=99                          #为tup[3]的第一个元素赋值，即改变该元素值
>>>tup
(1, 2, 3, [99, 5])
>>>tup[3].extend([6,7])                  #为tup[3]这个元素末尾增加一个列表
>>>tup
(1, 2, 3, [99, 5, 6, 7])
```

115

第 5 章

列表与元组

📖 说明：

☑ 因为 tup 这个元组的第四个元素是列表，tup[3][0]是对元组第四个元素的第一个元素的索引访问。

☑ 因为列表是可变序列，所以可以进行元素修改、增加。所以，支持 tup[3][0]=99 的操作，以及 tup[3].extend([6,7])的操作。

5.3.3 生成器推导式

生成器推导（也叫生成器表达式），其工作原理与列表推导式相似，但不是创建一个列表（即不立即执行循环），而是返回一个生成器对象，能够逐步执行计算。生成器推导式使用圆括号而不是方括号。使用生成器对象的元素时，可以根据需要将其转化为列表或元组，也可以使用生成器对象的内置函数 next()进行遍历。

【实例 5.35】生成器推导式示例。

```
#Example5.35

>>> s = ((i+3)**2 for i in range(1,8))    #生成器推导式
>>> s
<generator object <genexpr> at 0x000000000BDD8C50>
>>>tup=tuple(s)                           #将生成器对象转换为元组
>>>tup
(16, 25, 36, 49, 64, 81, 100)
>>> s2= ((i+3)**2 for i in range(1,8))    #生成器推导式
>>>next(s2)                               #使用 next()函数进行生成器遍历
16
>>>next(s2)                               #使用 next()函数进行生成器遍历
25
```

📖 说明：

☑ 生成器推导式既得不到元组也得不到列表，而是返回一个生成器对象，可以将这个对象转换为元组或者列表。

☑ next(s2)通过内置函数来遍历（逐一访问）生成器对象 s2。

5.4 本 章 小 结

本章重点介绍了列表和元组。列表是可变序列对象（可以进行修改），而元组是不可变序列对象（一旦创建就不可修改）。详细讲解了序列通用操作，包括索引、切片、加、乘、in、比较运算、内置函数等。

本章重点介绍了可变序列列表的特殊之处，首先，介绍了利用切片进行列表的直接复制和浅复制。其次，详细讨论了修改列表的相关方法及函数，包括：增加元素的方法.append()、.extend()、.insert()，删除元素的方法.pop()、.remove()，排序方法和函数.sort()方法、sorted()函数、.reverse()方法、reversed()函数，查找元素的方法.index()、.count()。

本章还介绍了元组的基本操作。介绍了元组与列表的不同之处，作为不可变序列只能进行基本操作，增、删、改之类的操作是不允许的。但是，特殊的元组除外，比如含有列表元素的元组，这类元组支持修改其中的列表元素。

本章还简单介绍了列表推导式和生成器推导式。列表推导式可以使用简洁的形式来生成满足特定需要的列表。生成器推导式则可以返回生成器对象，进而可以转换为列表或元组，并且支持对象遍历。

5.5　习　　题

一、单项选择题

1. 下列代码执行的结果是（　　　　）。

```
print(type([1, 2, 3]))
```

A. <class 'tuple'> 　　　　　　　B. <class 'dict'>
C. <class 'set'> 　　　　　　　　D. <class 'list'>

2. 下列代码执行的结果是（　　　　）。

```
s=[1, 3, 7, None, 'hello',( ), [ ] ]
print(len(s))
```

A. 4　　　　　　B. 5　　　　　　C. 6　　　　　　D. 7

3. 下列代码执行的结果是（　　　　）。

```
s1=[3, 5, 7]
s2=s1
s1[1]=0
print(s2)
```

A. [3, 5, 7]　　B. [0, 5, 7]　　C. [3, 0, 7]　　D. 以上都不对

4. 下列代码执行的结果是（　　　　）。

```
s1=[3, 5, 7]
s2=s1[:]
s1[1]=0
print(s2)
```

A. [3, 5, 7]　　B. [0, 5, 7]　　C. [3, 0, 7]　　D. 以上都不对

5. 下列代码执行的结果是（　　　　）。

```
s=[1, 2, 3]
s.append([4,5])
print(len(s))
```

A. 4　　　　　　B. 5　　　　　　C. 6　　　　　　D. 7

6. 下列代码执行的结果是（　　　　）。

```
s=[1, 2, 3]
s.extend([4,5])
print(len(s))
```

A. 4　　　　　　B. 5　　　　　　C. 6　　　　　　D. 7

7. 下列代码执行的结果是（　　）。

```
s1=[1, 2, 3, 4]
s2=[3,4,5]
print (len(s1+s2))
```

A. 4 B. 5 C. 6 D. 7

8. 下列代码执行的结果是（　　）。

```
s=['a', 'b']
s.extend('12')
```

A. [a', 'b', '12'] B. [a', 'b', ['12']]
C. [a', 'b', ('1', '2')] D. [a', 'b', '1', '2']

9. 下列代码执行的结果是（　　）。

```
print(tuple(range(2)))
```

A. (0, 1) B. [0, 1] C. (1, 2) D. [1, 2]

10. 下列代码执行的结果是（　　）。

```
[ i for i in range(5) if i%2 != 0]
```

A. [0, 1, 2, 3, 4] B. [1, 3] C. [0, 2, 4] D. [1, 2, 3, 4, 5]

11. 下列代码执行的结果是（　　）。

```
s=('a', 'b', 'c', 'd', 'e')
print(s[2:4])
```

A. ('a', 'b') B. ('b', 'c') C. ('c', 'd') D. ('d', 'e')

12. 下列代码执行的结果是（　　）。

```
s=('a', 'b', 'c', 'd', 'e')
print(s[1::2])
```

A. ('a', 'b') B. ('b', 'c') C. ('b', 'd') D. ('a', 'c')

13. 下列代码执行的结果是（　　）。

```
s=('a', 'b', 'c', 'd', 'e')
print(s[::-2])
```

A. ('b', 'd') B. ('e', 'c', 'a') C. ('d', 'b') D. 'e'

14. 下列代码执行的结果是（　　）。

```
s=('a', 'b', 'c', 'd', 'e')
print(s[:-2])
```

A. ('a', 'c', 'e') B. ('e', 'c', 'a') C. ('d', 'b') D. ('a', 'b, 'c')

15. 列表对象的（　　）方法删除首次出现的指定元素，如果列表中不存在要删除的元素，则抛出异常。

A. append( ) B.pop( ) C. remove( ) D.delete( )

16. 使用列表推导式生成包含 10 个数字 3 的列表，语句可以写为（　　）。

A. [i for i in range(10)] B. [i for i in range(3)]
C. [3 for i in range(10)] D. 以上都不对

17. 下列代码执行的结果是（　　　）。

```
s=[1, 2, 3]
s * 2
```

A. [1, 1, 2, 2, 3, 3]　　　　　　　　B. [1, 2, 3, 1, 2, 3]
C. [2, 4, 6]　　　　　　　　　　　　D. [[1, 2, 3], [1, 2, 3]]

18. 下列代码执行的结果是（　　　）。

```
t=('a', 'b', 'c', 'a', 'b')
t.count('b')
```

A. 0　　　　　　B. 1　　　　　　C. 2　　　　　　D. 以上都不对

19. 下列代码执行的结果是（　　　）。

```
s=([1,3], 5)
s[0][1]=66
s
```

A. ([1, 66], 5)　　　　　　　　　　B. ([5, 66], 1)
C. ([66, 3], 5)　　　　　　　　　　D. ([1, 3, 66], 5)

20. 下列代码执行的结果是（　　　）。

```
s=([1, 2], 3)
s[0].append('9')
```

A. ([1, 2, 9], 3)　　　　　　　　　　B. ([1, 2, '9'], 3)
C. (9, [1, 2], 3)　　　　　　　　　　D. ([1, 2], ['9'], 3)

二、判断题

1. 使用索引访问列表中的元素时，如果指定索引号不存在，则抛出异常。（　　　）
2. 列表、元组和字符串等序列类型均支持双向索引。（　　　）
3. 针对列表操作，sorted()函数和.sort()方法功能完全相同。（　　　）
4. 即使元组的成员对象中有列表，元组也是不可变的。（　　　）
5. 两种不同类型的序列也可以进行连接操作。（　　　）
6. 表达式"[3] in [1, 2, 3, 4]"的值为 True。（　　　）
7. 列表对象的.sort( )方法用来对列表元素进行原地排序，该函数无返回值。（　　　）
8. 可以使用 del 命令来删除列表和元组中的部分元素。（　　　）
9. 使用列表推导式和生成器推导式都生成列表。（　　　）
10. Python 列表、元组和字符串 s 的最后一个元素的下标为 len(s)-1。（　　　）
11. 定义元组时所有元素放在一对圆括号中，且圆括号不可以省略。（　　　）
12. 只包含一个元素的元组，括号可以省略，但是元素后的逗号不能省略。（　　　）
13. list( )函数可以把序列转换成元组。（　　　）
14. 在列表尾部追加元素比在中间位置插入元素速度更快，尤其是含大量元素的列表。
（　　　）
15. 使用列表的.insert()方法插入元素时会改变列表中插入位置之后元素的索引。
（　　　）

三、编程题

1. 用 range()函数生成列表[2,4,6,8,10,12,14]，并打印输出；用 for 循环访问列表元素，并横向输出列表中能被 3 整除的元素。

2. 已知一个班级 8 名研究生同学某门课的成绩存放于元组 tup=(62,75,38,90,87,49,78,81)。请编程实现统计优秀（≥90）、良好（≥80）、中等（≥70）、及格（≥60）和不及格（<60）人数。

第 6 章

字典与集合

本章主要介绍两种 Python 程序设计中使用的特殊序列——字典和集合。

本章要求掌握字典和集合的基本操作，掌握有序字典、不可变集合两个特殊的概念。

学习目标：

▸▸ 字典的定义及基本操作

▸▸ 有序字典

▸▸ 集合的定义及基本操作

▸▸ 不可变集合

6.1 字　　典

之前章节介绍的列表和元组通过索引号就可以访问到序列元素。本章介绍一种可通过名称来访问各序列元素值的数据结构。这种数据结构称为映射（mapping），而字典（dict）是 Python 中特别重要的内置映射类型。字典是一种特殊的序列，由"键-值"对组成，其中的值不按顺序排列，而是存储在键下。字典的键可以是数、字符串或元组等固定值，但是不可以是列表等可变序列。

6.1.1　字典的定义

Python 中定义的字典就像现实生活中的字典一样，特定的单词(键)对应特定含义(值)。比如，电话本就是一种字典结构，每个姓名对应一个电话号码，名字就是"键"，电话号码就是"值"。

字典的一般形式如下：

dict_name = { Key1:Value1, Key2:Value2,　… }

字典的元素是"键-值"对，键和值之间用冒号（:）分隔，元素项之间用逗号（,）分隔，整体用一对大括号"{}"括起来。

【实例 6.1】字典示例。

```
#Example6.1

>>>pb={"张一":" 1380111","赵四":" 1380444","李二":" 1380222","王三":"
1380333" }                              #定义字典 pb
>>>pb
{'张一': ' 1380111', '李二': ' 1380222', '王三': ' 1380333', '赵四':
'1380444'}
>>>pb["赵四"]    #访问键"赵四"对应的值
' 1380444'
>>>pb["冯五"]    #访问不存在的元素
KeyError: '冯五'
>>>pb2 = {}    #定义空字典
>>>pb2
{}
```

说明：

☑ 字典 pb 被创建之后，内存中便会给它分配空间，但是值得注意的是，元素在内存中存储顺序与创建字典时候的先后顺序无关，即字典是无序的序列。

☑ pb["赵四"] 返回的是"赵四"这个键对应的值' 1380444'.

☑ pb["冯五"]"访问字典中不存在的元素时，会返回 KeyError 错误。

☑ pb2={}定义一个没有元素的空字典，字典长度为 0。

字典有如下特性：

（1）字典的键必须不可变，只能是数、字符串或元组，不能是列表。

（2）字典的值可以是任意数据类型，包括字符串、整数、对象，甚至字典。

（3）键是唯一的，不允许同一个键重复出现。即使同一个键出现两次，系统也默认是一个键，并且第二次出现时该键对应的值会覆盖前一次出现时对应的值。

【实例 6.2】字典特性示例。

```
#Example6.2

>>> dict={"Lucy":21,"李四":"1380111","Bob":[1,2,3],"Mary":{"abc":345}}
#字典的值可以任意类型
>>> dict
{'Bob': [1, 2, 3], 'Lucy': 21, 'Mary': {'abc': 345}, '李四': '1380111'}
>>> dict2={"Lucy":21,[1]: "abc",3:(4,5)}    #列表作为字典的键
TypeError: unhashable type: 'list'
>>>dict3={"Lucy":21,"Mary":23,"Bob":22,"Mary":25}    #字典的键重复
>>>dict3
{'Bob': 22, 'Lucy': 21, 'Mary': 25}
```

说明：

☑ dict={"Lucy":21,"李四":"1380111","Bob":[1,2,3],"Mary":{"abc":345}}字典的值可以

任意类型，并且字典是无序的，定义顺序与实际在内存中的存储顺序无关。

☑ dict2={"Lucy":21,[1]: "abc",3:(4,5)}字典的第二个键是列表[1]，系统报错，因为键必须是不可变的。

☑ dict3={"Lucy":21,"Mary":23,"Bob":22,"Mary":25}字典的键"Mary"发生重复，默认留最后一次出现的"Mary":25 这个"键-值"对。

6.1.2　字典的基本操作

字典作为无序序列，也可以进行序列的一些基本操作，包括求删除 del、长度 len()、成员资格判断 in 等。字典还有一些独特的方法及函数，包括访问字典元素方法、清空字典方法、列表形式返回字典元素方法、删除字典元素方法、更新字典方法、返回字典的键和值的方法等。还可以使用 for 循环完成字典遍历。

1. 字典的一些基本操作

● del 命令

　　语法：del dict_name 或

　　　　　　del dict_name[key]

第一个式子删除字典 dict_name，第二个式子删除字典 dict_name 键为"key"的元素。Del 命令是真正意义上从内存中删除字典或者字典元素。

● len()函数

　　语法：len(dict_name)

返回字典 dict_name 项（"键-值"对）的个数。与求其他序列长度一样，该函数返回值为整数。

● in 命令

　　语法：key in dict_name

判断一个键 key 是否被包含在字典 dict_name 中。如果键包含在字典中，会返回一个逻辑值 True；否则会返回一个逻辑值 False。

【实例 6.3】字典基本操作示例。

```
#Example6.3

>>> dict={"Lucy":21,"李四":"1380111","Bob":[1,2,3],"Mary":{"abc":345}}
#字典的值可以任意类型
>>> Lucy in dict      #成员资格判断
NameError: name 'Lucy' is not defined
>>> "Lucy" in dict     #成员资格判断
True
>>>"Boby" in dict      #成员资格判断
False
>>> len(dict)    #求字典长度
4
>>> del dict["Bob"]    #删除字典元素
>>> dict
```

```
{'Lucy': 21, 'Mary': {'abc': 345}, '李四': '1380111'}
>>> del dict["Boby"]     #删除字典元素
KeyError: 'Boby'
>>> del dict    #删除字典
>>>dict
NameError: name 'dict' is not defined
```

说明：

☑ 对于 in 命令，如果键在字典中，返回 True；如果不在，则返回 False。但是，需要注意"Lucy"和 Lucy 是两个不同的概念，第一个是字符串，第二个是变量名。

☑ 与其他序列求长度一样，字典的 len()函数也返回整数。

☑ 删除字典元素时，字典长度减 1。要删除的元素如果不在字典中，系统报错。

☑ 删除整个字典时，系统内存中不再有这个字典，再次访问这个字典时，系统报错。

2. 字典的方法和函数

字典还有一些独特的方法及函数，包括访问字典元素.get()方法、清空字典.clear()方法、列表形式返回字典元素.items()方法、删除字典元素.pop()方法、更新字典.update()方法、返回字典的键.keys()方法、返回字典值.values()方法等。

● .get()方法

语法：dict_name.get(key)

返回字典 dict_name 中键为 key 的元素的值。使用.get()方法访问不存在的键时，返回值是 None（即没有显示任何值），而不是报错。.get()方法与字典元素的访问方法 dict_name[key]效果一致。

【实例 6.4】.get()方法示例。

```
#Example6.4

>>> dict2={"Lucy":21,"Bob":22,"Mary":21}
>>> dict2.get("Mary")     #返回 key 为"Mary"的项的值
21
>>> dict2.get("Lily")     #返回不存在的键的值
None
```

说明：

☑ dict2.get("Lily")返回值是空，也就是没有显示任何值。

● .items()方法

语法：dict_name.items()

返回由（key,value）组成的一个列表，列表的每个元素是（key,value）元组形式。字典项在列表中的排列是无序的。

【实例 6.5】.items()方法示例。

```
#Example6.5
```

```
>>> dict2={"Lucy":21,"Bob":22,"Mary":21}
>>> dict2.items()
dict_items([('Lucy', 21), ('Bob', 22), ('Mary', 21)])
```

📖 说明：

☑ 返回值 dict_items([('Lucy', 21), ('Bob', 22), ('Mary', 21)])是字典视图类型，特点是不复制，始终是底层字典的反映。如果想看到正常列表形式，可以对这个返回值强制转换为列表，即 list(dict_items([('Lucy', 21), ('Bob', 22), ('Mary', 21)]))。

● .keys()方法

语法：dict_name.keys()

返回包含字典 dict_name 中所有键的列表。与.items()方法类似，.keys()方法返回值是字典视图，如果需要看到常规的列表，需要用 list()函数转换。

【实例 6.6】.keys()方法示例。

```
#Example6.6

>>> dict2={"Lucy":21,"Bob":22,"Mary":21}
>>> dict2.keys()
dict_keys(['Lucy', 'Bob', 'Mary'])
>>> list(dict2.keys())
['Lucy', 'Bob', 'Mary']
```

📖 说明：

☑ list(dict2.keys())是将字典视图类型值转换为常规列表。

● .values()方法

语法：dict_name.values()

返回包含字典 dict_name 中所有的值组成的列表。与.items()方法和.keys()方法类似，返回值是字典视图。但是与上述两种方法不一样的地方，该列表的元素可以重复。

【实例 6.7】.values()方法示例。

```
#Example6.7

>>> dict2={"Lucy":21,"Bob":22,"Mary":21}
>>> dict2.values()
dict_values([21, 22, 21])
```

📖 说明：

☑ dict2.values()返回字典视图，但是允许列表中的值重复，例如本例中返回[21, 22, 21]。

● .update()方法

语法：dict_name.update([dictx])

批量增加字典 dict_name 的元素，向该字典中增加的元素是字典 dictx 中所有元素。方法返回值是更新后的字典，其中 dictx 是可选的，如果没有 dictx，则返回原字典。类似于字典的合并，将一个字典的键和值合并到另外一个字典中，遇到相同键，则覆盖键的值。

【实例 6.8】.update()方法示例。

```
#Example6.8

>>> dict2={"Lucy":21,"Bob":22,"Mary":21}
>>> dict3={"Lucy":25,"Lily":20}
>>> dict2.update(dict3)    #dict3 增加到 dict2 中
>>> dict2
{'Bob': 22, 'Lily': 20, 'Lucy': 25, 'Mary': 21}
>>> dict2.update({'Mary': 30})    #字典{'Mary': 30}增加到 dict2 中
>>> dict2
{'Bob': 22, 'Lily': 20, 'Lucy': 25, 'Mary': 30}
```

说明：

☑ dict2.update(dict3)将字典 dict3 所有元组增加到 ditct2 中，在键相同的情况下，后增加进来的值覆盖原来的值。dict3 增加"Lucy":25 到 dict2 中去，则将 dict2 中键为"Lucy"的值 21 修改为 25。

☑ dict2.update({'Mary': 30})将字典{'Mary': 30}增加到 dict2 中后，原'Mary'对应的值变为 30。

.update()方法是批量修改或增加字典元素。如果只是修改或者增加字典的一个元素，则可以通过赋值符号 "="。一般形式如下所示：

dict_name[Key] = Value

【实例 6.9】赋值方式修改或增加字典的一个元素示例。

```
#Example6.9

>>>dict2={"Lucy":21,"Bob":22,"Mary":21}
>>>dict2["Bob"]=33    #修改一个字典元素
>>>dict2
{'Bob': 33, 'Lucy': 21, 'Mary': 21}
>>>dict2["Eric"]=20    #增加一个字典元素
>>>dict2
{'Bob': 33, 'Eric': 20, 'Lucy': 21, 'Mary': 21}
```

说明：

☑ dict2["Bob"]=33 将原来键为"Bob"的项中的值修改为 33。

☑ dict2["Eric"]=20 将一个新的 "键-值" 对作为元素增加到字典 dict2 中。

● .pop()方法

语法：dict_name.pop(key)

返回指定的 key 对应的值，并在字典 dict_name 中删除该 "键-值" 对，与列表的.pop()方法类似。

【实例 6.10】.pop()方法删除字典元素示例。

```
#Example6.10
```

```
>>>dict2={"Lucy":21,"Bob":22,"Mary":21}
>>>dict2.pop("Lucy")    #返回键对应的值，并删除“键-值”对
21
>>>dict2
{'Bob': 22, 'Mary': 21}
```

📄 **说明：**

☑ dict2.pop("Lucy") 弹出对应的值 21，并且从内存中也相应删除"Lucy":21 这个“键-值”对。

☑ 与.pop()方法有类似功能的还有 del 命令，这两种方式都可以实现删除字典元素。

● .clear()方法

语法：dict_name.clear()

清除字典 dict_name 的所有元素，返回 None（即什么也不返回）。该方法是原地清空字典，内存中再无该字典的任何元素。

【实例 6.11】.clear()方法清除字典元素示例。

```
#Example6.11

>>>dict2={"Lucy":21,"Bob":22,"Mary":21}
>>>dict2.clear()    #清空字典
>>>dict2
{}
>>>dict2.update({"Amy":23})    #再次给字典增加元素
>>>dict2
{'Amy': 23}
```

📄 **说明：**

☑ dict2.clear()清空字典，字典的所有元素都没有了，但是与 del 命令不同的是.clear()方法并没有删除字典，只是字典中的元素清空了，还可以再向字典中增加元素。

☑ dict2.update({"Amy":23})将含有一个项的字典增加到 dict2 中。

3. 字典元素的遍历

字典类似于列表和元组，可以包含多个元素，而与列表和元组不同的是字典的元素是“键-值”对。如果想快速地把字典的每一个元素都访问一遍，可以采用 for 循环的形式。

【实例 6.12】字典元素的遍历示例。

```
#Example6.12.py

dict1={"张一":21,"李二":22,"王三":21,"赵四":24}    #定义字典 dict1
for i in dict1.keys():    #遍历字典，输出字典所有的项
print(i,":",dict1.get(i))
```

【运行结果一】

```
张一 : 21
```

```
李二 ： 22
王三 ： 21
赵四 ： 24
```

📖 说明：

☑ 本题是利用 for 循环进行字典元素的遍历，可以利用字典的.get()方法等来快速访问字典的多个元素。

6.1.3 有序字典

前面章节在介绍字典的特点时候提到，作为无序序列，字典元素的输出顺序与创建字典和添加新元素时的顺序是没有直接关系的，甚至和键的大小顺序也没有直接关系。那么，当需要字典元素的存储和输出顺序与输入顺序一致时，就需要使用一种特殊的类型——有序字典（OrderedDict）。有序字典被包含在容器模块（collections）中，所以使用有序字典前需要先声明，再使用。

有序字典的一般形式如下：

from collections import OrderedDict   #声明由容器模块引入

OrderedDict_name = OrderedDict([(key1,value1),(key2,value2),…])

有序字典 OrderedDict_name 的元素是用中括号括起来的（key,value），元素之间用逗号"，"分隔。元素定义的顺序就是它们的存储和输出顺序。有序字典就不再是普通的字典，而是顺序固定的字典了。

有序字典可以进行定义和增加元素、修改元素、删除元素、删除字典的操作。

【实例 6.13】有序字典操作示例。

```
#Example6.13

from collections import OrderedDict   #声明
>>>Opb=OrderedDict([("Lucy","1350111"), ("Bob", "1350222"), ("Mary",
"1350333")])   #定义
>>>Opb
OrderedDict([('Lucy', '1350111'), ('Bob', '1350222'), ('Mary', '1350333')])
>>>Opb["Lily"]= "1350444"   #增加有序字典元素
>>>Opb
OrderedDict([('Lucy', '1350111'),('Bob', '1350222'),('Mary', '1350333'),
('Lily', '1350444')])
>>>Opb["Lily"]= "1350999"   #修改有序字典元素的值
>>>Opb
OrderedDict([('Lucy', '1350111'),('Bob', '1350222'),('Mary', '1350333'),
('Lily', '1350999')])
>>>del Opb["Lucy"]   #删除有序字典元素
>>>Opb
OrderedDict([('Bob', '1350222'), ('Mary', '1350333'), ('Lily', '1350999')])
>>>del Opb   #删除有序字典
>>>Opb
NameError: name 'Opb' is not defined
```

📑 **说明：**

☑ 注意：在使用 OrderedDict()定义有序字典时，必须先声明 from collections import OrderedDict，否则系统报错：NameError: name 'OrderedDict' is not defined。

☑ Opb["Lily"]= "1350444"增加一个键为"Lily"的元素，自动增加到有序字典 Opb 的末尾。

☑ Opb["Lily"]= "1350999"修改字典元素的值，与普通字典操作一致，后值覆盖前面的值。

☑ del Opb["Lucy"]删除元素，则后续元素依次向前移动，顺序不变。

☑ del Opb 删除整个有序字典，内存中不再存在该字典，再次访问该字典的时候系统报错。

6.2 集 合

Python 中还有一种特殊的序列——集合，与数学里的集合一样，都是由一个或多个确定的元素所构成的整体。集合可以简单地理解成是一个只有键（Key）没有值（Value）的特殊字典。集合的元素是不可重复的。

6.2.1 集合的定义

集合的一般形式如下：

set_name= {elem1,elem2, ... }

集合所有元素用大括号"{}"括起来，元素之间用逗号（,）分隔。

字典有如下特性：

（1）集合元素必须是不可重复的，这点与对字典的键的要求一致。

（2）集合的元素应该是可哈希的类型，即不可变。字典、列表等可变类型不可以作为集合元素。

（3）普通集合是无序的，元素被定义时的顺序可能与存储和输出顺序不一致。

【实例 6.14】集合示例。

```
#Example6.14

>>>set1={1,2,3}    #定义元素类型一致的集合
>>>set1
{1,2,3}
>>>set2={1,"a",3,"b",2}    #定义元素类型不一致的集合
>>>set2
{1, 2, 'a', 3, 'b'}
>>>set3={2,4,6,8,4,8}    #定义有重复元素的集合
>>>set3
{2, 4, 6, 8}
>>>set4={1,[2,3],{4:5,6:7}}
TypeError: unhashable type: 'list'
```

```
>>>set5={}    #定义空字典
>>>set5
{}
```

🏴 **说明：**

☑ 集合元素类型可以多样。

☑ 普通集合是无序的，定义的顺序和存储、输出顺序可能会不一致。

☑ set3={2,4,6,8,4,8}定义有重复元素的集合，重复多次也只被当作一个元素，结果是 {2, 4, 6, 8}。

☑ set4={1,[2,3],{4:5,6:7}}的元素含有列表和字典类型，这两个类型都是不可哈希的类型，即可变的，所以系统报错。注意：某数据"不可哈希"(unhashable)就是指其可变。

☑ set5={}原意是定义一个空集合，但是 Python 中默认{}是空字典，而不是空集合。空集合的创建方法将在后面小节里介绍。

6.2.2 集合的基本操作

集合作为无序序列支持序列的基本操作，包括创建集合、增加元素、删除元素、删除整个集合、成员资格判断 in，以及数学中的集合交、并、补、异或等运算。还可以用 for 循环完成集合的遍历。

1. 集合的一些基本操作

● set()函数

语法：set()

创建空集合，打印输出这个空集合显示为 set()而不是{}。注意空字典与空集合定义方式的不同，Python 中默认{}表示一个空字典，如果想要定义一个空集合就必须使用集合的构造函数 set()。

● in 命令

语法：elem in set_name

如果元素 elem 在集合 set_name 中返回值为 True，否则返回值为 False。成员资格判断命令 in 适用于所有序列类型数据，集合中使用 in 的方式与其他序列中一致。

● del 命令

语法：del set_name

删除集合 set_name，真正意义上从内存中删除整个集合。

【实例 6.15】集合基本操作示例。

```
#Example6.15

>>>set1=set()    #定义空集合
>>>set1
set()
>>>set2={1,2,3,4,5}
>>>5 in set2    #成员资格判断
True
```

```
>>>0 in set2    #成员资格判断
False
>>>del set1    #删除集合
>>>set1
NameError: name 'set1' is not defined
```

📇 说明：

☑ 定义空集合 set1，输出 set1 时显示为 set()而不是{}。

☑ 成员资格判断 in 命令的结果为 True 或者 False，与其他序列的 in 命令一致。

☑ del set1 删除集合 set1，删除后再输出 set1 系统提示 NameError 的错误。

2. 集合的方法

集合也有自己的独特方法，包括增加元素.add()方法、.update()方法，删除元素.pop()方法、.remove()方法、.clear()方法。

● .add()方法

语法：set_name.add(elem)

向集合 set_name 中增加元素 elem，无返回值，如果希望看到增加元素后的集合，可以打印输出集合。

● .update()方法

语法：set_name.update(setx)

更新集合 set_name，向其中增加另一个集合 setx 的元素，更新后的集合 set_name 长度增加 len(setx)。

.update()方法与.add()方法不同的是前者增加了一个集合的所有元素，后者只增加一个元素。

【实例 6.16】向集合增加元素示例。

```
#Example6.16

>>> set1={1,2,"b","a"}        #定义集合
>>> set1.add("c")             #向集合增加一个元素
>>> set1
{1, 2, 'a', 'b', 'c'}
>>> set1.add([3])             #向集合增加一个列表
TypeError: unhashable type: 'list'
>>> set1.update({3,4,5})     #向集合增加另一个集合的所有元素
>>> set1
{1, 2, 3, 4, 5, 'a', 'b', 'c'}
>>> set2={7,6}
>>> set2.update(set1)
>>> set2
{1, 2, 3, 4, 5, 6, 7, 'a', 'b', 'c'}
```

131

📇 说明：

☑ set1.add("c")向集合 set1 中增加一个元素字符"c"，set1 变为{1, 2, 'a', 'b', 'c'}，可见

集合是无序的。

☑ set1.add([3])向集合中增加一个元素，该元素是列表，系统报错，因为列表是不可哈希的，不可以作为集合的元素。

☑ set1.update({3,4,5})将集合{3,4,5}所有元素增加到集合 set1 中，set1 更新后变为{1, 2, 3, 4, 5, 'a', 'b', 'c'}。

☑ set2.update(set1)向集合 set2 中增加集合 set1 的所有元素，参数为 set1，与直接以集合{1, 2, 3, 4, 5, 'a', 'b', 'c'}为参数的效果一样。

● .pop()方法

语法：set_name.pop()

从集合 set_name 中任意选择一个元素删除，并返回该值。与其他方法不同的是.pop()方法删除的元素是随机的，不可以指定的，集合中的任意元素都有可能。如果集合是空的，则返回错误提示信息。

● .remove()方法

语法：set_name.remove(elem)

删除集合 set_name 的指定元素 elem，没有返回值，直接从内存中删除。如果 elem 不是集合中的元素，则系统报错。

● .clear()方法

语法：set_name.clear()

清空集合 set_name，即删除集合的所有元素，没有返回值。清空后的集合是个空集合 set()。

上述三种删除集合元素的方法与 del 命令相比更加灵活，因为 del 命令只能删除整个集合，而不是集合元素。可以根据需要来选择合适的方法完成删除操作。

【实例 6.17】删除集合元素示例。

```
#Example6.17

>>> set1={3,1,"b","a",7,2,6}      #定义集合
>>> set1
{1, 2, 3, 6, 7, 'a', 'b'}
>>> set1.pop()     #随机删除集合元素
1
>>> set1
{2, 3, 6, 7, 'a', 'b'}
>>> set1.remove(6)
>>> set1
{2, 3, 7, 'a', 'b'}
>>> set1.remove(8)
KeyError: 8
>>> set1.clear()
>>> set1
set()
>>>del set1
>>>set1
NameError: name 'set1' is not defined
```

说明：

☑ set1.pop() 随机返回集合的一个元素，并从集合中删除该元素。

☑ set1.remove(8)删除集合中不存在的元素时，系统报错。

☑ set1.clear()清空集合所有元素，使得 set1 变为空集合 set()。

☑ del set1 从内存中彻底删除 set1，删除后再访问 set1，系统报错。

3. 集合的运算

与数学中的集合非常相似，Python 支持两个集合的运算，包括子集判断 "<"、并运算 "|"、交运算 "&"、补运算 "-"、异或运算 "^" 等。

● 子集判断

语法：setA<setB

如果集合 setA 是集合 setB 的子集返回 True，否则返回 False。

除了使用 "<" 来判断子集，还可以用集合.issubset()方法来实现子集判断。

语法：setA.issubset(setB)

如果集合 setA 是集合 setB 的子集返回 True，否则返回 False。

【实例 6.18】集合子集判断操作示例。

```
#Example6.18

>>> set1={3,1,"b","a",7,2,6}
>>> set2={3,1,"a"}
>>> set2<set1    #判断集合 set2 是集合 set1 的子集
True
>>> set2.issubset(set1)    #.issubset()方法判断子集
True
>>> set1.issubset(set2)
False
```

说明：

☑ set2<set1 判断 set2 是否为 set1 的子集，返回布尔值。

☑ set2.issubset(set1)使用.issubset()方法判断 set2 是否为 set1 的子集，返回布尔值。

● 集合并运算

语法：setA|setB

返回集合 setA 与集合 setB 的并集，不是对这两个集合任一集合的扩充，而是产生一个新集合。

除了使用 "|" 完成集合并运算，还可以使用集合的.union()方法。

语法：setA.union(setB)

生成一个新的集合对象，并不是对集合 setA 的扩充。

【实例 6.19】集合并运算操作示例。

```
#Example6.19
```

```
>>> set1={3,4,"b","a"}
>>> set2={2,1,"c"}
>>>set1|set2    #集合并运算
{1, 2, 3, 4, 'a', 'b', 'c'}
>>>set1
{'a', 'b', 3, 4}
>>>set2
{1, 2, 'c'}
>>>set1.union(set2)    #.union()方法集合并运算
{1, 2, 3, 4, 'a', 'b', 'c'}
>>>set1
{'a', 'b', 3, 4}
>>>set2
{1, 2, 'c'}
```

📄 说明：

☑ set1|set2 返回两个集合合并的结果{1, 2, 3, 4, 'a', 'b', 'c'}，但是两个集合自身都没有改变。

☑ set1.union(set2)返回集合 set1 与 set2 合并的结果，两个集合自身没有改变，效果与"|"运算符一致。

● 集合交运算

语法：setA&setB

返回集合 setA 与集合 setB 的交集，两个集合共同元素作为新集合的元素，这两个集合本身没有发生改变。

除了使用"&"完成集合交运算，还可以使用集合.intersection()方法。

语法：setA.intersection(setB)

生成一个新的集合对象，存放集合 setA 与 setB 的共同元素。

【实例 6.20】集合交运算操作示例。

```
#Example6.20

>>> set1={3,4,"b","a"}
>>> set2={3,1,"a"}
>>>set1&set2    #集合交运算
{'a', 3}
>>> set1
{'a', 'b', 3, 4}
>>> set2
{'a', 1, 3}
>>> set1.intersection(set2)    #.intersection()方法完成集合交运算
{'a', 3}
>>> set1
{'a', 'b', 3, 4}
>>> set2
{'a', 1, 3}
```

📄 说明：

☑ set1&set2 返回两个集合求交集的结果{'a', 3}，但是两个集合自身都没有改变。

☑ set1.union(set2)返回集合 set1 与 set2 的交集{'a', 3}，两个集合自身没有改变，效果与 "&" 运算符一致。

● 集合差运算

语法：setA-setB

返回集合 setA 相对于集合 setB 不同的部分组成的集合。差运算就是求补集的运算，但是对两个集合本身没有影响。

除了使用 "-" 完成集合差运算，还可以使用集合.difference()方法。

语法：setA.difference (setB)

生成一个新的集合对象，存放集合 setA 中有而集合 setB 中没有的元素，对两个集合本身没有影响。

【实例 6.21】集合差运算操作示例。

```
#Example6.21

>>> set1={3,4,"b",2,"a"}
>>> set2={2,1,"a"}
>>>set1-set2    #集合差运算
{'b', 3, 4}
>>>set2-set1    #集合差运算
{1}
>>> set1
{2, 3, 4, 'a', 'b'}
>>> set2
{'a', 1, 2}
>>>set1.difference(set2)    #.difference()方法完成集合差运算
{'b', 3, 4}
>>>set2.difference(set1)    #.difference()方法完成集合差运算
{1}
>>> set1
{2, 3, 4, 'a', 'b'}
>>> set2
{'a', 1, 2}
```

📲 说明：

☑ set1-set2 与 set2-set1 结果是不同的，但都是从前面的集合里剔除后面集合里存在的元素，而两个集合自身都没有改变。

☑ set1.difference(set2)与 set2.difference(set1)结果不同，但是两个集合自身没有改变，效果与 "-" 运算符一致。

● 集合异或运算

语法：setA^setB

异或运算也称为对称差集运算，返回集合 setA 不同于集合 setB 的部分与集合 setB 不同于集合 setA 的部分组合在一起的集合。也可以看作是(setA|setB)- (setA&setB)，对两个集合本身没有影响。

除了使用 "^" 完成集合异或运算，还可以使用集合. symmetric_difference ()方法。

语法：setA.symmetric_difference (setB)

生成一个新的集合对象，存放集合 setA 不同于集合 setB 的部分与集合 setB 不同于集合 setA 的部分组合在一起的集合，对两个集合本身没有影响。

【实例 6.22】集合异或运算操作示例。

```
#Example6.22

>>> set1={3,4,"b",2,"a"}
>>> set2={2,1,"a"}
>>>set1^set2    #集合异或运算
{1, 3, 4, 'b'}
>>> set1
{2, 3, 4, 'a', 'b'}
>>> set2
{'a', 1, 2}
>>>set1. symmetric_difference(set2)    #.symmetric_differenc()方法完成集
合异或运算
{1, 3, 4, 'b'}
>>> set1
{2, 3, 4, 'a', 'b'}
>>> set2
{'a', 1, 2}
```

📖 说明：

☑ set1^set2 与 set2-set1 结果是相同的，返回(setA|setB)- (setA&setB)。而两个集合自身都没有改变。

☑ set1. symmetric_difference(set2)返回(setA|setB)- (setA&setB)。而两个集合自身没有改变，效果与"^"运算符一致。

4. 集合的遍历

集合相当于是没有"键"的字典，与列表和元组也很相似，只是元素用大括号括起来。集合可以包含多个元素，如果想快速地把集合的每一个元素都访问一遍，可以采用 for 循环的形式。

【实例 6.23】集合元素的遍历示例。

```
#Example6.23.py

setx={3,1,"hello",2.5}
for i in setx:
    print(i,end=",")
```

【运行结果一】

```
1,2.5,3,hello,
```

📖 说明：

☑ 本题是利用 for 循环进行集合元素的遍历，类似于列表和元组元素的遍历。

6.2.3　不可变集合

前面介绍的集合是可以原地修改的，即可变集合，是不可哈希的。还有一种集合是不可原地修改的，即不可变的集合或者冰冻集合（frozenset），是可哈希的。

创建不可变集合可以使用集合的 frozenset()函数，基本形式如下：

frozenset ([iterable])

返回 iterable 的不可变集合，它的所有元素是不可变的。iterable 是可选的，当存在时，返回相应不可变集合；当不存在时，返回空不可变集合。

不可变集合顾名思义就是元素不允许修改的集合，所以前面介绍的集合元素的增加、删除的方法是不适用的，否则系统报属性错误（AttributeError）。但是对其他简单的基本操作是支持的。

【实例 6.24】不可变集合操作示例。

```
#Example6.24

>>> fset=frozenset("hello")    #定义不可变集合
>>> fset
frozenset({'e', 'h', 'l', 'o'})
>>> len(fset)    #不可变集合求长度
4
>>> "o" in fset    #不可变集合成员资格判断
True
>>> fset.add('m')    #向不可变集合增加元素
AttributeError: 'frozenset' object has no attribute 'add'
>>> fset.remove('h')    #从不可变集合删除元素
AttributeError: 'frozenset' object has no attribute 'remove'
>>>del fset    #整体删除不可变集合
>>>fset
NameError: name 'fset' is not defined
```

📖 说明：

☑ 可以对不可变集合进行基本的操作，包括求长度、成员资格判断等。

☑ 创建不可变集合就是元素被"冻住"的集合，不允许再对集合元素做任何修改，包括增加、删除元素的操作都是不被允许的。

☑ 虽然不能删除不可变集合的元素的，但是可以整体删除不可变集合。

6.3　本 章 小 结

本章介绍了字典的定义、特点，重点介绍字典的基本操作和特有的方法，还提到了有序字典这个概念。字典比列表和元组的形式更复杂，每个元素是一个"键-值"对，可以根据需要访问键或者值。字典适用于数据量较大的数据集的存储，因为采用哈希表的结构，如果索引访问不能满足需求，可以考虑使用字典处理具有映射关系的数据。

本章还介绍了集合的定义、特点，重点介绍集合的基本操作，还提及不可变集合。对于那些需要进行并、交、补、异或等数学运算的数据集，应该使用集合。对于不允许有重复元素的数据集，也可以考虑采用集合，因为集合的元素是不允许重复的。

本章还介绍了采用 for 循环完成字典和集合元素的遍历。

6.4 习　　题

一、单项选择题

1. 通过姓名查找电话号码的电话簿系统，使用下列哪种数据类型存储较为合理？（　　　）

  A. 集合　　　　　　　　B. 字典　　　　　　　C. 列表　　　　　　　D. 元组

2. 下列数据类型不可以作为字典的键（Key）的是（　　　）。

  A. 数字　　　　　　　　B. 字符串　　　　　　C. 列表　　　　　　　D. 元组

3. 给定一个字典 dict1 = {'key1':'value1', 'key2':'value2', 'key3':'value3'}，执行下列语句后，不会产生错误的是（　　　）。

  A. dict1.key3　　　　　　　　　　　　　B. del dict1['key3']
  C. del dict1.get('key4')　　　　　　　　D. dict1[key1]

4. 下列适合于批量增加字典元素的做法是（　　　）。

  A. 使用"[ ]"逐一添加　　　　　　　　　B. 使用.add()方法添加
  C. 使用.update ()方法添加　　　　　　　D. 使用.pop()方法添加

5. 给定一个字典 dict1={"张一":21,"李二":22,"王三":21,"赵四":24}，下列语句可以删除"王三"这个元素的是（　　　）。

  A. del dict1["李三"]　　　　　　　　　　B. del dict1[王三]
  C. dict1.remove("王三")　　　　　　　　D. dict1.del("王三")

6. 下列不属于 Python 的内建数据类型，需要导入相应的模块才可以使用的是（　　　）。

  A. 字典　　　　　　　　B. 有序字典　　　　　C. 集合　　　　　　　D. 不可变集合

7. 下列属于有序序列的类型是（　　　）。

  A. 字典　　　　　　　　B. 集合　　　　　　　C. 列表　　　　　　　D. 不可变集合

8. 下列可以用来判断一个元素是否包含在字典里的关键字是（　　　）。

  A. del　　　　　　　　　B. in　　　　　　　　C. for　　　　　　　　D. pop

9. 下列可以用来删除一个字典元素的关键字是（　　　）。

  A. del　　　　　　　　　B. in　　　　　　　　C. for　　　　　　　　D. pop

10. 执行以下代码的输出结果是（　　　）。

```
dict1={"张一":21,"李二":22,"王三":21,"赵四":24}
print(dict1.keys())
```

  A. dict_keys(['张一', '李二', '王三', '赵四'])

  B. ['张一', '李二', '王三', '赵四']

  C. {'张一', '李二', '王三', '赵四'}

  D. ('张一', '李二', '王三', '赵四')

11. 可以交、并、补、异或运算的是（　　　　）。

    A. 元组　　　　　　　　B. 字典　　　　　　　C. 列表　　　　　　　D. 集合

12. 有两个集合，想要获得两个集合的共有元素，应该执行的操作是（　　　　）。

    A. 并集（|）　　　　　　　　　　　　B. 交集（&）

    C. 异或（^）　　　　　　　　　　　　D. 补集（-）

13. 要想获得两个集合的所有元素，应该执行的操作是（　　　　）。

    A. 并集（|）　　　　　　　　　　　　B. 补集（-）

    C. 异或（^）　　　　　　　　　　　　D. 交集（&）

14. 下列代码可以创建一个空集合的是（　　　　）。

    A. eset = {}　　　　　　　　　　　　B. eset = set({})

    C. eset = ({})　　　　　　　　　　　D. eset = dict({})

15. 给定一个集合 setx= {'elem1','elem2','elem3','elem4'}，下列语句可以成功增加一个集合元素的是（　　　　）。

    A. setx.update('elem5')　　　　　　　B. setx.append('elem5')

    C. setx.add('elem5')　　　　　　　　D. setx[4] = 'elem5'

16. 语句 seta = {3,2,5,4,3,1, 'a', 'ab'} 所创建的集合，包含元素的个数是（　　　　）。

    A. 6 个　　　　　　　B. 7 个　　　　　　　C. 5 个　　　　　　　D. 8 个

17. 执行以下代码的输出结果是（　　　　）。

```
A= {'a' , 'b' , 'c' , 'd' , '2'}
B= {'1' , '2' , '3' , '4' , 'b'}
print(A&B)
```

    A. {'a', 'c', 'd'}　　　　　　　　　　B. {'1', '3', '4', 'a', 'c', 'd'}

    C. {'1', '2', '3', '4', 'a', 'b', 'c', 'd'}　　D. {'2', 'b'}

18. 执行以下代码的输出结果是（　　　　）。

```
A= {'a' , 'b' , 'c' , 'd' , '2'}
B= {'1' , '2' , '3' , '4' , 'b'}
print(A^B)
```

    A. {'a', 'c', 'd'}　　　　　　　　　　B. {'1', '3', '4', 'a', 'c', 'd'}

    C. {'1', '2', '3', '4', 'a', 'b', 'c', 'd'}　　D. {'2', 'b'}

19. 要想元素不可以改动，则需要创建（　　　　）。

    A. 不可变集合　　　B. 有序字典　　　　C. 字典　　　　　　　D. 集合

20. 创建不可变集合的方法为（　　　　）。

    A. set()　　　　　　　　　　　　　　B. UnchangableSet()

    C. OrderedSet()　　　　　　　　　　D. frozenset()

二、判断题

1. 列表类型可以作为字典的键（Key）。（　　　　）

2. 字符串可以作为字典的键（Key）。（　　　　）

3. 向字典中增加元素的时候，如果增加的键在字典中已经存在，则该键对应的值也不会被增加到字典中。（　　　　）

4. 使用 dict1[Key] = Value 就可以在原字典末尾添加一个新的字典元素。（　　　　）

5. dict1[Key] = Value 与 dict1.add([Key]:Value)一样，都可以实现字典元素的增加。
（　　　）

6. 可以使用 OrderedDict()直接创建有序字典无须导入任何模块。（　　　）

7. 语句 set1={}可以成功创建一个空集合。（　　　）

8. 语句 set1= {'elem1','elem5','elem3','elem5','elem4'}创建了一个包含 4 个元素的集合。
（　　　）

9. 和字典一样，可以使用"[ ]"访问一个集合元素。（　　　）

10. 集合里面的元素是无序的、不可重复的。（　　　）

三、编程题

1. 输入 5 名学生的姓名和成绩构成的字典，输出其中的最高分、最低分及平均分。

2. 创建有 5 个元素的集合 setA={22,317,45,28,93}，并输出集合中所有的奇数。

第 **7** 章

函　数

本章主要介绍 Python 程序设计的模块化编程思想、函数的定义和调用、嵌套调用和递归调用、函数参数列表、变量作用域等。

本章要求掌握 Python 语言函数的概念、定义和调用，了解函数形参和实参的特点，掌握函数的嵌套和递归调用，并能熟练编写具有一定功能的函数，了解变量的生存周期和作用域。

学习目标：

▶▶ 函数的定义和调用
▶▶ 函数的参数和返回值
▶▶ 函数的嵌套和递归调用
▶▶ 函数参数列表
▶▶ 不定长参数列表
▶▶ 变量的分类

函数是可重复使用的，用来实现单一，或相关联功能的代码段。函数能提高应用的模块性和代码的重复利用率。Python 提供了许多内建函数，比如 print()、input()等。也允许用户根据需要自己创建函数，称为用户自定义函数。

7.1　函数的定义和调用

7.1.1　模块化编程思想

模块化是指在解决一个复杂问题时，自顶向下、逐步细化地把软件系统划分成若干个较小子模块的过程。每个子模块都能完成某种特定的功能，所有的模块按某种方式组装起来成为一个整体，就可以完成整个系统所要求的功能。

Python 语言程序使用若干个函数实现模块化编程。无论问题是复杂还是简单、规模是大还是小，用 Python 语言设计程序，核心任务只有一项，就是编写函数。

函数是一段具有特定功能的、可重用的语句组，用函数名来表示，并通过函数名进行功能调用。函数也可以看作为一段具有名字的子程序，可以在需要的地方调用执行，不需要在每个执行的地方重复编写这些语句。每次调用函数可以传递不同的参数作为输入，以实现对不同数据的处理。函数执行后，还可以返回相应的处理结果。

函数能够完成特定功能，对于函数调用者来说是黑盒的，无须了解函数内容实现过程，只要了解函数的输入输出方式即可。例如，调用 input()、print()等内建函数时，只要传递参数值和接收返回值即可。

使用函数主要有两个目的：**降低编程难度和增加代码复用**。

☑ **降低编程难度**。函数是一种功能抽象，利用它可以将一个复杂的大问题分解成一系列简单的小问题，然后将小问题继续划分成更小的问题。当问题细化到足够简单时，就可以分而治之，为每个小问题编写程序，并通过函数封装。各个小问题都解决了，大问题也就迎刃而解了。

☑ **增加代码复用**。函数可以在一个程序中的多个位置使用，也可以用于多个程序。当需要修改代码时，只需要在函数中修改一次，所有调用位置的功能便都更新了。这种代码重用降低了代码行数和代码维护难度。

7.1.2 函数的定义

Python 定义函数的语法格式如下：

```
def 函数名（ [形参列表] ）：
    函数体
    [ return [返回值列表] ]
```

📖 说明：

☑ Python 语言使用关键字 def 定义函数。

☑ 函数名是用户自定义的合法标识符。

☑ 函数名后面需要加一对小括号。

☑ 定义中出现的 "[]"，表示其中的内容是可选项。

☑ 形参列表用于接收来自数据源头，即调用函数时传达过来的实际参数值。

☑ 通过冒号和代码行的缩进表示函数体的包含关系。

☑ 当函数执行完毕后，需要向函数外传值时，使用 "return 返回值列表" 语句。

☑ 不带返回值列表的 return 相当于返回 None，表示结束函数的调用。

7.1.3 函数的调用

程序调用一个函数需要执行以下四个步骤。

（1）调用程序在调用处暂停执行；

（2）如果函数有形参，则在调用时将实参复制给函数的形参；

（3）执行函数体语句；

（4）函数调用结束给出返回值，程序回到调用前的暂停处继续执行。

函数定义之后，在没有被调用之前只是一段静态代码，不会执行，只有它被调用了，这段代码才被激活。即只有被调用之后，才能发挥它的功能。

函数定义的最终目的是为了被使用，函数的使用也称为函数的调用。函数的调用可以出现在允许表达式出现的任何地方。

函数调用时需要清楚以下三件事情。

☑ 要调用函数的名字是什么？

☑ 要传给函数的已知条件是什么？

☑ 函数执行结束后返回值的类型是什么？

考虑上面提到的三个因素，函数的调用形式如下：

[变量] = 函数名([实际参数列表])

📄 说明：

☑ 当发生函数调用时，实际参数（简称实参）称为数据源头，而数据的目的地是对应的形式参数（简称形参）。

☑ 实际参数列表由若干个用逗号间隔的实参组成，各实参用于向形参提供已知条件，实参可以是常量、变量、表达式或函数调用的返回值等。

☑ 对形式参数列表为空的函数进行调用时，没有实际参数列表。

☑ 为了成功地实现数据的传递，实际参数和形式参数的个数必须一致。

☑ 实参和形参可以同名，也可以异名。

【实例 7.1】简单函数定义和调用的例子。

```
#Example7.1.py

def sayHelloToAll():                            #①
    print('Hello everyone!')                    #②
    print('I Love Python!')                     #③

def sayHelloToCountry(name):                    #④
    print('hello ' + name + '!')                #⑤
    print('I Love ' + name + '!')               #⑥

sayHelloToAll()                                 #⑦
sayHelloToCountry('China')                      #⑧
```

【运行结果】

```
Hello everyone!
I Love Python!
Hello China!
I Love China!
```

📄 说明：

☑ 语句①和语句④，分别使用 Python 关键字 def 定义无参函数 sayHelloToAll()和有参函数 sayHelloToCountry(name)。

函　数

☑ 根据冒号和代码行的缩进关系，语句②③是 sayHelloToAll()的函数体语句，语句⑤⑥是 sayHelloToCountry(name)的函数体语句。

☑ 语句⑦调用函数 sayHelloToAll()。

☑ 语句⑧调用函数 sayHelloToCountry(name)，并传递字符串常量'China'给形参 name。

【实例 7.2】编写自定义函数 findMax()，实现从两个整数中查找最大值。

```
#Example7.2.py
def findMax(num1,num2):
    if num1 > num2:
        return num1                          #①
    else:
        return num2                          #②

a = 3
b = 5
c = 4
max = findMax(a,b)                           #③
print('最大值为%d'%(max))
print('最大值为%d'%( findMax(a,8)))          #④
print('最大值为%d'%( findMax(a+c,b)))        #⑤
print('最大值为%d'%( findMax(a, findMax(10,b)))) #⑥
```

【运行结果】

```
最大值为 5
最大值为 8
最大值为 7
最大值为 10
```

📖 说明：

☑ 执行语句①或语句②return 语句时，结束函数的调用并返回两个整数中的最大值。

☑ 语句③调用 findMax(a,b)函数时，传递两个变量 a、b 作为实参，并定义变量 max 接收函数的返回值。

☑ 语句④调用 findMax(a,8)函数时，传递变量 a 和常量 8 作为实参，并将函数的返回值直接用 print()打印输出。

☑ 语句⑤调用 findMax(a+c,b)函数时，传递表达式 a+c 的值和变量 b 作为实参。

☑ 语句⑥调用 findMax(a, findMax(10,b))函数时，传递变量 a 和调用函数 findMax(10,b)的返回值作为实参。

【实例 7.3】定义自定义函数 printStar()和 printSpace()打印出如下菱形图案。

```
   *
  ***
 *****
*******
 *****
  ***
   *
```

```
#Example7.3.py

def printStar(count):                           #①
    i = 1
    while i <= count:
        print('*',end='')
        i += 1
    print()

def printSpace(count):                          #②
    i = 1
    while i <= count:
        print(' ',end='')
        i += 1
row = 1
while row <= 4:
    printSpace(4 - row)                         #③
    printStar(2 * row - 1)                      #④
    row += 1

row = 1
while row <= 3:
    printSpace(row)                             #⑤
    printStar(7 - 2 * row)                      #⑥
    row += 1
```

📎 说明：

☑ 语句①自定义函数 printStar()的作用是在一行打印若干个"*"号。

☑ 语句②自定义函数 printSpace()的作用是在一行打印若干个空格。

☑ 把图形分成两部分来看待，前四行一个规律，在 while 循环内语句③④调用自定义函数；后三行一个规律，在 while 循环内语句⑤⑥调用自定义函数。

7.2 函数的参数和返回值

7.2.1 函数的参数

函数的参数分为形式参数和实际参数（简称形参和实参）两种，在本小节中进一步介绍形参和实参的作用，以及两者的对应关系，如表 7.1 所示。

表 7.1 形参与实参的特性对照表

形　　参	实　　参
出现在函数定义语句的首部	出现在函数调用语句的首部
是数据的接收者	是数据的提供者
只能是变量	可以是常量、变量或表达式等
在函数被调用之前，它只是一个形式，并不为其分配存储单元，故名"形参"	在函数调用之前系统已经为其分配存储单元，而且该存储单元内有实实在在确定的值，故名"实参"

7.2.2 关键字实参

关键字实参是传递给函数的"名称—值"对，直接在实参中将名称和值关联起来，因此向函数传递实参时不会混淆。

例如有如下代码：

```
def stuInfo(sno,sname):
    print('学生学号为：' + sno)
    print('学生姓名为：' + sname)


stuInfo('1001','孙悟空')                          #①
stuInfo(sno = '1002', sname = '猪八戒')           #②
stuInfo(sname = '沙悟净', sno = '1003')           #③
```

上述代码语句①调用函数 stuInfo()时，实参和形参一对一对应；语句②调用函数 stuInfo()时，使用关键字参数明确地指出了各实参对应的形参；语句③调用函数 stuInfo()时，使用关键字参数明确地指出了各实参对应的形参，并且无须按照形参的顺序传递实参。

代码运行结果如下：

```
学生学号为：1001
学生姓名为：孙悟空
学生学号为：1002
学生姓名为：猪八戒
学生学号为：1003
学生姓名为：沙悟净
```

关键字实参让用户无须考虑函数调用中的实参顺序，还清楚地指出了函数调用中各个值的用途。需要注意的是：使用关键字实参时，务必准确地指定函数定义中的形参名。

7.2.3 形参默认值

编写函数时，可给每个形参指定默认值。当调用函数给形参提供了实参时，Python 将使用指定的实参值；否则，将使用形参的默认值。因此，给形参指定默认值后，可在函数调用中省略相应的实参。使用默认值可简化函数调用，还可清楚地指出函数的典型用法。

例如有如下代码：

```
def stuInfo(sno,sname = '匿名'):
    print('学生学号为：' + sno)
    print('学生姓名为：' + sname)


stuInfo('1001','孙悟空')                          #①
stuInfo('1002')                                   #②
```

上述代码语句①调用函数 stuInfo()时，实参和形参一对一对应；语句②调用函数 stuInfo()时，没有给形参 sname 传值，sname 将使用默认值"匿名"。

代码运行结果如下：

学生学号为：1001
学生姓名为：孙悟空
学生学号为：1002
学生姓名为：匿名

需要注意的是：使用默认值时，在形参列表中必须先列出没有默认值的形参，再列出有默认值的实参。

7.2.4 函数的返回值

函数的返回值（或称函数值）是指函数被调用之后，执行函数体中的程序段所取得并返回的值。函数值只能通过 return 语句返回。

return 语句的一般形式为：

return 返回值列表

☑ 该语句的功能是计算并返回返回值列表的值。

☑ return 语句是返回语句，它可以结束函数体的执行。

☑ 无返回值的函数也可以使用 return 语句，但不能跟返回值，表示结束函数的调用。

【实例 7.4】计算三个整数的平均值。

```
#Example7.4.py
def averFun1():
    num1 = int(input('num1 = '))
    num2 = int(input('num2 = '))
    num3 = int(input('num3 = '))
    print('平均值为%.2f'%((num1 + num2 + num3) / 3))

def averFun2(num1,num2,num3):
    return (num1 + num2 + num3) / 3

def averFun3(num1,num2,num3):
    print('平均值为%.2f'%((num1 + num2 + num3) / 3))

averFun1()                                      #①
print('平均值为%.2f'%(averFun2(2,4,5)))          #②
averFun3(2,4,5)                                 #③
```

【运行结果】

```
num1 = 2✓
num2 = 4✓
num3 = 5✓
平均值为3.67
平均值为3.67
平均值为3.67
```

📖 **说明：**

☑ 自定义函数 averFun1()无形参、无返回值，三个整数的输入、计算平均值和打印都是在函数体中实现,语句①调用函数时无须传递实参和接收返回值。

☑ 自定义函数 averFun2()有形参、有返回值,语句②调用函数时需要传递实参和接收返回值。

☑ 自定义函数 averFun3()有形参、无返回值,语句③调用函数时需要传递实参,但无须接收返回值。

☑ 本题中三个自定义函数均满足题干要求,读者可以根据需要定义不同形式的函数。

7.3　函数的嵌套和递归调用

7.3.1　嵌套调用

Python 语言不允许出现函数的嵌套定义(即一个函数定义的内部不允许出现另一个函数的定义),因此各函数之间是平行的,不存在上一级函数和下一级函数的问题。但 Python 语言允许在一个函数的定义中出现对另一个函数的调用。这样就出现了函数的嵌套调用,即在被调函数中又调用其他函数,如图 7.1 所示。

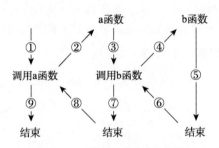

图 7.1　函数嵌套调用流程图

图 7.1 表示了两层函数嵌套调用的情形。其执行过程是:当执行调用 a 函数的语句时,主程序中断转去执行 a 函数;在 a 函数中调用 b 函数时,立即中断 a 函数的执行,转去执行 b 函数;b 函数执行完毕返回 a 函数的中断点继续执行;a 函数执行完毕返回主程序的中断点继续执行。

【实例 7.5】使用函数嵌套调用,从三个整数中查找最大值。

```python
#Example7.5.py

def maxTwo(num1,num2):
    if num1 > num2:
        return num1
    else:
        return num2

def maxThree(num1,num2,num3):
    max = maxTwo(num1,num2)                    #①
    return maxTwo(max,num3)                    #②

a = int(input('a = '))
b = int(input('b = '))
```

```
c = int(input('c = '))
print('%d,%d,%d的最大值为%d'%(a,b,c,maxThree(a,b,c)))       #③
```

【运行结果】

```
a = 3
b = 5
c = 4
3,5,4 的最大值为 5
```

📑 **说明：**

- ☑ 定义函数 maxTwo()计算两个整数的最大值。
- ☑ 定义函数 maxThree()计算三个整数的最大值。
- ☑ 语句①将函数 maxThree()的形参 num1 和 num2，作为实参传递给函数 maxTwo()，计算最大值赋给 max。
- ☑ 语句②将函数 maxThree()的变量 max 和形参 num3，作为实参传递给函数 maxTwo()，计算最大值并返回。
- ☑ 语句③调用 maxThree()函数。

【实例 7.6】 $s = 1^2! + 2^2! + 3^2! + 4^2!$。

```
#Example7.6.py

def fac(n):
    i = 1
    sum = 1
    while i <= n:
        sum *= i
        i += 1
    return sum

def square(m):
    k = m * m
    f = fac(k)                                          #①
    return f

i = 1
sum = 0
while i <= 4:                                           #②
    sum += square(i)                                   #③
    i += 1
print(sum)
```

【运行结果】

```
20922790250905
```

📑 **说明：**

- ☑ 定义函数 fac()用来计算阶乘值。
- ☑ 定义函数 square ()先计算平方值，并将平方值 k 作为实参调用 fac()函数，见语句①，使用变量 f 接收 k 的阶乘值，最后通过 return 语句将值 f 返回。

☑ 语句②while 循环的条件判断为 True 时，则执行语句③调用 square()函数，实现计算 1、2、3、4 平方和阶乘的累加。

7.3.2 递归调用

一个函数在它的函数体内调用它自身称为**递归调用**（Recursive Function）。Python 语言允许函数的递归调用，递归调用是一种特殊的嵌套调用。递归函数既是主调函数，也是被调函数。执行递归函数将反复调用其自身，每调用一次就进入新的一层。

递归函数必须遵循两个条件：一是必须是自己调用自己；二是必须有一个明确的递归结束条件，即为递归出口。

例如，有递归函数 printNum()，打印输入 3、2、1，代码如下：

```
def printNum(num):
    print(num)
    if num == 1:
        return
    printNum(num-1)                                    #①

printNum(3)
```

该函数的语句①自己调用自己，所以是一个递归函数。

递归算法的常见解题思路是：

（1）把一个不能或不好直接求解的"大问题"转化成一个或几个"小问题"来解决；

（2）再把这些"小问题"进一步分解成更小的"小问题"来解决；

（3）如此分解，直至每个"小问题"都可以直接解决（此时分解到递归出口）。但递归分解不是随意的分解，递归分解要保证"大问题"与"小问题"相似，即求解过程与环境都相似。

【实例 7.7】有 5 个人坐在一起，问第 5 个人多少岁？他说比第 4 个人大两岁。问第 4 个人岁数，他说比第 3 个人大两岁。问第 3 个人，他说比第 2 人大两岁。问第 2 个人，他说比第 1 个人大两岁。最后问第 1 个人，他说是 10 岁。请问第 5 个人多大？

```
#Example7.7.py

def age(n):                                            #①
    if n == 1:                                         #②
        return 10                                      #③
    else:
        return age(n - 1) + 2                          #④

print('第 5 个人的年龄为%d 岁.'%age(5))                  #⑤
```

【运行结果】

第 5 个人的年龄为 18 岁.

📖 说明：

☑ 使用 def 关键字定义函数 age(n)，形参 n 表示第 n 个人。

☑ 如果语句②if的条件判断为True，则表示要计算的是第1个人的年龄，而第1个人的年龄是已知条件，所以此时递归进行到终止条件，执行语句③返回值10岁。

☑ 如果语句②if的条件判断为False，则执行语句④函数的递归调用age(n–1)先计算第n–1个人的年龄，将第n–1个人的年龄+2后得到第n个人的年龄，通过return语句将结果返回。

☑ 语句⑤传递实参5，调用函数age()计算第5个人的年龄。

☑ 本实例参考代码的执行流程图如图7.2所示，递归程序的执行过程可以分为两大阶段：回溯阶段、递推阶段。

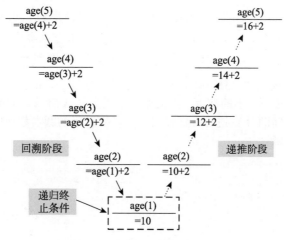

图7.2　实例7.7执行流程图

【实例7.8】分别使用非递归和递归函数计算整数区间[m,n]上所有整数之和。

```
#Example7.8.py

def sum(low,high):
    sum = 0
    for i in range(low,high+1):
        sum += i
    return sum

def sumRecur(low,high):
    if low == high:                              #①
        return low                               #②
    else:
        return sumRecur(low,high - 1) + high     #③

m = int(input('m = '))
n = int(input('n = '))
print(sum(m,n))                                  #④
print(sumRecur(m,n))                             #⑤
```

【运行结果】

m = 2⤶
n = 10⤶

```
54
54
```

📖 **说明：**

☑ 定义非递归函数 sum()，通过 for 循环计算[low,high]上所有整数之和。

☑ 定义递归函数 sumRecur()，计算[low,high]上所有整数之和。

☑ 当语句①if 的条件判断为 True 时，则表示区间内只有一个整数，即 low 和 high 相等，此时递归进行到终止条件，接着执行语句②；否则，执行语句③进行 sumRecur()函数的递归调用，先计算[low,high-1] 上所有整数之和，再将结果和 high 相加。

☑ 语句④调用非递归函数 sum()计算[low,high]上所有整数之和。

☑ 语句⑤调用递归函数 sumRecur()计算[low,high]上所有整数之和。

【实例 7.9】汉诺塔问题（**Hanoi**）。一块板上有 **3** 根针 **A**、**B** 和 **C**。**A** 针上套有 **n** 个大小不等的圆盘，大的在下，小的在上。要把这 **n** 个圆盘从 **A** 针移到 **C** 针上，每次只能移动一个圆盘，移动可以借助 **B** 针进行。任何时候、任何针上的圆盘都必须保持大盘在下、小盘在上。求移动的步骤。

```
#Example7.9.py

def Hanoi(n,x,y,z):
    if n == 1:                                       #①
        print('%c-->%c'%(x,z))                       #②
    else:
        Hanoi(n - 1,x,z,y)                           #③
        print('%c-->%c'%(x,z))                       #④
        Hanoi(n - 1,y,x,z)                           #⑤

discs = int(input('请输入圆盘数量: '))
Hanoi(discs,'A','B','C')
```

【运行结果】

```
请输入圆盘数量: 4↙
A-->B
A-->C
B-->C
A-->B
C-->A
C-->B
A-->B
A-->C
B-->C
B-->A
C-->A
B-->C
A-->B
A-->C
B-->C
```

☑ 函数 Hanoi() 是一个递归函数，包含 4 个形参 n、x、y、z。n 表示圆盘数，x、y、z 分别表示 3 根针。

☑ Hanoi() 函数的功能是把 x 上的 n 个圆盘移动到 z 上。

☑ 当语句①if 条件判断 n==1 为 True 时，直接把 x 上的圆盘移至 z 上，执行语句②输出 x→z。

☑ 当语句①if 条件判断 n==1 为 False 时，则分为三步：执行语句③递归调用 Hanoi() 函数，把 n-1 个圆盘从 x 移到 y；执行语句④输出 x→z；递归调用 Hanoi() 函数，执行语句⑤把 n-1 个圆盘从 y 移到 z。

☑ 递归调用过程中 n=n-1，故 n 的值逐次递减，最后 n=1 时，终止递归，逐层返回。

7.4　列表作为函数参数

向函数传递列表很有用，因为列表包含的可能是字符串、数字或更复杂的对象（如字典），使得函数传值更加灵活。将列表传递给函数后，函数就能直接访问其内容。

假设有一个用户列表，要问候其中的每位用户。下面的示例将一个名字列表传递给一个名为 greetUsers() 的函数，这个函数问候列表中的每个人：

```
def greetUsers(names):
    for name in names:
        print('你好, ' + name + '!')

usernames = ['刘备','关羽','张飞']
greetUsers(usernames)
```

将 greetUsers() 函数的形参定义成姓名列表 names。函数使用 for 循环语句遍历接收到的列表，并对其中的每位用户都打印一条问候语。定义了一个用户列表 usernames，然后调用 greetUsers()，并将这个列表传递给它。代码运行结果如下：

```
你好，刘备！
你好，关羽！
你好，张飞！
```

7.4.1　在函数中修改实参列表

将列表传递给函数后，函数就可对其进行修改。在函数中对这个列表所做的任何修改都是永久性的。

【实例 7.10】假设有一个国家列表，要求输出每一个国家的名字。

```
#Example7.10.py

def printCountry(names):
    print('names列表初始值为:{}'.format(names))
    while names:
```

```
        print(names.pop())
    print('names 列表现有值为:{}'.format(names))

countries = ['China','USA','Russia','German']
print('countries 列表初始值为:{}'.format(countries))
printCountry(countries)
print('countries 列表现有值为:{}'.format(countries))
```

【运行结果】

```
countries 列表初始值为:['China', 'USA', 'Russia', 'German']
names 列表初始值为:['China', 'USA', 'Russia', 'German']
German
Russia
USA
China
names 列表现有值为:[]
countries 列表现有值为:[]
```

📖 **说明：**

☑ 调用函数 printCountry()时，实参 countries 是一个列表，则形参 names 接收到一个列表。

☑ 列表的 pop()函数用于移除列表中的一个元素（默认最后一个元素），并且返回该元素的值。

☑ 使用 while 语句对 names 列表进行遍历，并依次移除最后一个元素，倒序输出列表中的国家名称。

☑ 将列表作为参数传入函数中去，那么在函数中任何对于列表的修改是永久性的。

☑ 当 names 列表所有元素都被移除后，names 列表为空，与此同时 countries 列表也为空。

【实例 7.11】 输出某运动队的运动员信息，并修改所属国家信息。

```
#Example7.11.py

def printPlayers(playerList):
    for player in playerList:                                #①
        if 'nationality' not in player.keys():              #②
            print("Player:"+player['name'] +" "+ "Age:" + str(player['age']))
        else:
            print("Player:"+player['name'] +" "+ "Age:" + str(player['age']) \
                                                            #③
                +" "+ "nationality:" + player['nationality'])

def updatePlayers(playerList,nationality):
    for player in playerList:
        player['nationality'] = nationality                 #④

player1 = {'name':'wangsan','age':23}                       #⑤
player2 = {'name':'lisi','age':24}                          #⑥
```

```
player3 = {'name':'zhaoliu','age':25}                          #⑦

player_list = [player1,player2,player3]                        #⑧

printPlayers(player_list)
updatePlayers(player_list,'中国队')
printPlayers(player_list)
```

【运行结果】

```
Player:wangsan Age:23
Player:lisi Age:24
Player:zhaoliu Age:25
Player:wangsan Age:23 nationality:中国队
Player:lisi Age:24 nationality:中国队
Player:zhaoliu Age:25 nationality:中国队
```

说明:

- ☑ 在函数 printPlayers()中，语句①使用 for 循环对列表 playerList 进行遍历。
- ☑ 语句②通过字典 player 的 keys()函数返回字典所有的键。
- ☑ 语句③的代码字符数量过长，通过"\"实现代码换行。
- ☑ 函数 updatePlayers()包含两个形参，为运动员列表 playLister 和国籍 nationality。
- ☑ 语句④对 for 循环遍历访问的字典 player 添加"nationality"和值。
- ☑ 语句⑤⑥⑦使用字典，定义了 3 个运动员的信息，包含名字和年龄。
- ☑ 语句⑧定义了包含 3 个运动员信息的列表 player_list。

【实例 7.12】定义函数从列表中查找最大值。

```
#Example7.12.py

def findMax(lst):
    max = lst[0]                                               #①
    for n in lst[1:]:                                          #②
        if max < n:
            max = n
    return max

def findMaxRecur(lst,length):
    if length == 1:                                           #③
        return lst[0]
    else:
        max = findMaxRecur(lst[:length-1],length-1)           #④
        if max > lst[length - 1]:
            return max
        else:
            return lst[length - 1]

def findMaxBinRecur(lst,low,high):
    if low == high:                                           #⑤
        return lst[low]
    mid = (low + high) // 2                                   #⑥
```

```
        maxLeft = findMaxBinRecur(lst,low,mid)              #⑦
        maxRight = findMaxBinRecur(lst,mid+1,high)          #⑧
        if maxLeft > maxRight:
            return maxLeft
        else:
            return maxRight
lst = [4,2,6,9,1,8,3,7,10,5]
print(findMax(lst))
print(findMaxRecur(lst,10))
print(findMaxBinRecur(lst,0,9))
```

【运行结果】

```
10
10
10
```

📖 说明：

☑ 在函数 findMax()中，语句①假设列表 lst 第一个元素值是最大值，语句②使用 for
循环对列表剩余元素进行遍历查找最大值。

☑ 在递归函数 findMaxRecur()中，当语句③条件判断成立时，表示列表 lst 长度为 1，
列表的唯一值就是最大值，递归结束。

☑ 语句④进行函数的递归调用。

☑ 在递归函数 findMaxBinRecur()中，使用二分递归思想进行查找最大值。

☑ 当语句⑤条件判断成立时，表示区间的下界和上界重叠，列表 lst 长度为 1，递归
结束。

☑ 语句⑥计算查找区间的中间点索引坐标值。

☑ 语句⑦在左半区间进行二分递归查找最大值。

☑ 语句⑧在右半区间进行二分递归查找最大值。

7.4.2 禁止函数修改实参列表

有时候，需要禁止函数修改列表。为解决这个问题，可向函数传递列表的副本而不是
原件；这样函数所做的任何修改都只影响副本，而丝毫不影响原件。

【实例 7.13】将实例 7.10 修改为禁止函数修改实参列表。

```
#Example7.13.py

def printCountry(names):
    print('names 列表初始值为:{}'.format(names))
    while names:
        print(names.pop())
    print('names 列表现有值为:{}'.format(names))

countries = ['China','USA','Russia','German']
print('countries 列表初始值为:{}'.format(countries))
printCountry(countries[:])                              #①
```

```
print('countries 列表现有值为:{}'.format(countries))
```

【运行结果】

```
countries 列表初始值为:['China', 'USA', 'Russia', 'German']
names 列表初始值为:['China', 'USA', 'Russia', 'German']
German
Russia
USA
China
names 列表现有值为:[]
countries 列表现有值为:['China', 'USA', 'Russia', 'German']
```

📝 说明:

☑ 语句①调用函数 printCountry()时，实参 countries[:]是列表切片，则形参 names 接收到是实参列表 countries 的副本。

☑ 当 names 列表所有元素都被移除后，names 列表为空，而 countries 列表不变。

7.5　不定长参数列表

预先不知道函数需要接收多少个实参，Python 允许函数从调用语句中收集任意数量的实参。

Python 自定义函数中有两种不定长参数：第一种是*name，第二种是**name。加了星号"*"的参数会以元组（tuple）的形式导入，存放所有未命名的变量参数。加了两个星号"**"的参数会以字典 dict 的形式导入。

7.5.1　元组形式不定长参数

假设有一个函数 funA()，包含三个形参 a、b 和*lst，其中*tup 为元组形式的不定长参数，代码如下所示：

```
def funA(a, b, *tup):
    print(a)
    print(b)
    print(tup)
    print(tup[0])

funA(1, 2, 3, 5, 6, 7)
```

代码运行结果如下：

```
1
2
(3, 5, 6, 7)
3
```

从运行结果可以看出，1 和 2 传给了 a 和 b，而剩下的 3，5，6，7 四个数都以元祖的形式存入 tup 这个参数中。打印 tup 时，输出的是元组；打印 tup[0]时，输出一个元组元素。

【实例 7.14】使用元组不定长参数接收多个运动员信息。

```
#Example7.14.py

def printPlayersList(*tup):
    for player in tup:
        print(player)

player1 = {'name':'wangsan','age':23}
player2 = {'name':'lisi','age':24}
player3 = {'name':'zhaoliu','age':25}

printPlayersList(player1,player2,player3)                    #①
```

【运行结果】

```
{'name': 'wangsan', 'age': 23}
{'name': 'lisi', 'age': 24}
{'name': 'zhaoliu', 'age': 25}
```

说明：

☑ 在函数 printPlayersList()中，定义形参*tup 接收函数调用时传入的参数全部存储在这个变量中去，便可以像使用元组一样去操作它。

☑ 语句①调用函数 printPlayersList()时，传递三个运动员信息为实参。

7.5.2 字典形式不定长参数

假设有一个函数 funB()，包含三个形参 a、b 和**varDict，其中**varDict 为字典形式的不定长参数，代码如下所示：

```
def funB(a, b, **varDict):
    print(a)
    print(b)
    print(varDict)
    print(varDict['firstname'])

funB(1, 2, firstname = '悟空',lastname = '孙')
```

代码运行结果如下：

```
1
2
{'firstname': '悟空', 'lastname': '孙'}
悟空
```

从运行结果可以看出，1 和 2 传给了 a 和 b，而 firstname 和 lastname 这两个参数被以字典的形式存在的 varDict 中，打印 varDict 时，输出的是个字典；打印 varDict['firstname']时，输出的是字典的值。

【实例 7.15】使用字典形式不定长参数接收用户信息。

```
#Example7.15.py
```

```
def buildProfile(firstname, lastname, **userInfo):
    profile = {}
    profile['first_name'] = firstname                    #①
    profile['last_name'] = lastname                      #②
    for key, value in userInfo.items():                  #③
        profile[key] = value
    return profile

userProfile = buildProfile('悟空', '孙',location='花果山',category='石猴')
print(userProfile)
```

【运行结果】

```
{'first_name': '悟空','last_name': '孙', 'location': '花果山', 'category':
'石猴'}
```

📖 说明：

☑ 函数 buildProfile()的定义要求提供名和姓，同时允许用户根据需要提供任意数量的"名称—值"对。

☑ 形参**user_info 中的两个星号让 Python 创建一个名为 userInfo 的空字典，并将收到的所有"名称—值"对都封装到这个字典中。在这个函数中，可以像访问其他字典那样访问 userInfo 中的"名称—值"对。

☑ 在 buildProfile()的函数体内，创建了一个名为 profile 的空字典，用于存储用户简介。在语句①和②处，将名和姓加入到这个字典中，因为总是会从用户那里收到这两项信息。

☑ 在语句③处，遍历字典 userInfo 中的"名称—值"对，并将每个"名称—值"对都加入到字典 profile 中，最后将字典 profile 返回给函数调用行。

☑ 调用 buildProfile()，向它传递名（'悟空'）、姓（'孙'）和两个键—值对（location='花果山'和 category='石猴'），并将返回的 profile 存储在变量 userInfo 中，再打印这个变量。

7.6　lambda 函数

如果有些函数只是临时一用，而且它的业务逻辑也很简单时，就没必要非给它取个名字不可。Python 语言中使用 lambda 关键字定义**匿名函数**，又称 lambda 函数。匿名函数就是没有名字的函数。

lambda 匿名函数的格式：冒号前是参数，可以有多个，用逗号隔开，冒号右边为表达式。lambda 函数是使用 lambda 运算符创建的，其语法如下：

```
lambda 参数列表：表达式
```

📖 说明：

☑ 从函数命名的角度：匿名，直接返回可供调用的值。

☑ 从输入输出的角度：支持多个输入参数，也可以没有输入，但只支持一个表达式。

函　数

☑ 从函数功能的角度：结构简单，无须定义函数名，所能实现的功能极其受限。

☑ 从访问变量的角度：只支持访问 lambda 自己定义的变量，不支持外部变量访问。

☑ 从运行效率的角度：lambda 仍开辟了一个内存单元，并没有提升运行效率。

使用 lambda 函数，允许快速定义单行的最小函数，可以用在任何需要函数的地方。

```
def addFun(x,y):
    return x + y
print(addFun(3,4))

add = lambda x,y : x + y
print(add(3,4))
```

代码运行结果如下：

```
7
7
```

匿名函数可以在程序中任何需要的地方使用，但是这个函数只能使用一次，即一次性的。因此 Python lambda 函数也称为丢弃函数，它可以与其他内置函数（如 filter()、map()等）一起使用。

示例一：定义一个普通的 Python 函数并嵌入 lambda 函数，函数接收传入的一个参数 x。然后将此参数添加到 lambda 函数提供的某个未知参数 y 中求和。只要使用 new_func()，就会调用 new_func() 中存在的 lambda 函数。每次都可以将不同的值传递给参数。

```
def new_func(x):
    return (lambda y:x + y)
t = new_func(3)
u = new_func(2)
print(t(3))
print(u(3))
```

代码运行结果如下：

```
6
5
```

示例二：lambda 函数+filter 函数

Python 的 filter() 函数用于根据一定的条件对给定的列表进行过滤。使用示例如下：

```
my_list = [2,3,4,5,6,7,8]
new_list = list(filter(lambda a:(a / 3 == 2),my_list))
print(new_list)
```

输出结果为：

```
[6]。
```

此示例中 my_list 是一个列表，它作为参数传递给 filter 函数。此函数使用 lambda 函数检查列表中的值是否满足除以 3 等于 2 的条件，输出列表中满足条件的值。

示例三：lambda 函数+map 函数

Python 的 map() 函数是一个将给定的列表的值依次在所定义的函数关系中迭代并返回一个新列表。例如：

```
my_list = [2,3,4,5,6,7,8]
new_list = list(map(lambda a:(a / 3!= 2),my_list))
print(new_list)
```

代码运行结果如下：

```
[True, True, True, True, False, True, True]
```

示例四：lambda 函数+reduce 函数

Python 的 reduce()函数会对参数序列中元素进行累积。使用示例如下：

```
from functools import reduce
print(reduce(lambda a,b:a + b,[23,21,45,98]))
```

代码运行结果如下：

```
187
```

示例五：lambda 函数+sorted 函数

Python 的 sorted()函数对所有可迭代的对象进行排序操作，使用 lambda 函数指定对列表中所有元素的排序准则。使用示例如下：

```
print(sorted([1, 2, 3, 4, 5, 6, 7, 8, 9], key=lambda x: abs(5-x)))
```

代码运行结果如下：

```
[5, 4, 6, 3, 7, 2, 8, 1, 9]
```

此示例中，将列表[1, 2, 3, 4, 5, 6, 7, 8, 9]按照元素与 5 距离从小到大进行排序。

7.7 变量的作用域

变量作用域是指在程序中命名的变量在多大范围能够访问到它。在函数内部声明的变量，在函数外部是否能够访问？在模块中声明的变量，在函数内部是否能够访问？这些都是变量作用域要解决的问题。

Python 支持两种作用域的变量：**全局变量**和**局部变量**。

全局变量：定义在函数外部的变量拥有全局作用域，全局变量可以在模块内的函数内部使用，但需要遵循先声明后使用的原则。

局部变量：定义在函数内部的变量拥有局部作用域，局部变量只能在其被声明的函数内部访问，其作用域仅限于函数内部。

【**实例 7.16**】定义全局变量 **pi** 表示圆周率，分别定义函数计算圆的面积和周长。

```
#Example7.16.py

pi = 3.14                                          #①

def circleArea(radius):
    area = pi * radius * radius                    #②
    return area

def circlePerimeter(radius):
```

```
    peri = 2 * pi * radius                                    #③
    return peri

r = float(input('半径 = '))
print('半径为%.2f 的圆的面积为:%.2f,
       周长为%.2f.'%(r, circleArea(r),circlePerimeter(r)))
print(area)                                                   #④
```

【运行结果】

```
半径 = 1.5✓
半径为 1.50 的圆的面积为:7.06,周长为 9.42.
name 'area' is not defined
```

📖 说明:

☑ 语句①定义全局变量 pi, 其作用域是整个模块。

☑ 语句②和③使用全局变量 pi。

☑ 语句④在函数外部打印变量 area 的值,程序将报错。因为 area 是属于函数 circleArea() 的局部变量, 其作用域仅限于函数内部。

【实例 7.17】定义同名的全局变量和局部变量 **area**, 定义函数计算梯形的面积。

```
#Example7.17.py

area = 0;                                                     #①

def LadderArea( top, bottom, height ):
    area = (top + bottom) * height / 2                        #②
    print('函数内是局部变量 area:', area)                       #③
    return area;

LadderArea( 10, 20, 5 );
print('函数外是全局变量 area:', area)                           #④
```

【运行结果】

```
函数内是局部变量 area: 75.0
函数外是全局变量 area: 0
```

📖 说明:

☑ 语句①定义全局变量 area, 其作用域是整个模块。

☑ 语句②定义局部变量 area, 其作用域是函数内部。

☑ 语句③打印的是局部变量 area 的值。

☑ 语句④打印的是全局变量 area 的值。

☑ 当全局变量与局部变量同名时, 在定义局部变量的子程序内, 局部变量起作用; 在其他地方全局变量起作用。

【实例 7.18】定义函数计算梯形的面积, 使用 **global** 关键字将函数内部变量 **area** 显式声明为全局变量。

```
#Example7.18.py
```

```
area = 0;                                                    #①

def LadderArea( top, bottom, height ):
    global area                                              #②
    area = (top + bottom) * height / 2
    print('函数内是局部变量 area:', area)                      #③
    return area;

LadderArea( 10, 20, 5 );
print('函数外是全局变量 area:', area)                          #④
```

【运行结果】

```
函数内是局部变量 area: 75.0
函数外是全局变量 area: 75.0
```

📖 说明：

☑ 语句①定义全局变量 area，其作用域是整个模块。

☑ 语句②通过 global 关键字，将变量 area 显式声明为同名的全局变量。

☑ 语句③和语句④打印的都是全局变量 area 的值。

【实例 7.19】在函数内部操作列表类型全局变量。

```
#Example7.19.py

lst1 = []                                                    #①
lst2 = []                                                    #②

def funA(name, times):
    lst1.append(times)                                       #③
    return name * times

def funB(name, times):
    lst2 = []                                                #④
    lst2.append(times)                                       #⑤
    return name * times

s1 = funA('长江',6)
print(s1,lst1)

s2 = funB('黄河',3)
print(s2,lst2)
```

【运行结果】

```
长江长江长江长江长江长江 [6]
黄河黄河黄河 []
```

📖 说明：

☑ 语句①和语句②定义全局变量空列表 lst1 和 lst2。

☑ 当列表变量被方括号（[],无论是否为空）赋值时，这个列表才被真实创建，否则只是对之前创建列表的一次引用，所以语句③是对全局列表变量 lst1 的操作，而不是操作新创建的列表。

☑ 语句④定义了局部列表变量 lst2，语句⑤是对局部列表变量 lst2 进行操作，不会影响到全局列表变量 lst2 的值。

Python 函数对局部变量和全局变量的作用遵守如下原则：

（1）简单数据类型变量无论是否与全局变量重名，仅在函数内部创建和使用，函数退出后变量被释放，如有全局同名变量，其值不变。

（2）简单数据类型变量在用 global 关键字声明后，作为全局变量使用，函数退出后该变量保留且值被函数改变。

（3）对于列表等组合数据类型的全局变量，如果在函数内部没有被真实创建的同名变量，则函数内部可以直接使用并修改全局变量的值。

（4）如果函数内部真实创建了组合数据类型变量，无论是否有同名全局变量，函数仅对局部变量进行操作，函数退出后局部变量被释放，全局变量值不变。

7.8 Python 内置函数

Python 解释器内置了很多内置函数，可以在任何时候调用它们。

1. 数学运算类

☑ abs(x)：求绝对值。

☑ complex([real[,imag]])：创建一个复数。

☑ divmod(a,b)：分别取商和余数。

☑ float([x])：将一个字符串或数转换为浮点数。如果无参数将返回 0.0。

☑ int([x[,base]])：将一个字符转换为 int 类型，base 表示进制。

☑ long([x[,base]])：将一个字符转换为 long 类型，base 表示进制。

☑ pow(x,y[,z])：返回 x 的 y 次幂。

☑ range([start],stop[,step])：产生一个序列，默认从 0 开始。

☑ round(x[,n])：四舍五入。

☑ sum(iterable[,start])：对集合求和。

☑ oct(x)：将一个数字转化为八进制。

☑ hex(x)：将整数 x 转换为十六进制字符串。

☑ chr(i)：返回整数 i 对应的 ASCII 字符。

☑ bin(x)：将整数 x 转换为二进制字符串。

☑ bool([x])：将 x 转换为布尔类型。

2. 集合类操作

☑ basestring()：str 和 unicode 的超类。

☑ format(value [, format_spec])：格式化输出字符串。

☑ unichr(i)：返回给定 int 类型的 unicode。

☑ enumerate(sequence [, start = 0]): 返回一个可枚举的对象，该对象的 next() 方法将返回一个 tuple。

☑ iter(o[, sentinel]): 生成一个对象的迭代器，第二个参数表示分隔符。

☑ max(iterable[, args...][key]): 返回集合中的最大值。

☑ min(iterable[, args...][key]): 返回集合中的最小值。

☑ dict([arg]): 创建数据字典。

☑ list([iterable]): 将一个集合类转换为另外一个集合类。

☑ set(): set 对象实例化。

☑ frozenset([iterable]): 产生一个不可变的 set。

☑ str([object]): 转换为 string 类型。

☑ sorted(iterable[, cmp[, key[, reverse]]]): 对集合排序。

☑ tuple([iterable]): 生成一个 tuple 类型。

☑ xrange([start], stop[, step]): 返回一个 xrange 对象。

3. 逻辑判断

☑ all(iterable): 如果 iterable 的所有元素为真（或迭代器为空），返回 True。

☑ any(iterable): 如果 iterable 的任一元素为真，则返回 True；如果迭代器为空，返回 False。

4. 反射

☑ callable(object): 检查对象 object 是否可调用。

☑ classmethod(): 把一个方法封装成类方法。

☑ compile(source, filename, mode[, flags[, dont_inherit]]): 将 source 编译为代码或者 AST 对象。

☑ dir([object]): 如果没有实参，则返回当前本地作用域中的名称列表。如果有实参，它会尝试返回该对象的有效属性列表。

☑ delattr(object, name): 删除 object 对象名为 name 的属性。

☑ eval(expression [, globals [, locals]]): 计算表达式 expression 的值。

☑ exec(object[, globals[, locals]]): 这个函数支持动态执行 Python 代码。

☑ filter(function, iterable): 用 iterable 中函数 function 返回真的那些元素，构建一个新的迭代器。

☑ getattr(object, name [, defalut]): 获取一个类的属性。

☑ globals(): 返回一个描述当前全局符号表的字典。

☑ hasattr(object, name): 判断对象 object 是否包含名为 name 的特性。

☑ hash(object): 如果对象 object 为哈希表类型，返回对象 object 的哈希值。

☑ id(object): 返回对象的唯一标识。

☑ isinstance(object, classinfo): 判断 object 是否是 class 的实例。

☑ issubclass(class, classinfo): 判断是否是子类。

☑ len(s): 返回集合长度。

☑ locals(): 返回当前的变量列表。

☑ map(function, iterable, ...): 遍历每个元素，执行 function 操作。

☑ memoryview(obj): 返回一个内存镜像类型的对象。

☑ next(iterator[, default]): 类似于 iterator.next()。

☑ object(): 基类。

☑ property([fget[, fset[, fdel[, doc]]]]): 属性访问的包装类，设置后可以通过 c.x=value 等来访问 setter 和 getter。

☑ reduce(function, iterable[, initializer]): 合并操作，从第一个开始是前两个参数，然后是前两个的结果与第三个合并进行处理，以此类推。

☑ reload(module): 重新加载模块。

☑ setattr(object, name, value): 设置属性值。

☑ repr(object): 将一个对象变换为可打印的格式。

☑ slice(start, stop[, step]): 返回一个表示由 range(start, stop, step)所指定索引集的 slice 对象。

☑ staticmethod(): 声明静态方法，是个注解。

☑ super(type[, object-or-type]): 引用父类。

☑ type(object): 返回该 object 的类型。

☑ vars([object]): 返回对象的变量。若无参数，则与 dict()方法类似。

☑ bytearray([source [, encoding [, errors]]]): 返回一个 byte 数组。

☑ zip([iterable, ...]): 创建一个聚合了来自每个可迭代对象中的元素的迭代器。

5. IO 操作

☑ file(filename [, mode [, bufsize]]): file 类型的构造函数，作用是打开一个文件；如果文件不存在且 mode 为写或追加时，文件将被创建；添加'b'到 mode 参数中，将对文件以二进制形式操作；添加'+'到 mode 参数中，将允许对文件同时进行读写操作。

☑ input([prompt]): 获取用户输入。

☑ open(name[, mode[, buffering]]): 打开文件。

☑ print(): 打印函数。

☑ raw_input([prompt]): 设置输入都是作为字符串处理。

7.9 本 章 小 结

使用函数可以降低编程难度和增加代码复用。

Python 语言使用关键字 def 定义函数。

函数的参数分为形式参数和实际参数（简称形参和实参）两种。

允许在一个函数的定义中出现对另一个函数的调用，称为函数的嵌套调用。

一个函数在它的函数体内调用自身称为递归调用。

向函数的形参传递列表后，函数就能直接访问列表的内容。

Python 函数包含元组形式和字典形式不定长参数。

使用 lambda 关键字定义匿名函数，又称 lambda 函数。

定义在函数外部的全局变量拥有全局作用域，全局变量可以在模块内的函数内部使用，但需要遵循先声明后使用的原则。

定义在函数内部的局部变量拥有局部作用域，局部变量只能在其被声明的函数内部访问，其作用域仅限于函数内部。

Python 解释器内置了很多函数，可以在任何时候使用它们。

7.10 习　　题

一、单项选择题

1. 结构化程序设计主要强调的是（　　　）。

 A. 程序的可移植性   B. 程序的规模

 C. 程序的执行效率   D. 程序的易读性

2. 以下选项中，不属于结构化程序设计方法的是（　　　）。

 A. 可封装   B. 自顶向下   C. 逐步求精   D. 模块化

3. 关于函数的描述，错误的选项是（　　　）。

 A. Python 使用 del 保留字定义一个函数

 B. 函数能完成特定的功能，对函数的使用不需要了解函数内部实现原理，只要了解函数的输入输出方式即可

 C. 函数是一段具有特定功能的、可重用的语句组

 D. 使用函数的主要目的是减低编程难度和代码重用

4. 关于 Python 函数，以下选项中描述错误的是（　　　）。

 A. 函数是一段具有特定功能的语句组

 B. 函数是一段可重用的语句组

 C. 函数通过函数名进行调用

 D. 每次使用函数需要提供相同的参数作为输入

5. 关于函数作用的描述，以下选项中错误的是（　　　）。

 A. 复用代码

 B. 增强代码的可读性

 C. 降低编程复杂度

 D. 提高代码执行速度

6. 以下关于函数的描述，错误的是（　　　）。

 A. 函数是一种功能抽象

 B. 使用函数的目的只是为了增加代码复用

 C. 函数名可以是任何有效的 Python 标识符

 D. 使用函数后，代码的维护难度降低了

7. Python 中，函数定义可以不包括（　　　）。

 A. 函数名   B. 关键字 def

 C. 一对圆括号   D. 可选参数列表

8. 以下关于 Python 函数使用的描述，错误的是（　　　）。

    A. 函数定义是使用函数的第一步

    B. 函数被调用后才能执行

    C. 函数执行结束后，程序执行流程会自动返回到函数被调用的语句之后

    D. Python 程序里一定要有一个主函数

9. 以下选项中，对于函数的定义错误的是（　　　）。

    A. def vfunc(*a,b):   B. def vfunc(a,b):

    C. def vfunc(a,*b):   D. def vfunc(a,b=2):

10. 关于函数的参数，以下选项中描述错误的是（　　　）。

    A. 可选参数可以定义在非可选参数的前面

    B. 一个元组可以传递给带有星号的可变参数

    C. 在定义函数时，可以设计可变数量参数，通过在参数前增加星号（*）实现

    D. 在定义函数时，如果有些参数存在默认值，可以在定义函数时直接为这些参数指定默认值

11. 关于形参和实参的描述，以下选项中正确的是（　　　）。

    A. 函数定义中参数列表里面的参数是实际参数，简称实参

    B. 参数列表中给出要传入函数内部的参数，这类参数称为形式参数，简称形参

    C. 程序在调用时，将形参复制给函数的实参

    D. 函数调用时，实参默认采用按照位置顺序的方式传递给函数，Python 也提供了按照形参名称输入实参的方式

12. 以下关于函数参数和返回值的描述，正确的是（　　　）。

    A. 采用名称传参的时候，实参的顺序需要和形参的顺序一致

    B. 可选参数传递指的是没有传入对应参数值的时候，就不使用该参数

    C. 函数能同时返回多个参数值

    D. Python 支持按照位置传参也支持名称传参，但不支持地址传参

13. 以下关于函数参数传递的描述，错误的是（　　　）。

    A. 定义函数的时候，可选参数必须写在非可选参数的后面

    B. 函数的实参位置可变，需要形参定义和实参调用时都要给出名称

    C. 调用函数时，可变数量参数被当作元组类型传递到函数中

    D. Python 支持可变数量的参数，实参用"*参数名"表示

14. 以下程序的输出结果是（　　　）。

```
def fun1(a,b,*args):
    print(a)
    print(b)
    print(args)
fun1(1,2,3,4,5,6)
```

    A.

```
1
2
```

```
[3, 4, 5, 6]
```

B.

```
1,2,3,4,5,6
```

C.

```
1
2
3, 4, 5, 6
```

D.

```
1
2
(3, 4, 5, 6)
```

15. 以下程序的输出结果是（　　　）。

```
def f(x, y = 0, z = 0):
    pass

f(1, ,3)
```

A. pass   B. None   C. not   D. 出错

16. 以下程序的输出结果是（　　　）。

```
def func(num):
    num *= 2

x = 20
func(x)
print(x)
```

A. 40   B. 出错   C. 无输出   D. 20

17. 以下程序的输出结果是（　　　）。

```
def func(a,*b):
    for item in b:
        a += item
    return a

m = 0
print(func(m,1,1,2,3,5,7,12,21,33))
```

A. 33   B. 0   C. 7   D. 85

18. 以下程序的输出结果是（　　　）。

```
ab = 4
def myab(ab, xy):
    ab= pow(ab,xy)
print(ab,end=" ")

myab(ab,2)
print(ab)
```

A. 4 4   B. 16 16   C. 4 16   D. 16 4

19. 以下程序的输出结果是（　　　）。

```
def calu(x = 3, y = 2, z = 10):
    return(x ** y * z)

h = 2
w = 3
print(calu(h,w))
```

A. 90　　　　　　　　B. 70　　　　　　　C. 60　　　　　　　D. 80

20. 执行以下代码，运行错误的是（　　　）。

```
def fun(x,y='Name',z = 'No'):
    pass
```

A. fun(1,2,3)　　　　B. fun(1 3)　　　　C. fun(1)　　　　D. fun(1,2)

21. 执行以下代码，运行结果（　　　）。

```
def split(s):
    return s.split('a')

s = 'Happy birthday to you!'
print(split(s))
```

A. ['H', 'ppy birthd', 'y to you!']

B. "Happy birthday to you!"

C. 运行出错

D. ['Happy', 'birthday', 'to', 'you!']

22. 以下程序的输出结果是（　　　）。

```
def fun1():
    print('in fun1()')
    fun2()
    fun1()

def fun2():
    print('in fun2()')

fun1()
fun2()
```

A. in fun1()
   in fun2()

B. in fun1()

C. 死循环

D. 出错

23. 以下程序的输出结果是（　　　）。

```
def test( b = 2, a = 4):
    global z
    z += a * b
    return z

z = 10
print(z, test())
```

A. 18 None   B. 10 18
C. UnboundLocalError   D. 18 18

24. 以下程序的输出结果是（   ）。

```
def hub(ss, x = 2.0,y = 4.0):
    ss += x * y

ss = 10
print(ss, hub(ss, 3))
```

A. 22.0 None   B. 10 None   C. 22 None   D. 10.0 22.0

25. 下面代码的输出结果是（   ）。

```
def change(a,b):
    a = 10
    b += a

a = 4
b = 5
change(a,b)
print(a,b)
```

A. 10 5   B. 4 15   C. 10 15   D. 4 5

26. 以下程序的输出结果是（   ）。

```
def div(x, y):
    if y == 0:
        raise ZeroDivisionError("y 的值为 0")
    return x / y

print(div(100,2))
```

A. 程序报错   B. 50.0
C. (100,2)   D. ZeroDivisionError: y 的值为 0

27. （   ）函数是指直接或间接调用函数本身的函数。

A. 递归   B. 闭包   C. lambda   D. 匿名

28. 以下选项中，对于递归程序的描述错误的是（   ）。

A. 书写简单   B. 递归程序都可以有非递归编写方法
C. 执行效率高   D. 一定要有基例

29. 以下程序的输出结果是（   ）。

```
def factorial(n):
    if n == 1 :
        return 1
    return n * factorial(n - 1)

print(factorial(5))
```

A. 120   B. 20   C. 1   D. 5

30. 下面代码实现的功能描述的是（   ）。

```
def fun(n):
    if n == 1:
```

```
        return 1
    else:
        return n + fun(n-1)

num = eval(input('请输入一个整数：'))
print(fun(abs(int(num))))
```

A. 接收用户输入的整数 n，判断 n 是否是素数并输出结论

B. 接收用户输入的整数 n，判断 n 是否是完数并输出结论

C. 接收用户输入的整数 n，判断 n 是否是水仙花数

D. 接收用户输入的整数 n，输出 1 到 n 之和

31. （　　）表达式是一种匿名函数。

    A. lambda   B. map   C. filter   D. zip

32. 使用（　　）函数接收用户输入的数据。

    A. accept()   B. input()   C. readline()   D. login()

33. （　　）可以返回 x 的整数部分。

    A. math.ceil()   B. math.fabs()

    C. math.pow(x,y)   D. math.trunc(x)

34. （　　）函数用于将指定序列中的所有元素作为参数调用指定函数，并将结果构成一个新的序列返回。

    A. lambda   B. map   C. filter   D. zip

35. （　　）函数以一系列列表作为参数，将列表中对应的元素打包成一个个元组，然后返回由这些元组组成的列表。

    A. lambda   B. map   C. filter   D. zip

36. 关于 lambda 函数，以下选项中描述错误的是（　　）。

    A. lambda 不是 Python 的保留字

    B. lambda 函数也称为匿名函数

    C. lambda 函数将函数名作为函数结果返回

    D. 定义了一种特殊的函数

37. 关于 Python 的 lambda 函数，以下选项中描述错误的是（　　）。

    A. 可以使用 lambda 函数定义列表的排序原则

    B. f = lambda x,y:x+y 执行后，f 的类型为数字类型

    C. lambda 函数将函数名作为函数结果返回

    D. lambda 用于定义简单的、能够在一行内表示的函数

38. 下面代码的输出结果是（　　）。

```
>>>g = lambda x ,y: x * y
>>> g(2, 3)
```

    A. 5   B. 1   C. 2   D. 6

39. list(map(lambda x : x + 1, [1, 2, 3]))的结果是（　　）。

    A. [2, 3, 4]   B. <map object at 0x7fc6c9d1f780>

    C. [1,2,3]   D. 以上都不对

40. 假设函数中不包括 global 保留字，对于改变参数值的方法，以下选项中错误的是（   ）。

   A. 参数是列表类型时，改变原参数的值

   B. 参数的值是否改变与函数中对变量的操作有关，与参数类型无关

   C. 参数是整数类型时，不改变原参数的值

   D. 参数是组合类型（可变对象）时，改变原参数的值

41. 关于全局变量和局部变量说法错误的是（   ）。

   A. 定义在函数内部的变量拥有一个局部作用域

   B. 定义在函数外的拥有全局作用域

   C. 局部变量只能在其被声明的函数内部访问，而全局变量可以在整个程序范围内访问

   D. 调用函数时，只有局部变量将被加入到作用域中

42. 在 Python 中，关于全局变量和局部变量，以下选项中描述不正确的是（   ）。

   A. 一个程序中的变量包含两类：全局变量和局部变量

   B. 全局变量不能和局部变量重名

   C. 全局变量一般没有缩进

   D. 全局变量在程序执行的全过程有效

43. 以下关于函数的描述，正确的是（   ）。

   A. 函数的全局变量是列表类型的时候，函数内部不可以直接引用该全局变量

   B. 如果函数内部定义了跟外部的全局变量同名的组合数据类型的变量，则函数内部引用的变量不确定

   C. Python 的函数里引用一个组合数据类型变量，就会创建一个该类型对象

   D. 函数的简单数据类型全局变量在函数内部使用的时候，需要显式声明为全局变量

44. 关于 Python 的全局变量和局部变量，以下选项中描述错误的是（   ）。

   A. 局部变量指在函数内部使用的变量，当函数退出时，变量依然存在，下次函数调用可以继续使用

   B. 使用 global 保留字声明简单数据类型变量后，该变量作为全局变量使用

   C. 简单数据类型变量无论是否与全局变量重名，仅在函数内部创建和使用，函数退出后变量被释放

   D. 全局变量指在函数之外定义的变量，一般没有缩进，在程序执行全过程有效

45. 关于局部变量和全局变量，以下选项中描述错误的是（   ）。

   A. 局部变量和全局变量是不同的变量，但可以使用 global 保留字在函数内部使用全局变量

   B. 局部变量是函数内部的占位符，与全局变量可能重名但不同

   C. 函数运算结束后，局部变量不会被释放

   D. 局部变量为组合数据类型且未创建，等同于全局变量

46. 以下关于 Python 函数对变量的作用，错误的是（   ）。

   A. 简单数据类型在函数内部用 global 保留字声明后，函数退出后该变量保留

B. 全局变量指在函数之外定义的变量，在程序执行全过程有效

C. 简单数据类型变量仅在函数内部创建和使用，函数退出后变量被释放

D. 对于组合数据类型的全局变量，如果在函数内部没有被真实创建的同名变量，则函数内部不可以直接使用并修改全局变量的值

47. 假设函数中不包括 global 保留字，对于改变参数值的方法，以下选项中错误的是（   ）。

A. 参数是 int 类型时，不改变原参数的值

B. 参数是组合类型（可变对象）时，改变原参数的值

C. 参数的值是否改变与函数中对变量的操作有关，与参数类型无关

D. 参数是 list 类型时，改变原参数的值

48. Python 中函数不包括（   ）。

A. 标准函数   B. 第三库函数

C. 内建函数   D. 参数函数

49. 以下关于 Python 内置函数的描述，错误的是（   ）。

A. hash() 返回一个可计算哈希的类型的数据的哈希值

B. type() 返回一个数据对应的类型

C. sorted() 对一个序列类型数据进行排序

D. id() 返回一个数据的一个编号，跟其在内存中的地址无关

50. 以下关于 Python 内置函数的描述，错误的是（   ）。

A. id() 返回一个变量的一个编号，是其在内存中的地址

B. all(ls) 返回 True，如果 ls 的每个元素都是 True

C. type() 返回一个对象的类型

D. sorted() 对一个序列类型数据进行排序，将排序后的结果写回到该变量中

二、判断题

1. Python 使用缩进来体现代码之间的逻辑关系。（   ）

2. 函数是代码复用的一种方式。（   ）

3. 定义函数时，即使该函数不需要接收任何参数，也必须保留一对空的圆括号来表示这是一个函数。（   ）

4. 编写函数时，一般建议先对参数进行合法性检查，然后再编写正常的功能代码。（   ）

5. 定义 Python 函数时，如果函数中没有 return 语句，则默认返回空值 None。（   ）

6. 一个函数如果带有默认值参数，那么必须所有参数都设置默认值。（   ）

7. 如果在函数中有语句 return 3，那么该函数一定会返回整数 3。（   ）

8. 函数中必须包含 return 语句。（   ）

9. 函数中的 return 语句一定能够得到执行。（   ）

10. 定义 Python 函数时必须指定函数返回值类型。（   ）

11. 不同作用域中的同名变量之间互相不影响，也就是说，在不同的作用域内可以定义同名的变量。（   ）

12. 全局变量会增加不同函数之间的隐式耦合度，从而降低代码可读性，因此应尽量避免过多使用全局变量。（　　　）

13. 函数内部定义的局部变量当函数调用结束后被自动删除。（　　　）

14. 在函数内部不能定义全局变量。（　　　）

15. 在函数内部直接修改形参的值并不影响外部实参的值。（　　　）

16. 在函数内部没有任何方法可以影响实参的值。（　　　）

17. 调用带有默认值参数的函数时，不能为默认值参数传递任何值，必须使用函数定义时设置的默认值。（　　　）

18. 在 Python 中定义函数时不需要声明函数参数的类型。（　　　）

19. 在同一个作用域内，局部变量会隐藏同名的全局变量。（　　　）

20. 形参可看做是函数内部的局部变量，函数运行结束之后形参就不可访问了。（　　　）

21. 在函数内部，既可以使用 global 来声明使用外部全局变量，也可以使用 global 直接定义全局变量。（　　　）

22. 执行了 import math 之后即可执行语句 print(sin(pi/2))。（　　　）

23. 一个函数中只允许有一条 return 语句。（　　　）

24. Python 不允许使用关键字作为变量名，允许使用内置函数名作为变量名，但这会改变函数名的含义。（　　　）

25. 在一个软件的设计与开发中，所有类名、函数名、变量名都应该遵循统一的风格和规范。（　　　）

26. 在函数内部没有任何声明的情况下直接为某个变量赋值，这个变量一定是函数内部的局部变量。（　　　）

27. 调用函数时传递的实参个数必须与函数形参个数相等。（　　　）

28. 在调用函数时，必须牢记函数形参顺序才能正确传值。（　　　）

29. 在调用函数时，可以通过关键参数的形式进行传值，从而避免必须记住函数形参顺序的麻烦。（　　　）

30. 定义函数时，带有默认值的参数必须出现在参数列表的最右端，任何一个带有默认值的参数右边不允许出现没有默认值的参数。（　　　）

三、编程题

1. 编写函数，输入年份，判断是否是闰年？

2. 编写函数，输入数字，判断是否是素数？

3. 编写函数，输入两个数，求最大公约数和最小公倍数。

4. 编写函数，输入三位正整数，判断是否是水仙花数？

5. 编写函数，求 100～999 的素数，要求输出时：每行 5 个，上下对齐。

6. 编写函数，实现百鸡问题（鸡翁一值钱五，鸡母一值钱三，鸡雏三值钱一。百钱买百鸡，问鸡翁、鸡母、鸡雏各几何？）。

7. 编写函数，打印斐波那契数列前 10 项，要求输出时：每行 5 个，上下对齐。

8. 编写函数，模拟实现抢红包游戏（5 个人，抢 10 元钱，要求精确到分）。

9. 编写函数，实现随机生成 6 位验证码（包含数字和字母）。

10. 编写函数，实现质因数分解。

11. 编写非递归和递归函数，计算 1 到 n 之间所有整数之和。

12. 编写递归函数，打印前 10 行的杨辉三角形。

13. 编写非递归和递归函数，计算列表中所有整数之和。

14. 编写函数，接收 n 个数字，求这些参数数字之和。

15. 编写函数，判断用户传入的对象（字符串、列表、元组）的元素是否为空？

16. 编写函数，找出传入的列表或元组的奇数位对应的元素，并返回一个新的列表。

17. 编写函数，判断用户传入的列表长度是否大于 2？如果大于 2，只保留前两个，并将新内容。

18. 编写函数，统计字符串中有几个字母、几个数字、几个空格、几个其他字符，并返回结果给调用者。

第 8 章

文 件 操 作

从数据的角度来看，大多数程序都是按照这样的结构设计的：输入数据 → 处理数据 → 输出数据。虽然处理数据是程序的核心部分，但是能够合理地输入和输出数据是程序设计的基础。因此，本章将介绍 Python 的输入/输出（I/O）操作，尤其是与文件系统相关的操作。

学习目标：

▸▸ python 的标准输入/输出
▸▸ 文件的操作
▸▸ 目录的操作

8.1 标准输入/输出

标准输入/输出是指将数据输入或输出到操作系统提供的最基本的输入或输出设备上，通常是键盘和屏幕。在 Python 中，分别由 sys.stdin 和 sys.stdout 两个 File 对象定义。用户与 Python 程序在 Spyder 控制台上进行的交互操作，就可以由标准输入/输出实现。在实际应用中，可以使用内建函数 input( )和 print( )来完成常用的标准输入/输出操作，从而避免复杂的 sys.stdin 和 sys.stdout 对象调用。

8.1.1 标准输出

Python 提供了一个内建函数 print( )用来实现标准输出，这个函数可以将数据输出到操作系统指定的标准输出设备上，如 Spyder 控制台或命令提示符窗口。

print( )函数的函数原型如下：

```
print(*objects, sep=' ', end='\n', file=sys.stdout, flush=False)
```

📇 参数说明：

☑ objects：表示输出的对象，*号表示一次可以输出多个对象，各个对象在 print 函数

中用 "," 逗号分隔。

☑ sep: 表示输出显示时，各个对象之间的间隔，默认间隔是一个空格。

☑ end: 表示输出显示时，用来结尾的符号，默认值是换行符\n，可以换成其他字符串。

☑ file: 表示输出信息写入的文件对象。

☑ flush: 如果设置此参数值为 True，输出信息缓存流会被强制刷新，默认值为 False。

实际上，除了可以实现标准输出外，通过参数 file，print( )函数也可以实现向其他 File 对象中输入数据。此外，print( )函数还经常与格式化的字符串结合到一起使用，用来动态输出数据。

【实例 8.1】使用 print( )函数输出格式化字符串。

📗 **说明：**

☑ len()函数的作用是计算列表 courses 所包含的元素个数。

☑ print(*courses, sep=" ")中的*courses 是解包操作，*号意味着将列表中的元素逐个取出，作为多个实参传递给函数，等同于 print(courses[0], courses[1], courses[2], courses[3], sep=" ")。

☑ 示例中，使用 for 循环和解包列表两种方式可以输出同样内容。

```
# Example8.1.py
courses = ['C语言程序设计', 'Python 程序设计', 'Java 程序设计', '网页设计']
n = len(courses)
print('我要学习%d门计算机课程：' % n)
print(*courses, sep=" ")  # 与下面的 for 循环输出一致
for c in courses:
    print('%s' % c, end=" ")
```

【运行结果】

我要学习 4 门计算机课程：

```
网页设计 C语言程序设计 Python 程序设计 Java 程序设计
网页设计 C语言程序设计 Python 程序设计 Java 程序设计
```

8.1.2　标准输入

Python 提供了一个内建函数 input( )用来实现标准输入，这个函数可以接收用户在标准设备上的输入，如 Spyder 控制台或命令提示符窗口，并将读取的数据赋值给一个指定的字符串变量。

input( )函数的函数原型如下：

```
input([prompt])
```

其中，prompt 是可选参数，表示提示性字符串。当执行到该函数时，程序停止运行并显示 prompt 字符串，等待用户输入信息，直到用户输入回车为止，最终返回一个字符串变量。

【实例 8.2】使用 input( )函数输入数据。

☑ 调用 input( )函数将接收"姓名"字符串，并输出。

☑ 调用 2 次 input( )函数接收两个数字。

☑ 由于 input( )函数的返回值为字符串类型，所以当接收一个数字时，需使用内置函数 int( )、float( )或 eval( )将数字字符串转换为对应的整数或浮点数。

```python
# Example8.2.py
name = input('请输入姓名：')
print('%s 同学，欢迎使用这个计算器' % name)
num1_s = input('请输入第一个数：')
num2_s = input('请输入第二个数：')
num1 = eval(num1_s)
num2 = eval(num2_s)
print('这两个数之和是:%.2f' % (num1 + num2))
```

【运行结果】

```
请输入姓名：张三
张三同学，欢迎使用这个计算器

请输入第一个数： 15.2

请输入第二个数： 63.2
这两个数之和是:78.40
```

8.2 文 件 操 作

上一节介绍的标准输入/输出，只适用于数据量较小并且不需要长久保存的简单情况。如果需要处理的数据情况较复杂，就需要使用文件系统。这里的文件可以简单理解为普通的磁盘文件，如 txt 文档或 jpg 图片等。实际上，Python 把文件定义为一个更抽象的概念，某些软硬件设备也属于文件，如通信设备、内存缓冲区和套接字等。每一个打开的文件都由一个 file 对象表示，一个文件由文件内容、缓冲区和一个指向文件某一个位置的指针等组成。

8.2.1 打开文件

在 Python 中，使用内建函数 open( )打开一个文件并获得这一文件的 file 对象，其函数原型如下所示：

```
open(file, mode='r', buffering=-1, encoding=None, errors=None,
newline=None, closefd=True, opener=None)
```

主要参数说明：

☑ file: 是一个 path-like 对象，表示将要打开文件的路径，可以是绝对路径或相对路径，还可以是文件描述符。

☑ mode: 表示文件的打开模式，具体见表 8-1。

☑ buffering: 是一个可选的整数，用于设置缓冲策略。–1 表示默认缓存策略，0 表示不缓存、1 表示缓存一行数据，其他大于 1 的值表示缓存区的大小。

☑ encoding: 在文本模式下是用于解码或编码文件的编码名称，如 utf-8。

表 8-1　文件访问模式

文件模式	操作
r	以读方式打开（默认）
U	通用换行符
w	以写方式打开，可能清空文件，可能创建文件
a	以追加模式打开，可能创建文件
r+	以读写模式打开
w+	以读写模式打开，其他同 w
a+	以读写模式打开，其他同 a
b	以二进制模式打开
t	以文本模式打开

open( )函数的基本用法，如下所示。

```
f = open('f:/text.txt')
f = open('f:/text.txt', 'w')
f = open('f:/text.txt', 'r+')
```

在 Windows 下，输入文件名时要加扩展名，如.txt、.jpg 和.doc 等。上例第一个语句，采用默认模式（"r"）打开一个文件，此时文件是只读的，也就是说不能进行读以外的操作。而第二个语句以写入模式（"w"）打开一个文件，自然只能进行写入操作。第三个语句以读写模式（"r+"）打开一个文件，自然可读也可写。

8.2.2　关闭文件

使用内置函数 open( )打开一个文件后，会获得一个该文件的 file 对象。如果想要关闭文件，可以使用 file 对象的 close( )方法，其函数原型如下：

```
file.close( )
```

该方法没有参数也没有返回值。

实际上，根据 Python 的内存回收机制，即使没有调用 close( )方法，系统也会在文件对象引用计数为零后，自动关闭文件。但这并不是说，不需要调用 close( )方法关闭文件。正好相反，应该养成主动关闭文件的习惯，尤其是在进行了写操作以后。

close ( )函数的基本用法，如下所示。

```
f = open('f:/text.txt')
f.close()
```

8.2.3　读取文件

file 对象中，有如下三个方法用于读取文件内容：

1. read()方法：直接读取给定数目的字节到字符串中，其原型如下所示：

```
file.read([size])
```

其中，可选参数 size 代表最多读取的字节数，如果该值为负数表示一直读到文件结尾，默认值为-1；该方法返回一个包含读取内容的字符串。

2. readline( )：从文件中读一整行到字符串里（包括换行符），其原型如下所示：

```
file.readline([size])
```

其中，可选参数 size 代表最多读取的字节数，如果该值被设置为大于 0 的数，则最多读取 size 个字节，即使一行包含多于 size 个字节，如果该值被设置为负数表示一直读到行结尾，默认值为-1；该方法返回一个包含读取内容的字符串。

3. readline( )：读取所有行到一个字符串列表中，它内部使用 readline( )一行一行地读，其原型如下所示：

```
file.readlines([sizehint])
```

其中，可选参数 sizehint 代表大约读取的字节数。如果它被设置为大于 0 的数，则返回的字符串列表大约是 sizehint 字节（可能会多于这个值）。该方法返回一个包含读取内容的字符串列表。

8.2.4　写入文件

file 对象中，有如下两个方法用于向文件中写入数据：

1. write()方法：写一个字符串到文件中。由于缓冲区的存在，执行完 write()方法以后，所写内容不一定会立即显示在文件中，直到调用了 flush( )或 close( )方法，才能保证所写内容显示在文件中，其原型如下所示：

```
file.write(str)
```

其中，参数 str 代表要写入的字符串；该方法没有返回值。

2. writelines ()方法：可简单理解为，将一个字符串列表里的内容写入到文件中，其原型如下所示：

```
file.writelines(sequence)
```

其中，参数 sequence 代表要写入的字符串列表；该方法没有返回值。

注意：实际上，参数 sequence 代表的是一个字符串序列。所谓字符串序列，指的是所有可以通过迭代器产生多个字符串的对象，当然最典型的就是字符串列表了。

【实例 8.3】文件复制。

📑 说明：

　☑ 自定义一个具有文件复制功能的 copy()函数。

　☑ 打开一个文件，按行将文件里的内容读入到内存，每读入一行就把该行写入到另一个文件中，直到读完为止。

```python
# -*- coding: utf-8 -*-
# Example8.3.py

def copy(src, dst):
    if src == dst:
        print('源文件和目标文件名不能相同。')
        return
    f_r = open(src)
    f_w = open(dst, 'a')
    line = f_r.readline()
    while line:
        f_w.write(line)
        line = f_r.readline()
    f_w.flush()
    f_w.close()
    f_r.close()

if __name__ == "__main__":
    fileName1 = input('源文件路径:')
    fileName2 = input('目标文件路径:')
    copy(fileName1, fileName2)
```

【运行结果】

```
源文件路径:f://123.txt

目标文件路径:d://123.txt
```

8.2.5　获取文件属性

除了上述的基本文件读写操作以外，要想完成如获取文件属性、删除文件等和操作系统密切相关的操作，需要使用 os 模块。os 模块是 Python 的多操作系统接口模块，对操作系统的访问大都通过这个模块完成，尤其是对文件系统的操作。

在 Python 中，使用 os 模块里的 stat( )函数，获得文件的属性，其原型如下所示：

```
os.stat(path)
```

其中，参数 path 表示文件的路径；返回值是一个 stat 对象，该对象里的一些属性对应文件的属性。常用属性如下所示：

st_mode：文件的权限模式。

st_size：文件大小。

st_atime：最后访问时间的时间戳。

st_mtime：最后修改时间的时间戳。

st_ctime：平台依赖，在 Windows 下是文件的创建时间的时间戳。

【实例 8.4】 获得文件属性。

说明：

☑ 使用 os 模块里的 stat( )函数获得文件的大小、访问时间等属性。

☑ 使用 time 模块里的 localtime( )函数格式化时间戳为本地时间。

☑ 使用 time 模块里的 strftime ( )函数以年月日形式输出时间。

```python
# -*- coding: utf-8 -*-
# Example8.4.py
import os
import time
s = os.stat('f:/123.txt')
atime_s         =         time.strftime("%Y-%m-%d         %H:%M:%S",
time.localtime(s.st_atime))
mtime_s         =         time.strftime("%Y-%m-%d         %H:%M:%S",
time.localtime(s.st_mtime))
ctime_s         =         time.strftime("%Y-%m-%d         %H:%M:%S",
time.localtime(s.st_ctime))

print('该文件的大小是：%d 字节' %s.st_size)
print('该文件的创建时间是：%s'%ctime_s)
print('该文件的最后访问时间是：%s'%atime_s)
print('该文件的最后修改时间是：%s'%mtime_s)
```

【运行结果】

```
该文件的大小是：16 字节
该文件的创建时间是：2020-02-29 20:20:47
该文件的最后访问时间是：2020-03-03 07:20:33
该文件的最后修改时间是：2020-02-29 20:22:09
```

8.2.6　删除文件

使用 os 模块里的 remove( )函数可以删除一个文件，但不能删除目录，其函数原型如下所示：

```python
os.remove(path)
```

其中，参数 path 表示文件的路径，如果该路径对应的是一个目录，那么将有一个 OSError 错误产生；该函数没有返回值。

remove ( )函数的基本用法，如下所示。

```
import os
os.remove('f:/11.txt')
```

此外，os 模块里还有一个 unlink( )函数，它的功能和 remove( )函数完全一样，只是采用了 UNIX 惯用的命名方式。

8.2.7　重命名文件

使用 os 模块里的 rename( )函数可以重命名一个文件或目录，其函数原型如下所示：

```
os.rename(src, dst)
```

其中，参数 src 表示要修改的文件或目录名；参数 dst 表示修改后的文件或目录名，dst 如果已存在，将抛出一个 OSError 错误；该函数没有返回值。

rename ( )函数的基本用法，如下所示。

```
import os
os.rename('f:/11.txt', 'f:/12.txt')   #重命名文件
os.rename('f:/11', 'f:/12')   #重命名目录
os.rename('f:/ 12.txt', 'e:/12.txt')   #把文件 12.txt 从 f 盘移动到 e 盘
os.rename('e:/ 12.txt', 'f:/11.txt')   #把文件 12.txt 从 e 盘移动到 f 盘，并重
命名为 11.txt
```

在 Windows 下，重命名要遵循系统的限制，如一个打开的文件不能重命名，新名字不能是已存在的等。此外，如果重命名的是一个文件，那么改变它的路径，也可以起到移动文件的作用，但是目录不可以。如果执行语句 os.rename('f:/11','e:/11')，系统将产生一个 WindowsError 错误。

8.2.8　复制文件

想要执行一些诸如移动或复制之类的高级文件操作，需要使用 shutil 模块下的函数。shutil 模块提供了一些在文件或文件集上的高级操作，尤其是文件的复制和移动。

使用 shutil 模块里的 copy ( )函数，复制一个文件，其函数原型如下所示：

```
shutil.copy(src, dst)
```

其中，参数 src 表示要复制的文件，它只能是文件的路径；参数 dst 表示复制后的文件，它可以是文件或目录的路径。

copy ( )函数的基本用法，如下所示：

```
import shutil
shutil.copy('f:/11.txt', 'f:/12.txt')   #将 11.txt 复制为 12.txt
shutil.copy('f:/11.txt', 'f:/11')   #将 11.txt 复制到 11 文件夹下
```

8.2.9 移动文件

使用 shutil 模块里的 move ( )函数，移动一个文件或目录，其函数原型如下所示：

```
shutil.move(src, dst)
```

其中，参数 src 表示要移动的文件，它可以是文件或目录；参数 dst 表示移动后的位置。move ( )函数的基本用法，如下所示：

```
import shutil
shutil.move('f:/12.txt','f:/11')  #将 12.txt 移动到 11 文件夹里
shutil.move('f:/11.txt','f:/11/13.txt') #将 11.txt 移动到 11 文件夹里，并重命名为 13.txt
shutil.move('f:/11','e:/11') #将文件夹 11，从 f 盘移动到 e 盘
```

实际上，shutil 模块里的 move ( )函数与 os 模块里的 rename ( )函数都可以移动文件，但是要想移动目录就只能使用 shutil 模块里的 move ( )函数。

8.3　目　录　编　程

目录可简单理解为文件夹。由于目录下包含了一些子目录和文件，所以针对目录的操作往往要比单纯一个文件的操作复杂。

8.3.1 获取当前目录

使用 os 模块里的 getcwd ( )函数，获得当前目录，即脚本所在目录，其函数原型如下所示：

```
os.getcwd()
```

该函数没有参数，返回一个表示当前工作目录的字符串。
getcwd ( )函数的基本用法，如下所示：

```
import os
os.getcwd()
```

8.3.2 获取目录内容

使用 os 模块里的 listdir ( )函数，获得目录里的文件名，其函数原型如下所示：

```
os.listdir(path)
```

其中，参数 path 表示目录所在路径；该函数返回一个包含子目录和文件名称的列表，这个列表是无序的，而且不包括 "." 和 ".."。
listdir ( )函数的基本用法，如下所示：

```
import os
os. listdir ('f:/12')
```

使用 listdir( )函数获取的文件名里，只会显示子目录的名称，而不会显示子目录里面的文件名。如果需要获得子目录里的文件名，可使用 os 模块里的 walk( )函数，其函数原型如下所示：

```
os.walk(top[, topdown[, onerror[, followlinks=False]]])
```

其中，参数 top 表示根目录路径；可选参数 topdown 表示遍历目录时的顺序，如果为"True"表示先访问当前目录再访问子目录，如果为"False"表示先访问子目录再访问当前目录，默认为"True"；可选参数 onerror 表示遍历目录出错时，产生的错误，默认为 None。可选参数 followlinks 表示是否通过软链接访问目录，默认为"False"；该函数返回一个[文件夹路径, 文件夹名字, 文件名]的三元组序列。

【实例 8.5】获得当前目录下的文件名。

📑 说明：

☑ 使用 os 模块里的 getcwd ( )函数获得当前目录。

☑ 使用 os 模块里的 listdir ( )函数获得当前目录下的子目录和文件的名称。

☑ 使用 os 模块里的 walk ( )函数获得各个子目录下的目录和文件的名称。

```
# -*- coding: utf-8 -*-
# Example8.5.py
import os

main_path = os.getcwd()  # 获得当前目录
print('当前目录下: ')
paths = os.listdir(main_path)
for path in paths:
    print(path)
print('子目录下: ')
for path_t3 in os.walk(main_path):
    for path in path_t3[2]:
        print('%s\%s' % (path_t3[0], path))
```

【运行结果】

```
当前目录下:
1
2
3
Example8_5.py
子目录下:
E:\1234\Example8_5.py
E:\1234\1\t1.txt
E:\1234\1\t2.txt
E:\1234\2\t3.txt
```

```
E:\1234\2\t4.txt
```

上述代码对 walk( )函数生成的三元组序列进行了简单的处理，使其可以输出每一个文件的路径。而该例中，完整的三元组序列是：

```
('E:\\1234', ['1', '2', '3'], ['Example8_5.py'])
('E:\\1234\\1', [], ['t1.txt', 't2.txt'])
('E:\\1234\\2', [], ['t3.txt', 't4.txt'])
('E:\\1234\\3', [], [])
```

8.3.3　创建目录

使用 os 模块里的 mkdir ( )函数可以创建一个目录，其函数原型如下所示：

```
os.mkdir(path[, mode])
```

其中，参数 path 表示目录所在路径；参数 mode 是一个可选参数，表示一个数字模，默认值为 0777。该函数没有返回值。

mkdir ( )函数的基本用法，如下所示：

```
import os
os.mkdir('f:/13')
```

8.3.4　删除目录

使用 os 模块里的 rmdir ( )函数可以删除一个空目录，其函数原型如下所示：

```
os.rmdir(path)
```

其中，参数 path 表示目录所在路径；该函数没有返回值。

rmdir ( )函数的基本用法，如下所示：

```
import os
os.rmdir('f:/13')
```

os 模块里的 rmdir ( )函数只能删除一个空目录，如果删除的目录不为空，就会产生一个 OSError 错误。此时，可以使用 shutil 模块里的 rmtree ( )函数，删除不为空的目录，其函数原型如下所示：

```
shutil.rmtree(path[, ignore_errors[, onerror]])
```

其中，参数 path 表示目录所在路径；参数 ignore_errors 是一个可选参数，如果它为"True"，则当删除目录失败时忽略错误信息，如果它为"False"，则当删除目录失败时将产生参数 onerror 所对应错误，默认为"False"；参数 onerror 是一个可选参数，表示错误信息，默认为 None。

rmtree ( )函数的基本用法如下所示：

```
import shutil
shutil. rmtree ('f:/13')
```

8.4 本 章 小 结

本章介绍了 Python 的输入/输出（I/O）操作，包括了标准的输入和输出、文件操作和目录操作。

标准输出通过内置函数 print( )实现，除了直接输出一个字符串外，print( )函数还经常与格式化的字符串结合到一起使用，用来动态的输出数据。标准输入使用内建函数 input( )，input( )函数接收用户在标准设备上输入的信息，并以字符串形式保存。由于 input( )函数返回一个字符串变量，所以想要接收数字就需要使用内置函数 int( )、float( )或 eval( )等转换。

简单的文件操作大都通过内建的 file 对象来实现。除了打开文件使用内建函数 open( )外，其他的诸如关闭、读取和写入文件等操作都由 file 对象的方法实现。file 对象的常用方法和常用属性分别如表 8-2 和表 8-3 所示。

表 8-2　**file 对象常用方法**

方法名	功能
file read()	读取文件里的全部内容到字符串中
file readline()	从文件中读一整行到字符串里（包括换行符）
file readlines()	读取文件里的所有行到一个字符串列表中
file write()	写一个字符串到文件中
file writelines ()	写一个字符串列表到文件中
file tell()	获得指针所在的位置
file seek()	移动指针到文件的不同位置
file.close()	关闭文件
file.flush()	刷新文件缓冲区，立刻把缓冲区的数据写入文件
file.fileno()	返回一个整型的文件描述符
file.isatty()	文件是否连接到一个终端设备，是返回 True，否返回 False
file.truncate([size])	截取 size 字节的文件

表 8-3　**file 对象常用属性**

名称	功能
file.encoding	文件所使用的编码
file.closed	文件是否关闭
file.mode	文件的打开模式
file.name	文件名称
file.newlines	文件的行结束符
file.softspace	输出数据后是否带有空格

文件管理是操作系统的主要任务之一，对文件的某些操作需要操作系统的支持。而在 Python 中，os 模块是多操作系统的接口模块。因此，可使用 os 模块里的函数完成诸如删除

文件、重命名文件等操作。os 模块中和文件操作相关的常用函数如表 8-4 所示。

表 8-4　os 模块常用函数

函数名	功能
os.stat()	获得文件属性
os.remove()	删除文件
os.rename()	重命名文件
os.getcwd()	获取当前目录
os.listdir()	获得目录里的文件名，不包括子目录里的文件
os.walk()	获得目录里的文件名，包括子目录里的文件
os.access(path,mode)	检验文件权限
os.chmod(path, mode)	更改文件权限
os.open(file, flags[, mode])	打开一个文件，返回文件的描述符（不是 file 对象）
os.close(fd)	关闭文件描述符
os.fpathconf(fd, name)	获得文件的系统信息
os.fstat(fd)	返回文件描述符 fd 所对应文件的状态
os.mkdir(path[, mode])	创建一个目录
os.rmdir(path)	删除一个空目录

对于一些较复杂的文件操作，如复制和删除目录里的所有文件，需要使用 shutil 模块。shutil 模块提供了一些完成高级文件操作的函数，对这些复杂的功能直接调用相应函数就可以了，这正是 Python 的魅力所在。shutil 模块中的常用函数如表 8-5 所示。

表 8-5　shutil 模块常用函数

函数名	功能
shutil.copy ()	复制文件
shutil.move()	移动文件或目录
shutil.rmtree()	删除非空目录
shutil.copymode()	只复制文件的权限
shutil.copystat()	只复制文件的属性
shutil.copytree()	复制目录和目录里的内容

8.5　习　　题

一、单项选择题

1. 下列不属于输入/输出（I/O）操作的是（　　　）。

　　A. print('hello world!')

　　B. input('请输入姓名：')

　　C. open('f:/11.txt').read()

　　D. emptyset = set({})

文件操作

2. 下列不能输出"hello world!"的语句是（　　　）

    A. s = 'hello world!'　　print s

    B. print(hello world!)

    C. print('hello world!')

    D. print("hello world!")

3. 执行如下代码，得到的结果是（　　　）。

```
courses = {'大学计算机基础','Python 程序设计','多媒体技术与应用','FLASH 动
画制作'}
n = len(courses)
print('我要学习%d 门计算机课程'%n)
```

    A. '我要学习%d 门计算机课程'%n

    B. 我要学习 4 门计算机课程

    C. '我要学习 4 门计算机课程'

    D. 我要学习门计算机课程

4. 执行如下代码后，用户在屏幕上输入（　　　）后，不会产生错误。

```
name = input('请输入姓名：')
print('%s 同学你好' %name)
```

    A. '小明'　　　　　　　　　　　　B. 小明

    C. xiaoming　　　　　　　　　　D. 以上内容都可以

5. 执行如下代码后，用户在 Spyder 控制台上输入（　　　）后，不会产生错误。

```
name = input('请输入姓名：')
print('%s 同学你好' %name)
```

    A. '小明'　　　　　　　　　　　　B. 小明

    C. xiaoming　　　　　　　　　　D. 以上内容都可以

6. 希望用户在 Spyder 控制台上输入数据，应该使用的函数是（　　　）。

    A. input( )　　　　　　　　　　　B. write ( )

    C. read( )　　　　　　　　　　　D. print( )

7. 下列代码在下画线处应该使用的函数是（　　　）。

```
num1 =int(____('请输入第一个数：'))
num2 =int(____('请输入第二个数：'))
print '这两个数之和是:%d' %(num1+num2)
```

    A. input( )　　　　　　　　　　　B. write ( )

    C. read( )　　　　　　　　　　　D. print( )

8. 下列代码在下画线处应该使用的函数是（　　　）。

```
num1_s = ____('请输入第一个数：')
num2_s = ____('请输入第二个数：')
num1 = eval(num1_s)
```

```
num2 = eval(num2_s)
print '这两个数之和是:%d' %(num1+num2)
```

    A. input( )   B. write ( )

    C. read( )   D. print( )

9. 执行语句 f = open('f:/text.txt')后，不可以执行的语句是（   ）。

    A. f.write('111')   B. f.close()

    C. f.read( )   D. f.flush()

10. 执行语句 f = open('f:/text.txt','w')后，不可以执行的语句是（   ）。

    A. f.write('111')   B. f.close()

    C. f.read( )   D. f.flush()

11. 读取一整行数据到字符串中，应该使用的函数是（   ）。

    A. f.write('111')   B. f.close()

    C. f.read( )   D. f.flush()

12. 下列语句中，可以获得文件大小的是（   ）。

    A. os.stat('f:/text.txt').st_size   B. os.stat('f:/text.txt'). st_atime

    C. os.stat('f:/text.txt'). st_mtime   D. os.stat('f:/text.txt'). st_ctime

13. 下列语句在执行时（已经导入 os 模块），会产生错误的是（   ）。

    A. os.rename('f:/11.txt', 'f:/12.txt')   B. os.rename('f:/11', 'f:/12')

    C. os.rename('f:/11','e:/11')   D. os.rename('e:/ 12.txt', 'f:/11.txt')

14. 在 Python 中，如果想要执行一些诸如移动目录、复制文件等高级操作，需要用到的模块是（   ）。

    A. os 模块   B. shutil 模块

    C. collections 模块   D. 不需要使用额外的模块

15. 只需要获得目录里的文件名，不需要获得其子目录里的文件名，比较适合的函数是（   ）。

    A. os 模块里的 listdir ( )函数   B. os 模块里的 walk ( )函数

    C. os 模块里的 getcwd( )函数   D. os 模块里的 mkdir ( )函数

16. 需要获得目录里的文件名，又需要获得其子目录里的文件名，比较适合的函数是（   ）。

    A. os 模块里的 listdir ( )函数   B. os 模块里的 walk ( )函数

    C. os 模块里的 getcwd( )函数   D. os 模块里的 mkdir ( )函数

17. 使用 os 模块里的 walk ( )函数，获得目录内容时，会返回一个三元组序列。这个三元组代表的含义是（   ）。

    A. [文件名, 文件夹名字, 文件夹路径]

    B. [文件夹名字, 文件名, 文件夹路径]

    C. [文件夹路径, 文件夹名字, 文件名]

    D. [文件夹路径, 文件名, 文件夹名字]

18. 要想删除一个非空目录，需要使用的函数是（   ）。

    A. os 模块里的 rmdir ( )函数   B. shutil 模块里的 rmtree ( )函数

    C. os 模块里的 remove( )函数   D. os 模块里的 rmtree ( )函数

19. 使用 write( )方法向文件中写入字符串以后，再调用（　　　）才能保证所写内容显示在文件中。

    A. readline( ) 方法　　　　　　　　　　B. flush( )方法

    C. writelines ()方法　　　　　　　　　　D. read()方法

20. 以下操作会产生系统错误的是（　　　）。

    A. 使用 os 模块里的 remove( )函数，删除一个文件

    B. 使用 os 模块里的 rename( )函数，移动一个文件

    C. 使用 os 模块里的 rmdir ( )函数，删除一个非空目录

    D. 使用 shutil 模块里的 rmtree ( )函数，删除一个目录

二、多项选择题

1. 删除文件时，下列那些情况会删除失败？（　　　）

    A. 文件处于打开状态

    B. 使用 unlink( )函数，而不是 remove( )函数

    C. 没有导入 os 模块，直接使用 remove( )函数

    D. 使用 remove( )函数，删除一个目录

2. 重命名文件时，下列那些情况会重命名失败？（　　　）。

    A. 文件处于打开状态

    B. 新的文件名已经存在

    C. 把文件重命名到另一个存储位置

    D. 把目录重命名到另一个存储位置

3. 以下可以删除一个空目录的函数是（　　　）。

    A. os 模块里的 rmdir ( )函数

    B. shutil 模块里的 rmtree ( )函数

    C. os 模块里的 remove( )函数

    D. os 模块里的 rmtree ( )函数

4. 以下操作会产生系统错误的是（　　　）。

    A. 使用 os 模块里的 remove( )函数，删除一个目录

    B. 使用 os 模块里的 rename( )函数，移动一个目录

    C. 使用 os 模块里的 rmdir ( )函数，删除一个非空目录

    D. 使用 os 模块里的 rename( )函数，重命名一个已打开的文件

5. 执行下列（　　　）语句后，可以向文件 "text.txt" 中写入字符串。

    A. f = open('f:/text.txt')

    B. f = open('f:/text.txt','w')

    C. f = open('f:/text.txt','r')

    D. f = open('f:/text.txt','a')

三、判断题

1. 执行完 write()方法以后，所写内容不一定会立即显示在文件中。（　　　）

2. 由于 Python 会自动回收资源，所以没有必要关闭一个已打开的文件。（　　　）

3. 在 Python 中，文件仅指磁盘文件。（　　　）

4. 在 Python 中，打开一个文件以后，必须使用 close()函数关闭这个文件，否则会造成内存泄漏。（　　　）

5. shutil 模块里的 move ( )函数可以移动文件和目录。（　　　）

6. os 模块里的 rename( )函数可以移动文件。（　　　）

7. 使用 write( )方法向文件中写入字符串以后，所写内容一定会立刻出现在文件里。（　　　）

8. 使用 os 模块里的 listdir ( )函数可以获得目录里的所有内容，包括子目录里的内容。（　　　）

9. 使用 os 模块里的 walk ( )函数可以获得目录里的所有内容，包括子目录里的内容。（　　　）

10. 使用 os 模块里的 rmdir ( )函数可以删除任何目录。（　　　）

第 9 章

异 常 处 理

异常（exception）是程序在运行过程中出现的错误，使得程序没有按照预定的控制流程运行。与语法错误不一样，带有语法错误的语句无法运行，而带有异常的语句是可以执行的，但在执行的过程中有可能会产生错误。如在一个计算器程序中，用户输入了文字；又如在一个收银程序中，商品价格被设置为负数。在设计程序时，如果没有编写对这些异常进行处理的代码，很可能会导致系统崩溃，更有甚者会留下漏洞，从而使系统产生安全隐患。

学习目标：
▸▸ **理解什么是异常**
▸▸ **了解内置异常和自定义异常**
▸▸ **掌握异常处理的过程**

9.1　异　常　类

面向对象的思想是一切皆可抽象成类，所以在 Python 中异常也用类表示，并且所有异常类，无论是内置异常类还是自定义异常类，都直接或间接派生自 BaseException 类。

9.1.1　内置异常

对于一些常见异常，Python 已经为我们设计好了对应的类，即内置异常类。表 9-1 列出了一些 Python 中的常用内置异常。

表 9-1　常用内置异常

异 常 名 称	描　　　述
BaseException	所有异常的基类
SystemExit	解释器请求退出
KeyboardInterrupt	用户中断执行（通常是输入 Ctrl+C）

异 常 名 称	描　　　述
Exception	常规错误的基类
StopIteration	迭代器没有更多的值
GeneratorExit	生成器（generator）发生异常来通知退出
StandardError	所有的内建标准异常的基类
ArithmeticError	所有数值计算错误的基类
FloatingPointError	浮点计算错误
OverflowError	数值运算超出最大限制
ZeroDivisionError	除（或取模）零（所有数据类型）
AssertionError	断言语句失败
AttributeError	对象没有这个属性
EOFError	没有内建输入，到达 EOF 标记
EnvironmentError	操作系统错误的基类
IOError	输入/输出操作失败
OSError	操作系统错误
WindowsError	系统调用失败
ImportError	导入模块/对象失败
LookupError	无效数据查询的基类
IndexError	序列中没有此索引（index）
KeyError	映射中没有这个键
MemoryError	内存溢出错误（对于 Python 解释器不是致命的）
NameError	未声明/初始化对象（没有属性）
UnboundLocalError	访问未初始化的本地变量
ReferenceError	弱引用（weak reference）试图访问已经垃圾回收了的对象
RuntimeError	一般的运行时错误
NotImplementedError	尚未实现的方法
SyntaxError	Python 语法错误
IndentationError	缩进错误
TabError	Tab 和空格混用
SystemError	一般的解释器系统错误
TypeError	对类型无效的操作
ValueError	传入无效的参数
UnicodeError	Unicode 相关的错误
UnicodeDecodeError	Unicode 解码时的错误
UnicodeEncodeError	Unicode 编码时错误
UnicodeTranslateError	Unicode 转换时错误
Warning	警告的基类
DeprecationWarning	关于被弃用的特征的警告
FutureWarning	关于构造将来语义会有改变的警告
OverflowWarning	旧的关于自动提升为长整型（long）的警告
PendingDeprecationWarning	关于特性将会被废弃的警告
RuntimeWarning	可疑的运行时行为（runtime behavior）的警告
SyntaxWarning	可疑的语法的警告
UserWarning	用户代码生成的警告

195

第 9 章

异 常 处 理

9.1.2 自定义异常

除了内置的异常外，Python 也支持自定义异常，只需要定义一个直接或间接继承 Exception 类的类就可以了。Exception 类是 BaseException 类的子类，所有内置的非系统退出异常和自定义异常都应直接或间接派生自此类。

【实例 9.1】自定义异常。

说明：

☑ 定义了一个 AgeInputError 异常类，表示年龄超过正常范围异常。

☑ 年龄输入错误异常类需接收参数 age，并重载了__str__()方法。

☑ 当异常发生时，可输出"年龄 age 超出合理范围，应在 0~150"的错误提示。

```python
# -*- coding: utf-8 -*-
# Example9.1.py


class AgeInputError(Exception):
    def __init__(self, age):
        self.age = age

    def __str__(self):
        print("年龄%d 超出合理范围，应在 0~150。" % self.age)
```

9.2 异常处理程序

异常定义好以后，就可以设计异常处理程序了。使用内置异常类可以很方便地设计出异常处理程序，实际上 Python 中的许多内置函数和内置模块都带有异常处理程序，如在执行以下代码时就会激活异常处理程序。

（1）NameError：访问了未定义的变量或函数等。例如，在没有导入 os 模块的前提下，执行以下语句。

```python
os.stat('f:/2.txt')
```

【运行结果】

```
Traceback (most recent call last):
  File "<pyshell#1>", line 1, in <module>
    os.stat('f:/2.txt')
NameError: name 'os' is not defined
```

（2）ZeroDivisionError：除以零错误。

```python
a = 100/0
```

【运行结果】

```
Traceback (most recent call last):
  File "<ipython-input-21-f9b6d0cde70b>", line 1, in <module>
```

```
    a = 100/0
ZeroDivisionError: division by zero
```

（3）IndexError：索引超范围错误。

```
list = [1,2,3]
list[3]
```

【运行结果】

```
Traceback (most recent call last):
  File "<pyshell#4>", line 1, in <module>
    list[3]
IndexError: list index out of range
```

（4）FileNotFoundError：文件不存在异常。如当 f 盘里不存在名称为 123 的文件时，执行以下语句。

```
f = open('f:/123')
```

【运行结果】

```
Traceback (most recent call last):
  File "<ipython-input-1-389895636d9d>", line 1, in <module>
    f = open('f:/123')
FileNotFoundError: [Errno 2] No such file or directory: 'f:/123'
```

内置函数和模块的异常处理程序往往都很简单，大多数是退出程序，打印错误信息。其实，很多情况下异常造成的危害并没有严重到需要退出程序的地步。如在用户注册时输入了非法字符，只需要重新输入就可以了，没必要退出程序。自然 Python 允许自定义异常处理程序，通常一段异常处理程序包括抛出异常、捕获异常和处理异常三个步骤。抛出异常负责产生异常，捕获异常负责发现和获得异常，处理异常负责对异常采用何种处理方式，如直接退出程序，重新输入有效数字等。

9.2.1　raise 语句

raise 语句的作用是抛出指定异常，关键字 raise 后的参数可以是一个异常对象或者是一个异常类。如果是一个异常类，它将通过调用没有参数的构造函数来隐式实例化，实质上传递的仍是一个异常对象。

raise 语句的基本语法如下所示：

```
raise 异常对象
```

【实例 9.2】抛出异常。

📖 说明：

☑ 定义了一个 AgeInputError 异常类，表示年龄超过正常范围异常。
☑ 当输入的年龄在 0 到 150 之间时，输出年龄。
☑ 当输入的年龄不在 0 到 150 之间时，抛出 AgeInputError 异常。

```
# -*- coding: utf-8 -*-
# Example9.2.py


class AgeInputError(Exception):
    def __init__(self, age):
        self.age = age

    def __str__(self):
        print("年龄%d超出合理范围，应在0~150。" % self.age)


if __name__ == "__main__":
    age = int(input('请输入您的年龄: '))
    if age > 150 or age < 0:
        raise AgeInputError(age)
    else:
        print("您的年龄是%d"%age)
```

【运行结果一】

```
请输入您的年龄: 50
您的年龄是 50
```

【运行结果二】

```
请输入您的年龄: 160
Traceback (most recent call last):
  File "D:/Example9_1.py", line 16, in <module>
    raise AgeInputError(age)
__main__.AgeInputError: 年龄 160 超出合理范围，应在 0~150。
```

异常抛出后，如果没有被捕获会抛向上一层代码，如果仍未被捕获就继续向上抛，直到程序最顶层。最终，退出程序并输出回溯信息（Traceback）和错误信息。

9.2.2　try-except 语句

try-except 语句可以实现捕获和处理异常，其基本语法如下所示：

```
try:
    要捕获异常的代码块
except exception :
    处理异常的代码块
```

其中，try 语句里存放需要捕获异常的代码，出于效率的考虑，并不是所有的代码都需要捕获异常，所以只把需要捕获异常的代码放入 try 语句中；关键字 except 后接要捕获的具体异常，如 NameError、IOError 等；except 子句里存放处理异常的代码。

【实例 9.3】try-except 语句处理异常。

📖 说明：

☑ 一个除法计算器，当除数为零时，结果为零。

☑ try 语句内的 r = float(num1)/num2 为被检测的语句。

☑ 语句 except ZeroDivisionError 表示当被检测的代码块出现 ZeroDivisionError 异常，也就是除以零的异常时，执行 except 子句里的代码块。

```python
# -*- coding: utf-8 -*-
# Example9_3.py


print('欢迎使用除法计算器')
num1_s = input('请输入被除数：')
num2_s = input('请输入除数：')
num1 = eval(num1_s)
num2 = eval(num2_s)
try:
    r = float(num1)/num2
except ZeroDivisionError:
    r = 0
print('%.2f 除以%.2f 等于：%.2f' %(num1, num2, r))
```

【运行结果一】

欢迎使用除法计算器

请输入被除数：100

请输入除数：20
100.00 除以 20.00 等于：5.00

【运行结果二】

欢迎使用除法计算器

请输入被除数：100

请输入除数：0
100.00 除以 0.00 等于：0.00

9.2.3　捕获多种异常

因为一个代码块中可能产生多个不同的异常，所以 try 语句后面可以接多个 except 子句，其基本语法如下所示：

```python
try:
    要捕获异常的代码块
except exception 1:
    处理异常的代码块 1
except exception 2:
    处理异常的代码块 2
…
except exception n:
    处理异常的代码块 n
```

【实例 9.4】**try-except** 语句处理多种异常。

说明：

☑ 一个除法计算器，使用内置函数 input()接收除数和被除数。

☑ 当除数为零时，捕获 ZeroDivisionError 异常，重新输入。

☑ 当被除数和除数不为数字时，捕获 NameError 异常，重新输入。

```python
# -*- coding: utf-8 -*-
# Example9.4.py
import os
print('欢迎使用除法计算器')
while True:
    num1_s = input('请输入被除数: ')
    num2_s = input('请输入除数: ')
    try:
        num1 = eval(num1_s)
        num2 = eval(num2_s)
        r = float(num1)/num2
        print('这两个数之商是:%f' % r)
        break
    except ZeroDivisionError:
        print('--------除数不能为 0-------')
    except NameError:
        print('-------请输入数字--------')
```

【运行结果】

```
欢迎使用除法计算器
请输入被除数: 5
请输入除数: a
-------请输入数字--------
请输入被除数: 5
请输入除数: 0
--------除数不能为 0-------
请输入被除数: 5
请输入除数: 5
这两个数之商是:1.000000
```

上述代码中，try 语句后面接了两个 except 子句。这样不仅可以处理除以零的异常，还可以处理输入非数字的异常。如果多个异常的处理方式是相同的，也可以按如下方式书写 except 子句。

```python
try:
    要捕获异常的代码块
except (exception1, exception2, …):
    处理异常的代码块
```

因此，如果实例 9.4 中的两个异常处理方式一样，则可改为如下写法：

```
except (ZeroDivisionError, NameError):
    print('-------请输入数字并且除数不能为零--------')
```

如果对所有的异常都采用同样的处理方法，可以省略掉关键字 except 后的异常，其语法如下所示。

```
try:
    要捕获异常的代码块
except :
    处理异常的代码块
```

可以把实例 9.4 中的 except 语句块改为如下所示。

```
except:
    print('-------产生错误--------')
```

这样，对于所有异常都可以处理了。但是这种方法并不推荐使用，因为它会隐藏所有意想不到的异常，使得异常继续传递，从而产生更严重的异常。

9.2.4   else 子句

try-except 语句有一个可选的 else 子句，在使用时必须放在所有的 except 子句后面。如果 try 语句中的代码没有引发异常，则执行 else 子句中的代码，其基本语法如下所示：

```
try:
    要捕获异常的代码块
except exception 1:
    处理异常的代码块 1
except exception 2:
    处理异常的代码块 2
…
except exception n:
    处理异常的代码块 n
else:
    无异常代码块
```

【实例 9.5】try-except-else 语句处理多种异常。

说明：

☑ 使用 else 子句改写实例 9.4。

```
# -*- coding: utf-8 -*-
# Example9_5.py
import os
print('欢迎使用除法计算器')
while True:
    num1_s = input('请输入被除数: ')
    num2_s = input('请输入除数: ')
    try:
        num1 = eval(num1_s)
```

```
        num2 = eval(num2_s)
        r = float(num1)/num2
    except ZeroDivisionError:
        print('--------除数不能为 0-------')
    except NameError:
        print('-------请输入数字--------')
    else:
        print('这两个数之商是:%f' % r)
        break
```

【运行结果】

```
欢迎使用除法计算器
请输入被除数: 5
请输入除数: a
-------请输入数字--------
请输入被除数: 5
请输入除数: 0
--------除数不能为 0-------
请输入被除数: 5
请输入除数: 5
这两个数之商是:1.000000
```

9.2.5　finally 子句

使用 try-except 语句处理异常时，当 try 语句里的某一语句发生异常后，其余的语句就不会被执行了，而是跳到 except 子句里继续执行。但是在某些情况下，一些语句无论是否发生异常都要执行，如下面的代码所示。

```
try:
    f = open('f:/12.txt')
    f.write('1111111')
    f.flush()
    f.close()
except OSError:
    print('程序产生错')
```

上述代码在执行到语句"f.write（'1111111'）"时，由于文件是以只读的模式打开的，所以会产生异常。此时，程序会跳过语句"f.write（'1111111'）"后面的语句，而直接执行except 子句，这就导致了文件 f 没有即时关闭，给接下来的操作留下了隐患。因此，对于上面的代码无论是否产生异常都应该关闭文件，即执行语句 f.close()。

对于那些无论是否产生异常都应该执行的语句，也就是那些负责清理操作的代码，可以使用 finally 子句来执行。其基本语法如下所示：

```
try:
    要捕获异常的代码块
except exception 1:
    处理异常的代码块 1
except exception 2:
```

```
        处理异常的代码块 2
…
except exception n:
        处理异常的代码块 n
else:
        无异常代码块
finally:
        负责清理操作的代码块
```

这样，上面的代码如改成如下代码，就会合理很多了。

```
# -*- coding: utf-8 -*-
try:
    f = open('f:/12.txt')
    f.write('1111111')
    f.flush()
except OSError:
    print('程序产生错')
finally:
    f.close()
```

9.3　本　章　小　结

本章介绍了 Python 的异常处理。初学者往往会忽略这一部分内容，其实一个完整的程序必须包含合理的异常处理。异常处理直接关系着一个程序的容错性，具有优秀异常处理的程序不会因为一个小错误而导致整个系统的崩溃，更不会给系统留下可怕的漏洞。如现今最常用的网页浏览，很多网页在浏览的时候都会提示网页上有错误，但是这些网页大多数是可以用的。想象一下，如果网页上一旦有一点错误就彻底关闭，这将造成多大的影响。

9.4　习　　　题

一、单项选择题

1. 没有导入 os 模块，就使用 stat( )函数，会产生的异常是（　　　）。
    A. NameError   B. ZeroDivisionError
    C. IndexError   D. IOError
2. 执行语句"a = 1/0"，会产生的异常是（　　　）。
    A. NameError   B. ZeroDivisionError
    C. IndexError   D. IOError
3. 执行如下代码，会产生的异常是（　　　）。
    list = [1,2,3]
    list[3]
    A. NameError   B. ZeroDivisionError
    C. IndexError   D. IOError
4. 执行如下代码，所得的结果是（　　　）。
    dict = {'key1':'value1' , 'key2':'value2' , 'key3':'value3' , 'key3':'value4' , 'key5':'value5'}
    dict[key3]
```
```

  A. value3   B. value4

  C. 产生 NameError 异常   D. 创建字典 dict 不成功

5. 执行如下代码，所得的结果是（   ）。

  dict = {'key1':'value1' , 'key2':'value2' , 'key3':'value3' , 'key4':'value4' , 'key5':'value5'}

  dict['key6']

  A. value6   B. 产生 KeyError 异常

  C. 产生 NameError 异常   D. 创建字典 dict 不成功

6. 异常处理所用的语句是（   ）。

  A. for-in 语句   B. try-except 语句

  C. if-esle 语句   D. while 语句

7. 执行如下代码后，所得结果是（   ）。

```
try:
    r = 3/0
    r = 3/3
except ZeroDivisionError:
    r = 0
print r
```

  A. 1   B. ZeroDivisionError   C. 0   D. NameError

8. 执行如下代码后，所得结果是（   ）。

```
try:
    r = a/0
    r = 3/3
except ZeroDivisionError:
    r = 0
print r
```

  A. 1   B. ZeroDivisionError   C. 0   D. NameError

9. 执行如下代码后，所得结果是（   ）。

```
try:
    r = a/0
    r = 3/3
except :
    r = 0
print r
```

  A. 1   B. ZeroDivisionError   C. 0   D. NameError

10. 执行如下代码后，所得结果是（   ）。

```
try:
    r = a/0
    r = 3/3
except :
    r = 0
finally:
    r = 1
print r
```

  A. 1   B. ZeroDivisionError   C. 0   D. NameError

11. 会产生 KeyboardInterrupt 异常的操作是（   ）。

A. 打开不存在的文件。

B. 除法运算时，除数为零。

C. 用户按下了 Ctrl+C 时。

D. 向一个以只读模式打开的文件里写入。

12. 下列属于异常的是（　　　）。

　　A. KeyboardInterrupt　　　　　　　　B. ZeroDivisionError

　　C. NameError　　　　　　　　　　　　D. 全部都属于

13. 会产生 ZeroDivisionError 异常的操作是（　　　）。

A. 打开不存在的文件。

B. 除法运算时，除数为零。

C. 用户按下了 Ctrl+C 时。

D. 向一个以只读模式打开的文件里写入。

14. 会产生 NameError 异常的操作是（　　　）。

A. 没有导入 os 模块，就使用其中的函数。

B. 除法运算时，除数为零。

C. 用户按下了 Ctrl+C 时。

D. 向一个以只读模式打开的文件里写入。

二、多项选择题

1. 执行如下代码后，可能产生的异常是。（　　　）

```
try:
    f = open('f:/12.txt')
    f.write('1111')
except :
    print '打开文件出错'
```

A. IOError: File not open for writing

B. IOError: [Errno 2] No such file or directory: 'f:/12.txt'

C. SyntaxError: invalid syntax

D. NameError: name 'f' is not defined

2. 异常处理包括的步骤有（　　　）。

　　A. 捕获异常。　　　　　　　　　　　　B. 定义异常。

　　C. 处理异常。　　　　　　　　　　　　D. 抛出异常。

3. 下列会产生异常的是（　　　）。

　　A. 访问未定义的变量。　　　　　　　　B. 除法运算时，除数为零。

　　C. 断言语句失败。　　　　　　　　　　D. 打开不存在的文件。

4. 以下属于异常的是（　　　）。

　　A. KeyboardInterrupt　　　　　　　　B. StopIteration

　　C. IOError　　　　　　　　　　　　　D. ZeroDivisionError

5. 会产生 IOError 异常的操作是（　　　）。

A. 打开不存在的文件。

B. 除法运算时，除数为零。

C. 删除一个已打开的文件。

异 常 处 理

D. 向一个以只读模式打开的文件里写入。

三、判断题

1. 对于一个程序来说，异常处理是可有可无的。（　　　）

2. 异常处理由抛出异常、捕获异常和处理异常三步组成。（　　　）

3. try 语句后面可以接多个 except 子句。（　　　）

4. 在 Python 中，打开一个文件以后，必须使用 close（）方法关闭这个文件，否则会造成内存泄漏。（　　　）

5. 除法运算时，除数如果为零，会产生 ZeroDivisionError 异常。（　　　）

6. 写操作以后，没有关闭文件，会产生 IOError 异常。（　　　）

7. KeyboardInterrupt 通常在用户按下了 Ctrl+C 时产生，所以它不是异常。（　　　）

8. 删除一个已打开的文件，会产生 IOError 异常。（　　　）

9. 对于那些无论是否发生异常都需要执行的代码，要放到 finally 语句块中。（　　　）

10. 当 try 代码块里的某一语句发生了异常后，其后的语句就不会被执行了。（　　　）

第 10 章

面向对象的编程方法

面向对象是把构成问题事务分解成各个对象，建立对象的目的不是为了完成一个步骤，而是为了描叙某个事物在整个解决问题的步骤中的行为。本章主要介绍Python面向对象程序设计编程思想。

本章要求掌握面向对象编程思想，掌握类的定义和实例化对象，了解抽象类，掌握导入类和导入模块的方式。

学习目标：
- ▸▸ **面向对象和面向过程编程的区别**
- ▸▸ **类和实例**
- ▸▸ **继承**
- ▸▸ **抽象类**
- ▸▸ **导入类**

程序设计方法一般分为两大类：面向过程的程序设计方法和面向对象的程序设计方法。

（1）面向过程的程序设计方法是将完成某项工作的每一个步骤和具体要求都全盘考虑在内来设计程序，程序主要用于描述完成这项工作所涉及的数据对象和具体操作规则，如先做什么？后做什么？怎么做？如何做？本书前面章节使用的均为面向过程的程序设计方法。

（2）面向对象的程序设计方法可以编写表示现实世界中的事物和情景的类，并基于这些类来创建对象。编写类时，定义一大类对象都有的通用行为。基于类创建对象时，每个对象都自动具备这种通用行为，然后可根据需要赋予每个对象独特的个性。使用面向对象编程可模拟现实情景，根据类来创建对象被称为实例化。

10.1 面向对象和面向过程编程

10.1.1 面向对象与面向过程的区别

面向过程就是分析出解决问题所需要的步骤，然后用函数把这些步骤一步一步实现，使用的时候一个一个依次调用就可以了。

面向对象是把构成问题事务分解成各个对象,建立对象的目的不是为了完成一个步骤,而是为了描叙某个事物在整个解决问题的步骤中的行为。

可以用"中国象棋"的实例来理解面向过程与面向对象的区别:

1. 面向过程的设计思路

首先分析问题的步骤:

(1)开始游戏;

(2)红方下棋;

(3)绘制棋盘;

(4)判断输赢;

(5)黑方下棋;

(6)绘制棋盘;

(7)判断输赢;

(8)返回步骤(2);

(9)输出最后结果。

把上面每个步骤用不同的函数来实现。

2. 面向对象的设计思路

把中国象棋分为三个类别:

(1)红黑双方,两方的行为是相同的;

(2)棋盘系统,负责绘制棋盘画面;

(3)规则系统,负责判定诸如犯规、输赢等。

第一类对象(玩家对象)负责接收用户输入,并告知第二类对象(棋盘对象)棋子布局的变化,棋盘对象接收到了棋子的变化就要负责在屏幕上面显示出这种变化,同时利用第三类对象(规则系统)来对棋局进行判定。

可以看出,面向对象是以功能来划分问题,而不是步骤。例如,同样是绘制棋局,这样的行为在面向过程的设计中会分散在多个步骤中,很可能出现不同的绘制版本,因为通常设计人员会考虑到实际情况进行各种各样的简化。而面向对象的设计中,绘图只可能在棋盘对象中出现,从而保证了绘图的统一。

综上所述,面向对象就是实物的抽象化编程,必须先建立抽象模型,之后直接使用模型;而面向过程就是自顶向下的编程。

10.1.2　面向对象的特点

现实世界存在的任何事务都可以称之为**对象**,有着自己独特的个性。面向对象的思想是"万物皆对象",而对象一般都由"**属性+方法**"组成。

属性用来描述具体某个对象的特征。比如小明身高 180 cm,体重 70 kg,这里身高、体重都是属性。属性属于对象**静态**的一面,用来形容对象的一些特性。**方法**属于对象**动态**

的一面，比如小明会跑，会说话，跑、说话这些行为就是对象的方法。把属性和方法称为这个对象的成员。

具有同种属性的对象称为**类**，是个抽象的概念。比如"人"就是一类，其中的一些人，比如小明、小红、小华等等这些都是对象，类就相当于一个模具，定义了它所包含的全体对象的公共特征和功能，对象就是类的一个实例化，小明就是人的一个实例化。

面向对象有三大特性，分别是封装性、继承性和多态性。

10.1.3　面向过程与面向对象的优缺点

可以把用面向过程的思想写出来的程序比作一份蛋炒饭，而用面向对象思想写出来的程序比作一份盖浇饭。盖浇饭的好处是"菜""饭"分离，从而提高了制作盖浇饭的灵活性。饭不满意就换饭，菜不满意换菜。用软件工程的专业术语就是"可维护性"比较好，"饭"和"菜"的耦合度比较低。而蛋炒饭将"蛋""饭"搅和在一起，想换"蛋""饭"中任何一种都很困难，耦合度很高，以至于"可维护性"比较差。

面向过程编程**优点**：性能比面向对象高，因为类调用时需要实例化，开销比较大，比较消耗资源；比如单片机、嵌入式开发、Linux/UNIX 等一般采用面向过程开发，性能是重要的因素之一。**缺点**：不如面向对象易维护、易复用、易扩展。

面向对象编程**优点**：易维护、易复用、易扩展，由于面向对象有封装、继承、多态性的特性，可以设计出低耦合的系统，使系统更加灵活、更加易于维护。面向对象技术具有程序结构清晰，自动生成程序框架，实现简单，可有效地减少程序的维护工作量，代码重用率高，软件开发效率高等优点。**缺点**：因为类调用时需要实例化，开销比较大，比较消耗资源，性能比面向过程低。

10.2　类 和 实 例

面向对象（Object Oriented）最重要的概念就是类（Class）和实例（Instance），类是抽象的**模板**，比如学生类，而实例是根据类创建出来的一个个具体的"对象"，每个对象都拥有相同的方法，但各自的数据可能不同。

假设定义学生类，并实例化三个学生对象，代码如下所示：

```
class Student:                              #①
    def __init__ (self):                    #②
        print('实例化了一个学生对象')

xiaoMing = Student()                        #③
xiaoHong = Student()                        #④
xiaoHua = Student()                         #⑤
```

程序运行结果如下所示：

```
实例化了一个学生对象
实例化了一个学生对象
实例化了一个学生对象
```

面向对象的编程方法

说明：

☑ 语句①通过 class 关键字定义 Student 学生类，通过冒号和代码行的缩进表示类的包含关系。

☑ 类中的函数称为**方法**，前面学到的有关函数的一切都适用于方法，唯一重要的差别是调用方法的方式，类中的方法不能直接调用。

☑ 语句②的__init__()是一个特殊的方法，每当根据 Student 类创建新实例时，Python 都会自动运行它。在这个方法的名称中，开头和末尾各有两个下画线，这是一种约定，旨在避免 Python 默认方法与普通方法发生名称冲突。

☑ 在__init__()方法的定义中，形参 self 必不可少，必须位于其他形参的前面。每个与类相关联的方法调用都自动传递实参 self，它是一个指向实例本身的引用，让实例能够访问类中的属性和方法。可以把对象的各种属性绑定到 self。self 代表当前对象的地址。创建 Student 实例时，Python 将调用 Student 类的__init__()方法，self 会自动传递，因此不需要显式传递它。

☑ __init__()方法支持带参数类的初始化，也可为声明该类的属性（类中的变量），第一个参数必须为 self，后续参数为用户自定义。

☑ 语句③④⑤分别实例化了 xiaoMing、xiaoHong 和 xiaoHua 三个具体的实例对象，__init__()方法被自动执行了三次。

☑ 和普通的函数相比，在类中定义的方法只有一点不同，就是第一个参数永远是实例变量 self，并且调用时不用传递该参数。除此之外，类的方法和普通函数没有什么区别。

☑ 代码中 Student 类是学生模板，xiaoMing、xiaoHong 和 xiaoHua 对象是根据学生模板创建出来的。类只需要有一个，对象可以有多个（一个学生类可以实例化多个学生）。

对 Student 学生类进行修改，在__init__()方法中新增 name 参数，并增加睡觉 sleep()、写作业 doHomework()、输出年龄 printAge()三个方法，代码如下所示：

```python
class Student:
    age = 10                                          #①
    def __init__(self,name,age):                      #②
        self.name = name                              #③
        self.age = age                                #④
        print('实例化了学生对象: %s'%(name))

    def doHomework(self):                             #⑤
        print('%s 正在写作业'%(self.name))

    def sleep(self,time):                             #⑥
        print('%s 睡了%d 个小时'%(self.name,time))

    def printAge(self):                               #⑦
        print('%s 今年%d 岁'%(self.name,self.age))

stu1 = Student('小明',19)                              #⑧
```

```
stu1.sleep(2)                                        #⑨
stu1.printAge()                                      #⑩

stu2 = Student('小红',20)                             #⑪
stu2.doHomework()                                    #⑫
stu2.printAge()                                      #⑬
```

程序运行结果如下所示：

```
实例化了学生对象：小明
小明睡了 2 个小时
小明今年 19 岁
实例化了学生对象：小红
小红正在写作业
小红今年 20 岁
```

▶ 说明：

☑ 语句①定义了 age 属性，用来表示学生年龄的特征，默认值为 10。

☑ 语句②的 __init__()方法包含三个形参：self、name 和 age。在这个方法的定义中，形参 self 必不可少，必须位于其他形参的前面。创建 Student 实例时，self 会自动传递，因此不需要传递它。当根据 Student 类创建实例时，只需给 name 和 age 提供值。

☑ 语句③④处变量 name 和 age 前面有 "self."。以 self 为前缀的变量都可供类中的所有方法使用，可以通过类的任何实例来访问这些变量。self.name = name 获取存储在形参 name 中的值，并将其存储到变量 name 中，然后该变量被关联到当前创建的实例。age 的赋值同理。像这样可通过实例访问的变量称为属性。

☑ Student 类还定义了另外三个方法：doHomework()、sleep()和 printAge()（见语句⑤⑥⑦）。

☑ 语句⑤doHomework()方法不需要额外的信息，因此只有一个形参 self。

☑ 语句⑥sleep()方法需要额外的睡觉时长信息，因此包含两个形参 self 和 time。

☑ 语句⑦printAge()方法不需要额外的信息，因此只有一个形参 self。

☑ 语句⑧⑪分别实例化了两个 Student 对象 stu1 和 stu2，传递实参给 name 和 age。

☑ 语句⑨通过 "对象名.方法名" 调用 sleep()方法，传递实参 2 给 time。

☑ 语句⑩⑬分别通过 "对象名.方法名" 调用 printAge()方法。

☑ 语句⑫通过 "对象名.方法名" 调用 doHomework()方法。

【实例 10.1】定义 Person 类，包含跑步和吃东西方法。

```
#Example10.1.py

class Person():                                      #①
    def __init__(self,name,weight):                  #②
        self.name = name
        self.weight = weight

    def __str__(self):                               #③
```

面向对象的编程方法

```
            return '我的名字叫%s 体重是%.2f' %(self.name,self.weight) #④

        def run(self):                                                  #⑤
            print('%s 爱跑步' %self.name)
            self.weight -= 0.5                                          #⑥

        def eat(self):                                                  #⑦
            print('%s 吃东西' %self.name)
            self.weight += 1                                            #⑧

xiaoMing = Person('小明',70.0)                                          #⑨
print(xiaoMing)                                                        #⑩
xiaoMing.run()                                                        #⑪
print(xiaoMing)                                                        #⑫
xiaoMing.eat()                                                        #⑬
print(xiaoMing)                                                        #⑭
```

【运行结果】

```
我的名字叫小明 体重是 70.00
小明爱跑步
我的名字叫小明 体重是 69.50
小明吃东西
我的名字叫小明 体重是 70.50
```

📧 说明：

☑ 语句①定义 Person 类。

☑ 语句②的__init__()方法包含三个形参：self、name 和 weight。当根据 Person 类创建实例时，只需给 name 和 weight 提供值。

☑ 语句③定义了__str__()方法，该方法和__init__()方法一样，名称开头和末尾各有两个下画线。

☑ 实例化不会触发__str__()方法，调用print()输出实例化对象时，如果__str__()中有返回值，就会输出 return 语句的返回值。

☑ 语句④return 有返回值，当 print()输出实例化 Person 对象时，自动输出返回值。

☑ 语句⑤定义方法 run()，语句⑥将属性 weight 值减 0.5。

☑ 语句⑦定义方法 eat()，语句⑧将属性 weight 值加 1。

☑ 语句⑨实例化 Person 类对象 xiaoMing。

☑ 语句⑩⑫⑭使用 print()函数输出 xiaoMing 对象时，自动输出__str__()方法的返回值。

☑ 语句⑪通过"对象名.方法名"调用 run()方法。

☑ 语句⑬通过"对象名.方法名"调用 eat()方法。

【实例 10.2】定义枪支 Gun 类和士兵 Soldier 类，模拟士兵射击的场景。

```
#Example10.2.py

class Gun():                                                           #①
    def __init__(self,model):
        self.model = model
```

```
            self.bullet_count = 0

    def addBullet(self,count):                          #②
        self.bullet_count += count
        print('%s增加%d发子弹'%(self.model,self.bullet_count))

    def shoot(self):                                    #③
        if self.bullet_count <=0:
            print('%s没有子弹了...' %self.model)
            return                                      #④
        self.bullet_count -= 1
        print('还剩%s发子弹' %(self.bullet_count))

class Soldier():                                        #⑤
    def __init__(self,name,gun):                        #⑥
        self.name = name
        self.gun = gun                                  #⑦

    def fire(self):                                     #⑧
        if self.gun == None:
            print('%s还没有枪...' %self.name)
            return
        print('%s使用%s射击,'%(self.name,self.gun.model),end='')
        self.gun.shoot()                                #⑨

AK47 = Gun('AK47')                                      #⑩
ryan = Soldier('Ryan',AK47)                             #⑪
ryan.fire()
AK47.addBullet(30)
ryan.fire()

smith = Soldier('Smith',None)                           #⑫
smith.fire()
```

【运行结果】

```
Ryan使用AK47射击,AK47没有子弹了...
AK47增加30发子弹
Ryan使用AK47射击,还剩29发子弹
Smith还没有枪...
```

📖 说明：

☑ 语句①定义枪支类 Gun，语句⑤定义士兵类 Soldier。

☑ 在 Gun 类中，定义 addBullet()方法和 shoot()方法（见语句②③）。

☑ 当 shoot()方法的 if 条件判断为 True 时，执行语句④return 语句，表示提前结束该方法的调用。

☑ 在 Soldier 类中，定义 fire()方法（见语句⑧）。

面向对象的编程方法

☑ 在语句⑥的__init__()方法中，第三个参数 gun 用来接收具体的枪支对象，语句⑦给 self.gun 属性赋值。

☑ 语句⑨通过 self.gun.shoot()语句调用枪支对象的 shoot()方法。

☑ 语句⑩创建枪支对象 AK47。

☑ 语句⑪创建士兵对象 Ryan，传递参数 "Ryan" 和 AK47 对象。

☑ 语句⑫创建士兵对象 Smith，传递参数 "Smith" 和 None。None 是 Python 中的一个特殊的常量，表示一个空的对象。

【实例 10.3】定义家具 **HouseItem** 类和房屋 **House** 类，模拟房屋摆放家具的场景。

```python
#Example10.3.py

class HouseItem():                                        #①
    def __init__(self,name,area):
        self.name = name
        self.area = area

    def __str__(self):
        return '"%s"占地%.2f平方米' %(self.name,self.area)

class House():                                            #②
    def __init__(self,houseType,area):
        self.houseType = houseType
        self.area = area
        #剩余面积
        self.freeArea = area                             #③
        self.itemList = []                               #④

    def __str__(self):
        return ('户型:%s\n总面积:%.2f平方米,剩余:%.2f平方米\n家具:%s'\  #⑤
%(self.houseType,self.area,self.freeArea,self.itemList))

    def addItem(self,item):                              #⑥
        #判断家具的面积
        if item.area > self.freeArea:
            print('%s的面积太大,无法添加' %item.name)
            return
        #将家具的名称添加到列表中
        self.itemList.append(item.name)                  #⑦
        #计算剩余面积
        self.freeArea -= item.area                       #⑧

bed = HouseItem('bed',4)
print(bed)
wardrobe = HouseItem('wardrobe',2)
print(wardrobe)
table = HouseItem('table',1.5)
print(table)
```

```
myHouse = House('两室一厅',100)
myHouse.addItem(bed)
myHouse.addItem(wardrobe)
myHouse.addItem(table)
print(myHouse)
```

【运行结果】

```
"bed"占地 4.00 平方米
"wardrobe"占地 2.00 平方米
"table"占地 1.50 平方米
户型:两室一厅
总面积:100.00 平方米,剩余:92.50 平方米
家具:['bed', 'wardrobe', 'table']
```

说明：

☑ 语句①定义家具类 HouseItem，语句②定义房屋类 House。

☑ 语句③self.freeArea 属性表示房屋的剩余面积，初始化为房屋的总面积。当房屋新增家具时，通过语句⑧修改 self.freeArea 值。

☑ 语句④定义空列表 self.itemList，用来存储家具名称信息。

☑ 语句⑤代码太长，通过 "\" 进行代码换行。

☑ 语句⑥定义 addItem()方法，将家具添加到房屋对象中。

☑ 语句⑦通过列表的 append()方法，添加家具对象到列表中。

10.3   继   承

面向对象编程（OOP）语言的一个主要功能就是"继承"。通过继承创建的新类称为"子类"或"派生类"，被继承的类称为"基类""父类"或"超类"，继承的过程，就是从一般到特殊的过程。在 Python 语言中，一个子类可以继承多个基类。

编写类时，并非总是要从空白开始。如果要编写的类是另一个现成类的特殊版本，可使用继承。一个类继承另一个类时，它将自动获得另一个类的所有属性和方法。子类继承了其父类的所有属性和方法，同时还可以定义自己的属性和方法。

10.3.1   定义子类

在考虑使用继承时，有一点需要注意，那就是两个类之间的关系应该是"属于"关系。例如，Chinese 是一个人，American 也是一个人，因此这两个类都可以继承 Person 类。但是 Cat 类却不能继承 Person 类，因为猫并不是一个人。

假设定义父类 Person，定义子类 Chinese 和 American 分别继承 Person 类，并实例化三个人类对象，代码如下所示：

```
class Person():                          #①
    def talk(self):                      #②
```

215

```
        print("人在说话...")

class Chinese(Person):                          #③
    def drinkTea(self):                         #④
        print('中国人在喝茶...')

class American(Person):                         #⑤
    def drinkCoffee(self):                      #⑥
        print('美国人在喝咖啡...')

per1 = Person()                                 #⑦
per1.talk()

per2 = Chinese()                                #⑧
per2.talk()                                     #⑨
per2.drinkTea()                                 #⑩

per3 = American()                               #⑪
per3.talk()
per3.drinkCoffee()
```

程序运行结果如下所示：

```
人在说话...
人在说话...
中国人在喝茶...
人在说话...
美国人在喝咖啡...
```

📖 说明：

☑ 语句①定义父类 Person。

☑ 语句②定义父类的 talk()方法。

☑ 在 Python 语言中，在子类名称的小括号 "()" 内写父类的名称，表示子类和父类之间的继承关系。

☑ 语句③定义子类 Chinese 继承父类 Person。

☑ 语句④在子类 Chinese 中，定义 drinkTea()方法。

☑ 语句⑤定义子类 American 继承父类 Person。

☑ 语句⑥在子类 American 中，定义 drinkCoffee()方法。

☑ 语句⑦实例化父类 Person 对象 per1。

☑ 语句⑧实例化子类 Chinese 对象 per2。

☑ 语句⑨子类对象 per2 调用继承的父类方法 talk()。

☑ 语句⑩子类对象 per2 调用本身方法 drinkTea ()。

☑ 语句⑪实例化子类 American 对象 per3。

10.3.2　子类的__init__()方法

创建子类的实例时，Python 首先需要完成的任务是给父类的所有属性赋值。为此，子类的方法__init__()需要父类施以援手。

假设定义父类 Person，定义子类 Chinese 和 American 继承 Person 类，子类__init__()方法显式调用父类__init__()方法，代码如下所示：

```
class Person():                                        #①
    def __init__(self, name, age):                     #②
        self.name = name
        self.age = age

    def talk(self):
        print("人在说话...")

class Chinese(Person):                                 #③
    def __init__(self, name, age, language):           #④
        super(Chinese,self).__init__(name, age)        #⑤
        self.language = language

    def drinkTea(self):
        print('一个名叫%s的中国人在喝茶...'%(self.name)) #⑥

class American(Person):                                #⑦
    def __init__(self, name, age, language):
        Person.__init__(self,name,age)                 #⑧
        self.language = language

    def drinkCoffee(self):
        print('一个%d岁的美国人在喝咖啡...'%(self.age))

per1 = Chinese('小华', 19, '中文')                      #⑨
per1.drinkTea()

per2 = American('乔丹',20,'英文')
per2.drinkCoffee()
```

程序运行结果如下所示：

```
一个名叫小华的中国人在喝茶...
一个20岁的美国人在喝咖啡...
```

📄 说明：

☑语句①定义父类 Person。
☑语句②定义父类的__init__()方法，为 name 和 age 属性赋值。
☑语句③定义子类 Chinese 继承父类 Person。
☑语句④定义子类的__init__()方法，为 name、age 和 language 属性赋值。

面向对象的编程方法

☑ super()是一个特殊方法，帮助 Python 将父类和子类关联起来。语句⑤让 Python 调用 Chinese 的父类 Person 的方法__init__()，让 Chinese 实例包含父类的所有属性。父类也称为超类（superclass），名称 super 由此而来。

☑ 语句⑥使用了继承自 Person 父类的 name 属性。

☑ 语句⑦定义子类 American 继承父类 Person。

☑ 语句⑧使用了 "父类名称.__init__()" 方式调用 American 的父类 Person 的方法 __init__()，让 American 实例包含父类的所有属性。

☑ 语句⑤和语句⑧都可以在子类中调用父类的__init__()方法。

☑ 语句⑨的执行过程为：实例化 per1→per1 调用子类__init__()→子类__init__()继承父类__init__()→调用父类__init__()。

10.3.3 重写父类方法

对于父类的方法，只要它不符合子类模拟的实物的行为，都可对其进行重写。为此，可在子类中定义一个这样的方法，即它与要重写的父类方法同名。这样，Python 将不会考虑这个父类方法，而只关注在子类中定义的相应方法。

假设定义父类 Person，定义子类 Chinese 和 American 继承 Person 类，子类重写父类的 talk()方法，代码如下所示：

```python
class Person():
    def __init__(self, name, age):
        self.name = name
        self.age = age

    def talk(self):                                         #①
        print("人在说话...")

class Chinese(Person):
    def __init__(self, name, age, language):
        super(Chinese,self).__init__(name, age)
        self.language = language

    def drinkTea(self):
        print('一个名叫%s 的中国人在喝茶...'%(self.name))

    def talk(self):                                         #②
        print("%s 在说%s..."%(self.name,self.language))

class American(Person):
    def __init__(self, name, age, language):
        Person.__init__(self,name,age)
        self.language = language

    def drinkCoffee(self):
        print('一个%d 岁的美国人在喝咖啡...'%(self.age))

    def talk(self):                                         #③
```

```
        print("%s 在说%s..."%(self.name,self.language))

per1 = Chinese('小华', 19, '中文')
per1.talk()                                                    #④
per1.drinkTea()

per2 = American('乔丹',20,'英文')
per2.talk()                                                    #⑤
per2.drinkCoffee()
```

程序运行结果如下所示：

```
小华在说中文...
一个名叫小华的中国人在喝茶...
乔丹在说英文...
一个 20 岁的美国人在喝咖啡...
```

🏳 **说明：**

- ☑ 子类 Chinese 和 American 分别继承父类 Person。
- ☑ 语句①在父类 Person 中定义 talk()方法。
- ☑ 语句②和语句③在子类中分别重写了父类的 talk()方法。
- ☑ 语句④和语句⑤子类对象调用 talk()方法时，执行的是重写后的 talk()方法。

【实例 10.4】定义学校成员 SchoolMember 类、教师 Teacher 类、学生 Student 类，模拟学校教学场景。

```
#Example10.4.py

class SchoolMember():                                          #①
    member = 0                                                 #②
    def __init__(self, name, age, sex):
        self.name = name
        self.age = age
        self.sex = sex
        self.enroll()                                          #③

    def enroll(self):                                          #④
        print('学校新增了成员[%s].' % self.name)
        SchoolMember.member += 1                               #⑤

    def showInfo(self):                                        #⑥
        print('----%s----' % self.name)
        for key, value in self.__dict__.items():               #⑦
            if key == 'sex':
                if value == 'F':
                    print(key,':','女')
                else:
                    print(key,':','男')
            else:
```

219

```
                print(key,':', value)
        print('----end-----')

class Teacher(SchoolMember):                                        #⑧
    def __init__(self, name, age, sex, salary, course):
        SchoolMember.__init__(self, name, age, sex)
        self.salary = salary
        self.course = course

    def teaching(self):
        print('[%s]主讲《%s》课程' % (self.name, self.course))

class Student(SchoolMember):                                        #⑨
    def __init__(self, name, age, sex, course, tuition):
        SchoolMember.__init__(self, name, age, sex)
        self.course = course
        self.tuition = tuition
        self.amount = 0

    def payTuition(self, amount):
        print('[%s]已经交了%d 元学费' % (self.name, amount))
        self.amount += amount

t1 = Teacher('李老师', 35, 'M', 8000, 'Python')
t1.teaching()
t1.showInfo()

s1 = Student('小华', 20, 'F', 'Python', 16000)
s1.payTuition(16000)
s1.showInfo()

print("学校共有%d 位成员"%(SchoolMember.member))
```

【运行结果】

```
学校新增了成员 [李老师].
[李老师]主讲《Python》课程
----李老师----
name : 李老师
age : 35
sex : 男
salary : 8000
course : Python
----end-----
学校新增了成员 [小华].
[小华]已经交了 16000 元学费
----小华----
name : 小华
age : 20
sex : 女
course : Python
tuition : 16000
```

```
amount : 16000
----end-----
学校共有2位成员
```

📑 说明：

☑ 语句①定义父类 SchoolMember，语句⑧和⑨定义子类 Teacher 和 Student。

☑ 语句②定义 member 属性，用于存储学校人数，执行语句⑤时人数加 1。

☑ 当实例化创建父类或子类对象时，父类的__init__()方法自动执行，并执行语句③调用语句④enroll()方法。

☑ 语句⑥定义 showInfo()方法，打印学校成员信息。

☑ Python 语言中，每个类都有__dict__属性，可以自动存储类的属性和值。即使存在继承关系，父类的__dict__并不会影响子类的__dict__。语句⑦通过 for 循环语句对__dict__.items()方法以列表返回的（键、值）元组数组进行遍历。

10.4　抽　象　类

如果一个类中没有包含足够的信息来描绘一个具体的对象，这样的类就是抽象类（abstract class）。抽象类往往用来表征在对问题领域进行分析、设计中得出的抽象概念，是对一系列看上去不同，但是本质上相同的具体概念的抽象。抽象类的好处在于能够实现面向对象设计的一个最核心的原则 OCP（Open Closed Principle）。

抽象类是一个特殊的类，只能被继承，不能实例化，抽象类中可以有抽象方法和普通方法。子类继承了抽象类父类，子类必须实现父类的抽象方法。抽象类不能直接实例化，实例化抽象类对象会导致编译时错误。

定义抽象类需要导入 abc 模块。

```
import abc
```

抽象方法是只定义方法，不具体实现方法体。在定义抽象方法时需要在前面加入：

```
@abc.abstractmethod
```

抽象方法不包含任何可实现的代码，因此其函数体通常使用 pass。

【实例 10.5】抽象类应用举例。

```
#Example10.5.py

import abc                                    #①

class CopyBase(metaclass=abc.ABCMeta):        #②
    @abc.abstractmethod                       #③
    def save(self):                           #④
        pass
```

```
class CopyFile(CopyBase):                          #⑤
    def __init__(self):
        pass

    def save(self):                                #⑥
        print("复制文件")

class CopyQuestion(CopyBase):                       #⑦
    def __init__(self):
        pass

    def save(self):                                #⑧
        print("复制问题")

paper = CopyFile()
paper.save()
question = CopyQuestion()
question.save()
```

【运行结果】

```
复制文件
复制问题
```

说明：

- ☑ 语句①导入 abc 模块。
- ☑ 语句②定义 CopyBase 类时，设置 metaclass=abc.ABCMeta 使其成为抽象类。
- ☑ 语句③表示下面定义的方法是抽象方法。
- ☑ 语句④定义抽象方法 save()。
- ☑ 语句⑤和语句⑦定义子类 CopyFile 和 CopyQuestion 继承父类 CopyBase。
- ☑ 语句⑥和语句⑧实现父类的抽象方法 save()。

10.5　导　入　类

随着程序不断地给类添加功能，文件可能变得很长。为遵循 Python 的总体理念，应让文件尽可能整洁。为在这方面提供帮助，Python 允许将类存储在模块中，然后在主程序中导入所需的模块。

10.5.1　导入单个类

将 Plane 类存储在一个名为 plane.py 的模块中。

【plane.py】

```
"""定义描述飞机的类"""                              #①

class Plane:                                       #②
```

```
"""模拟飞机"""
    def __init__(self, make, model, seat, year):
        """初始化描述飞机的属性"""
        self.make = make
        self.model = model
        self.seat = seat
        self.year = year
        self.odometerReading = 0

    def getDescriptiveName(self):
        """返回整洁的描述性名称"""
        longName = str(self.year) + ' ' + self.make + ' ' + self.model +
' ' + str(self.seat)
        return longName.title()

    def readOdometer(self):
        """打印一条消息，指出飞机的里程"""
        print("这架飞机已经飞行了" + str(self.odometerReading) + "公里.")

    def updateOdometer(self, mileage):
        """
        将里程表读数设置为指定的值
        拒绝将里程表往回拨
        """
        if mileage >= self.odometerReading:
            self.odometerReading = mileage
        else:
            print("不能回拨公里数!")

    def incrementOdometer(self, miles):
        """将里程表读数增加指定的量"""
        self.odometerReading += miles
```

创建另一个文件 planeTest.py，在其中导入 Plane 类并创建其实例。
【planeTest.py】

```
from plane import Plane                              #③

c919 = Plane('中国商用飞机有限责任公司','C919',190,2018)
print(c919.getDescriptiveName())
c919.odometerReading = 400000
c919.updateOdometer(45000)
c919.updateOdometer(450000)
c919.incrementOdometer(5000)
c919.readOdometer()
```

程序运行结果如下所示：

```
2018 中国商用飞机有限责任公司 C919 190
不能回拨公里数!
这架飞机已经飞行了 455000 公里.
```

面向对象的编程方法

📝 **说明：**

☑ 语句①包含了一个模块级文档字符串，对该模块的内容做了简要的描述。应该养成为自己创建的每个模块都编写文档字符串的习惯。

☑ 语句②定义了飞机 Plane 类。

☑ 语句③的 from 语句打开模块 plane，import 语句导入其中的 Plane 类，这样就可以使用 Plane 类了，就像它是在这个文件中定义的一样。

☑ 导入类是一种有效的编程方式。通过将 Plane 类移到一个模块中，并导入该模块，依然可以使用其所有功能，但主程序文件变得整洁而易于阅读。这种方式将大部分逻辑存储在独立的文件中，实现逻辑程序和主程序的文件分离。

10.5.2　在一个模块中存储多个类

同一个模块中的类之间应存在某种相关性，可根据需要在一个模块中存储任意数量的类。类 Missile 和 Fighter 都可帮助模拟飞机，因此下面将它们都加入模块。

【plane.py】

```python
"""定义描述飞机、战斗机、武器的类"""                    #①

class Plane:                                        #②
    """省略，见上一节"""


class Missile():
    """模拟战斗机的导弹"""
    def __init__(self, missileNumber):
        """初始化导弹的属性"""
        self.missileNumber = missileNumber
    def describeMissile(self):
        """输出一条描述挂弹数量的消息"""
        print("战斗机携带了" + str(self.missileNumber) + "枚导弹.")
    def getRemainNumber(self):
        """输出一条描述战斗机挂弹量的消息"""
        remainNumber = 6 - self.missileNumber
        message = "战斗机还可以携带" + str(remainNumber) +'枚导弹.'
        print(message)

class Fighter(Plane):
    """模拟战斗机的独特之处"""
    def __init__(self, make, model, seat, year, num):
        """
        初始化父类的属性， 再初始化战斗机特有的属性
        """
        super().__init__(make, model, seat , year)
        self.missile = Missile(num)
```

新建一个名为 fighterTest.py 的文件，导入 Fighter 类，并创建一架战斗机。

【fighterTest.py】

```
from plane import Fighter

j20 = Fighter('成都飞机工业集团公司','歼20',1,2019,5)
print(j20.getDescriptiveName())
j20.odometerReading = 200000
j20.incrementOdometer(3000)
j20.readOdometer()
j20.missile.describeMissile()
j20.missile.getRemainNumber()
```

程序运行结果如下所示：

```
2019 成都飞机工业集团公司 歼20 1
这架飞机已经飞行了203000公里.
战斗机携带了5枚导弹.
战斗机还可以携带1枚导弹.
```

10.5.3 在一个模块中导入多个类

可根据需要在程序文件中导入任意数量的类。如果要在同一个程序中创建普通飞机和战斗机，就需要将 Plane 和 Fighter 类都导入。

【aircraft.py】

```
from plane import Plane, Fighter

airbus = Plane('空中客车公司','A320',200,2010)
print(airbus.getDescriptiveName())

j31 = Fighter('沈阳飞机工业集团','歼31',1,2019,5)
print(j31.getDescriptiveName())
```

程序运行结果如下所示：

```
2010 空中客车公司 A320 200
2019 沈阳飞机工业集团 歼31 1
```

10.5.4 导入整个模块

还可以导入整个模块，再使用**句点表示法**访问需要的类。这种导入方法很简单，代码也易于阅读。由于创建类实例的代码都包含模块名，因此不会与当前文件使用的任何名称发生冲突。

下面的代码导入整个 plane 模块，并创建一架普通飞机和一架战斗机。

【aircraft.py】

```
import plane

airbus = plane.Plane('空中客车公司','A320',200,2010)
print(airbus.getDescriptiveName())
```

面向对象的编程方法

```
j31 = plane.Fighter('沈阳飞机工业集团','歼31',1,2019,4)
print(j31.getDescriptiveName())
```

程序运行结果如下所示:

```
2010 空中客车公司 A320 200
2019 沈阳飞机工业集团 歼31 1
```

10.5.5 导入模块中的所有类

要导入模块中的每个类,还可使用下面的语法:

```
from 模块 import *
```

注意不推荐使用这种导入方式。因为如果只要看一下文件开头的 import 语句,就能清楚地知道程序使用了哪些类,将大有裨益;但这种导入方式没有明确地指出使用了模块中的哪些类。再就是,这种导入方式还可能引发名称方面的困惑;如果不小心导入了一个与程序文件中其他东西同名的类,将引发难以诊断的错误。

需要从一个模块中导入很多类时,最好导入整个模块,并使用"模块名.类名"语法来访问类。这样做时,虽然文件开头并没有列出用到的所有类,但能清楚地知道在程序的哪些地方使用了导入的模块,还避免了导入模块中的每个类可能引发的名称冲突。

10.6　本　章　小　结

程序设计方法一般分为两大类:面向过程的程序设计方法和面向对象的程序设计方法。

类是创建实例的模板,而实例则是一个一个具体的对象,各个实例拥有的数据都互相独立,互不影响。

通过继承创建的新类称为"子类"或"派生类",被继承的类称为"基类""父类"或"超类",继承的过程,就是从一般到特殊的过程。

抽象类是一个特殊的类,只能被继承,不能实例化,抽象类中可以有抽象方法和普通方法。

通过创建模块和导入类,可以实现逻辑程序和主程序的文件分离。

10.7　习　　　　题

一、单项选择题

1. 面向对象软件开发中使用的 OOA 表示(　　　)。

    A. 面向对象分析　　B. 面向对象设计　　C. 面向对象语言　　D. 面向对象方法

2. 面向对象软件开发中使用的 OOD 表示(　　　)。

    A. 面向对象分析　　B. 面向对象设计　　C. 面向对象语言　　D. 面向对象方法

3. 面向对象软件开发中使用的 OOP 表示(　　　)。

    A. 面向对象分析　　B. 面向对象设计　　C. 面向对象编程　　D. 面向对象方法

4. 不是面向对象语言三大特性的是（　　　　）。

    A. 封装性　　　　　　　B. 继承性　　　　　　　C. 抽象性　　　　　　　D. 多态性

5. Python 语言中，每当根据类创建新实例时，都会自动运行类的方法是（　　　　）。

    A. init()　　　　　　　B. __init()　　　　　　　C. init()__　　　　　　　D. __init()__

6. Python 语言中，使用 print() 函数输出一个对象时，输出（　　　）方法的返回值。

    A. str()　　　　　　　B. __str ()　　　　　　　C. str ()__　　　　　　　D. __str ()__

7. 以下语句的输出结果是（　　　）。

```python
class Shape():
    def draw(self):
        self.drawSelf()

class Point(Shape):
    def drawSelf(self):
        print("正在画一个点")

class Circle(Shape):
    def drawSelf(self):
        print("正在画一个圆")

shape = Point()
shape.draw()

shape = Circle()
shape.draw()
```

    A.

正在画一个圆
正在画一个点

    B.

正在画一个圆
正在画一个圆

    C.

正在画一个点
正在画一个点

    D.

正在画一个点
正在画一个圆

8. Python 语言中，通过（　　　　）实现继承。

    A. extends　　　　　　　B. :　　　　　　　C. (父类名)　　　　　　　D. inherit

9. 下列说法正确的是（　　　　）。

```python
class ParentClass1:
    pass

class ParentClass2:
    pass

class SubClass1(ParentClass1):
    pass
```

第
10
章

面向对象的编程方法

```
class SubClass2(ParentClass1,ParentClass2):
    pass
```

    A. SubClass1.__bases__
      (<class '__main__.ParentClass1'>,)

    B. SubClass2.__bases__
      (<class '__main__.ParentClass1'>,)

    C. SubClass1.__bases__
      (<class '__main__.ParentClass1'>, <class '__main__.ParentClass2'>)

    D. ParentClass1.__bases__
      (<class '__main__.ParentClass1'>,)

10. 下列关于模块说法错误的是（   ）。

    A. import 模块名，这种导入方法需要“模块名.属性名”这种方式调用

    B. from 模块名 import *，提供了一个简单的方法来导入一个模块中的所有项目

    C. from 模块名 import 类名，从模块中导入一个指定的类到当前命名空间中

    D. from 模块名 import *语句，从模块中导入一个指定的部分到当前命名空间中

二、判断题

1. 在一个软件的设计与开发中，所有类名、函数名、变量名都应该遵循统一的风格和规范。（   ）

2. 定义类时所有实例方法的第一个参数用来表示对象本身，在类的外部通过对象名来调用实例方法时不需要为该参数传值。（   ）

3. 在面向对象程序中，函数和方法是完全一样的，都必须为所有参数进行传值。（   ）

4. Python 中没有严格意义上的私有成员。（   ）

5. 对于 Python 语言中，使用 abstract 关键字定义抽象类。（   ）

6. 在派生类中可以通过“基类名.方法名()”的方式来调用基类中的方法。（   ）

7. Python 支持多继承，如果父类中有相同的方法名，而在子类中调用时没有指定父类名，则 Python 解释器将从子类向父类按顺序进行搜索。（   ）

8. 在 Python 中定义类时实例方法的第一个参数名称不管是什么，都表示对象自身。（   ）

9. 在类定义的外部没有任何办法可以访问对象的私有成员。（   ）

10. Python 类的构造函数是__init__()。（   ）

11. 在 Python 中可以为自定义类的对象动态增加新成员。（   ）

12. Python 类不支持多继承。（   ）

13. 属性可以像数据成员一样进行访问，但赋值时具有方法的优点，可以对新值进行检查。（   ）

三、编程题

1. 定义一个立方体类（Box）：
包含三个属性，分别是长（length）、宽（width）、高（height）；
定义两个方法，分别计算并输出立方体的体积（volume()）和表面积（superFicial()）。
实例化一个对象，并计算体积和表面积。

2. 定义一个汽车类（Car）：

属性有颜色（color）、品牌（brand）、车牌号（plate）、价格（price）；

方法有输出属性信息（driver()）。

实例化两个对象，给属性赋值，并输出属性值。

3. 定义一个僵尸类（Zombie）：

属性有名字（name）、体力值（stamina）、攻击力（attack）；

方法有输出属性信息（showInfo()）。

实例化三个僵尸类，给属性赋值，并输出属性值。

4. 请定义一个交通工具（Vehicle）的类：

属性：名称（name）、速度（speed）、重量（weight）；

方法：移动（move(length)），设置速度（setSpeed(speed)），加速 speedUp(speed=10)，减速 speedDown(speed=10)，__str__()返回车辆行驶信息。

实例化一个交通工具对象，给 name、speed、weight 赋值，并且输出显示。另外，调用加速、减速的方法对速度进行改变，调用 move 方法输出移动距离。

5. 定义一个学生类（Student）：

有姓名（name）、年龄（age）、性别（gender）、英语成绩（English）、数学成绩（Math）、语文成绩（Chinese）属性；

定义方法求总分、平均分，输出学生的信息（totalPoints()）。

从键盘输入学生的各项信息，实例化学生对象，并调用方法。

6. 创建猫类（Cat）：

属性：名字（name）、年龄（age）；

方法：抓老鼠（catchMouse(mouse)）。

创建老鼠类（Mouse）：

属性：名字（name）。

创建一个猫对象，再创建一个老鼠对象，设计猫抓老鼠的方法。

7. 定义一个英雄类（Hero）：

属性有：姓名（_name）、体力值（_power），体力值默认为 100；

方法有：（1）go()：行走的方法，如果体力值为 0，则输出不能行走，此英雄已死亡的信息。（2）eat(power)：吃的方法，参数是补充的血量，将 power 的值加到属性_power 中，_power 的值最大为 100。（3）hurt()：每受到一次伤害，体力值–10，体力值最小不能小于 0。

实例化一个英雄对象，模拟调用各个方法。

8. 建立三个类：人（People）、公民（Citizen）、官员（Officer）。人包含身份证号（idcard）、姓名（name）、出生日期（birthday），而公民继承自人，多包含学历（degree）、职业（job）两项数据；官员则继承自公民，多包含党派（party）、职务（duty）两项数据。要求每个类的字段都通过__str__()方法提供数据输出的功能。分别实例化三个类对象，并输出各项属性信息。

9. 编写出一个通用的人员类（Person）：该类具有姓名（name）、年龄（age）、性别（sex）属性。然后通过对 Person 类的继承得到一个学生类（Student），该类能够存放学生的 5 门课的成绩，并能求出平均成绩。最后在测试函数中对 Student 类的功能进行验证。

10. 新建 car.py 文件，在文件中创建汽车类（Car）、电动汽车类（ElectricCar）、电池类（Battery），其中电动汽车类继承自汽车类。汽车类包含制造商（make）、型号（model）、年份（year）、行驶里程（odometer_reading）属性，包含 get_descriptive_name()方法返回汽车的信息，read_odometer()方法读取行驶里程，update_odometer(mileage)方法修改行驶里程，increment_odometer(miles)方法增加行驶里程。电动汽车类包含电池（battery）属性。电池类包含电池容量（battery_size）属性，包含 describe_battery()方法描述电池信息，get_range()方法描述续航里程。新建 my_car.py 文件，模拟创建汽车对象。新建 my_cars.py 文件，模拟创建汽车对象和电动汽车对象。

第 11 章

Python 应用案例

Python 的应用领域非常广泛，几乎所有大中型信息技术企业都在使用 Python 完成各种各样的任务，Python 的应用领域主要有：科学计算、自然语言处理、网络爬虫、游戏开发、人工智能、自动化运维等。

本章要求掌握 Python 在科学计算、自然语言处理、网络爬虫、游戏开发等领域常用库的基本使用方式。

学习目标：

▸▸ 科学计算
▸▸ 自然语言处理
▸▸ 网络爬虫
▸▸ 游戏开发

11.1 科 学 计 算

11.1.1 概述

科学计算即数值计算，是指应用计算机处理科学研究和工程技术中所遇到的数学计算。在现代科学和工程技术中，经常会遇到大量复杂的数学计算问题，这些问题用一般的计算工具来解决非常困难，而用计算机来处理却非常容易。

自然科学规律通常用各种类型的数学方程式表达，科学计算的目的就是寻找这些方程式的数值解。这种计算涉及庞大的运算量，简单的计算工具难以胜任。在计算机出现之前，科学研究和工程设计主要依靠实验或实验提供数据，计算仅处于辅助地位。随着计算机的迅速发展，使越来越多的复杂计算成为可能。利用计算机进行科学计算带来了巨大的经济效益，同时也使科学技术本身发生了根本变化：传统的科学技术只包括理论和实验两个组成部分，而使用计算机后，计算已成为同等重要的第三个组成部分。

Python 在科学计算领域建立了牢固的基础，覆盖了从金融数据分析、石油勘探、地震数据处理、量子物理等范围广泛的应用场景。Python 这种广泛的适用性在于，这些看似不同的应用领域通常在某些重要的方面是重叠的。易于与数据库连接、在网络上发布信息并高效地进行复杂计算的应用程序对于许多行业是至关重要的，而 Python 最主要的长处就在于它能让开发者迅速地创建这样的工具。

和其他解释型语言（如 shell、js、PHP）相比，Python 在数据分析、可视化方面有相当完善和优秀的库，例如 NumPy、matplotlib、SciPy、Pandas 等，这可以满足 Python 程序员编写科学计算程序的要求。

11.1.2　NumPy

NumPy（Numerical Python）是 Python 语言的一个扩展程序库，支持大量的维度数组与矩阵运算，此外也针对数组运算提供大量的数学函数库。

NumPy 的前身 Numeric 最早是由 Jim Hugunin 与其他协作者共同开发。2005 年，Travis Oliphant 在 Numeric 中结合了另一个同性质的程序库 Numarray 的特色，并加入了其他扩展而开发了 NumPy。NumPy 为开放源代码并且由许多协作者共同维护开发。

NumPy 是一个运行速度非常快的数学库，包含：

- ☑ 强大的 N 维数组对象 ndarray。
- ☑ 广播功能函数。
- ☑ 整合 C/C++/Fortran 代码的工具。
- ☑ 线性代数、傅里叶变换、随机数生成等功能。

NumPy 的 N 维数组对象 ndarray 是一系列同类型数据的集合，从下标 0 开始进行集合中元素的索引。ndarray 对象是用于存放同类型元素的多维数组，每个元素在内存中都有相同存储大小的区域。

【实例 11.1】创建数组。

```python
#Example11.1.py

import numpy as np                                    #①

arr1 = np.arange(6)                                   #②
print(arr1)
print(type(arr1))

arr2 = np.arange(1,2,0.2)                             #③
print(arr2)

arr3 = np.arange(15).reshape(3, 5)                    #④
print(arr3)
print(arr3.shape)                                     #⑤
print(arr3.ndim)                                      #⑥
print(arr3.dtype.name)                                #⑦
print(arr3.itemsize)                                  #⑧
print(arr3.size)                                      #⑨

lst = [6,7,8]
print(lst)
```

```
arr4 = np.array(lst)                                    #⑩
print(type(arr4))
print(arr4)

arr5 = np.array([(1,2,3),(4,5,6)])                      #⑪
print(arr5)

arr6 = np.zeros((2,4))                                  #⑫
print(arr6)

arr7= np.ones((2,4))                                    #⑬
print(arr7)
```

【运行结果】

```
[0 1 2 3 4 5]
<class 'numpy.ndarray'>
[ 1.   1.2  1.4  1.6  1.8]
[[ 0  1  2  3  4]
 [ 5  6  7  8  9]
 [10 11 12 13 14]]
(3, 5)
2
int32
4
15
[6, 7, 8]
<class 'numpy.ndarray'>
[6 7 8]
[[1 2 3]
 [4 5 6]]
[[ 0.  0.  0.  0.]
 [ 0.  0.  0.  0.]]
[[ 1.  1.  1.  1.]
 [ 1.  1.  1.  1.]]
```

📑 说明：

☑ 语句①导入 numpy 库，为了使用方便，起别名为 np。

☑ 语句②通过 NumPy 提供的 arange()函数，得到一个长度为 6 的数组。

☑ 语句③在 arange()函数中设置了初始值、终止值（实际为该值的前一个值）、步长（增量）参数，得到一个长度为 5 的数组。

☑ 语句④通过 reshape()函数将一个长度为 15 的一维数组转换为 3 行 5 列的二维数组。

☑ 语句⑤到语句⑨，分别通过数组对象 ndarray 的 shape、ndim、dtype、itemsize、size属性，得到数组的维度、轴（维度）的个数、元素类型、元素字节大小、元素个数。

☑ 语句⑩使用 array 函数将常规 Python 列表转换为数组。

☑ 语句⑪将序列的序列转换成二维数组。

☑ 语句⑫函数 zeros()创建一个由 0 组成的 2 行 4 列的二维数组。

☑ 语句⑬函数 ones()创建一个由 1 组成的 2 行 4 列的二维数组。

【实例 11.2】操作数组。

```
#Example11.2.py
```

```
import numpy as np

arr1 = np.arange(1,9).reshape(2,4)
print(arr1)

arr2 = np.arange(10,90,10).reshape(2,4)
print(arr2)

arr3 = arr1 + arr2                                    #①
arr4 = arr1 - arr2                                    #②
print(arr3)
print(arr4)

arr5 = arr1 * arr2                                    #③
print(arr5)

arr6 = arr2.reshape(4,2)
arr7 = arr1 @ arr6                                    #④
print(arr7)

print(arr1 > 5)                                       #⑤

arr8 = arr1 ** 2                                      #⑥
print(arr8)

arr1 += 10                                            #⑦
print(arr1)

print(arr1.sum())                                     #⑧
print(arr1.max())                                     #⑨
print(arr1.sum(axis=0))                               #⑩
print(arr1.sum(axis=1))                               #⑪
```

【运行结果】

```
[[1 2 3 4]
 [5 6 7 8]]
[[10 20 30 40]
 [50 60 70 80]]
[[11 22 33 44]
 [55 66 77 88]]
[[ -9 -18 -27 -36]
 [-45 -54 -63 -72]]
[[ 10  40  90 160]
 [250 360 490 640]]
[[ 500  600]
 [1140 1400]]
[[False False False False]
 [False  True  True  True]]
[[ 1  4  9 16]
 [25 36 49 64]]
[[11 12 13 14]
 [15 16 17 18]]
116
```

```
18
[26 28 30 32]
[50 66]
```

📑 说明：

☑ 矩阵的算术运算符作用到**元素**级别，语句①②③实现了两个矩阵按元素的加法、减法和乘法运算。

☑ 语句④通过 "@" 运算法，实现两个矩阵的乘积。

☑ 语句⑤输出矩阵 arr1 和 5 的大于关系运算结果。

☑ 语句⑥计算矩阵元素的平方值。

☑ 语句⑦计算矩阵 arr1 元素值加 10。

☑ 语句⑧⑨通过 sum()、max() 函数分别计算矩阵中所有元素之和、查找最大值。

☑ 通过 axis 参数，可以沿数组的指定轴应用操作，语句⑩⑪计算指定轴元素之和。

ndarray 对象的内容可以通过索引或切片来访问和修改，与 Python 中 list 的切片操作一样。ndarray 数组基于 0–n 的下标进行索引，并设置 start，stop 及 step 参数进行，从原数组中切割出一个新数组。

【实例 11.3】数组的索引和切片。

```python
#Example11.3.py

import numpy as np

arr1 = np.arange(10)**3
print(arr1)
print(arr1[3])
print(arr1[2:5])
arr1[:6:2] = -1000
print(arr1)
print(arr1[::-1])
for i in arr1:
    print(i ** (1/3.))

arr2 = np.arange(20).reshape(5,4)
print(arr2)
print(arr2[2,3])
print(arr2[0:5,1])
print(arr2[:,1])
print(arr2[1:3,:])
```

【运行结果】

```
[  0   1   8  27  64 125 216 343 512 729]
27
[ 8 27 64]
[-1000     1 -1000    27 -1000   125   216   343   512   729]
[  729   512   343   216   125 -1000    27 -1000     1 -1000]
nan
1.0
nan
3.0
nan
5.0
```

```
6.0
7.0
8.0
9.0
[[ 0  1  2  3]
 [ 4  5  6  7]
 [ 8  9 10 11]
 [12 13 14 15]
 [16 17 18 19]]
11
[ 1  5  9 13 17]
[ 1  5  9 13 17]
[[ 4  5  6  7]
 [ 8  9 10 11]]
```

11.1.3　matplotlib

matplotlib 是 Python 的一个 2D 绘图库，它可以在跨平台上绘制出高质量的图像。其宗旨是让简单的事变得更简单，让复杂的事变得可能。可以用 matplotlib 生成绘图、直方图、功率谱、柱状图、误差图、散点图等。

【实例 11.4】绘制正弦、余弦曲线。

```
#Example11.4.py

import numpy as np
import matplotlib.pyplot as plt                               #①

X = np.linspace(-np.pi, np.pi, 256, endpoint=True)            #②
C = np.cos(X)                                                 #③
S = np.sin(X)                                                 #④

plt.plot(X,C)                                                 #⑤
plt.plot(X,S)                                                 #⑥

plt.show()                                                    #⑦
```

【运行结果】

如图 11.1 所示。

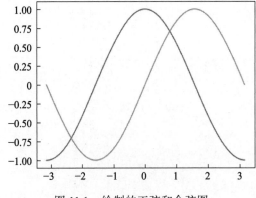

图 11.1　绘制的正弦和余弦图

☑ 语句①导入 matplotlib.pyplot 模块，取别名为 plt。

☑ 语句②调用 linspace()函数创建一个名为 X 的 numpy 数组，包含了从−π 到+π 等间隔的 256 个值。

☑ 语句③和④分别调用 cos()、sin()函数，C 和 S 则分别是这 256 个值对应的余弦和正弦函数值组成的 numpy 数组。

☑ 语句⑤和⑥调用 plot()函数绘制图像，两个参数分别表示 x 轴、y 轴。

☑ 语句⑦调用 show()函数显示图像。

【实例 11.5】使用 Python 生成随机漫步数据，并绘制图像。

```python
#Example11.5.py

import matplotlib.pyplot as plt
from random import choice                            #①

class RandomWalk():                                  #②
    def __init__(self, num_points=2000):            #③
    #初始化随机漫步的属性
        self.num_points = num_points
        self.x_values = [0]                          #④
        self.y_values = [0]                          #⑤

    def fill_walk(self):                             #⑥
        while len(self.x_values) < self.num_points:  #⑦
            # 决定前进方向以及沿这个方向前进的距离
            x_direction = choice([1, -1])
            x_distance = choice([0, 1, 2, 3, 4])
            x_step = x_direction * x_distance
            y_direction = choice([1, -1])
            y_distance = choice([0, 1, 2, 3, 4])
            y_step = y_direction * y_distance
            # 拒绝原地踏步
            if x_step == 0 and y_step == 0:
                continue
            # 计算下一个点的 x 和 y 值
            next_x = self.x_values[-1] + x_step
            next_y = self.y_values[-1] + y_step
            self.x_values.append(next_x)
            self.y_values.append(next_y)

rw = RandomWalk()                                    #⑧
rw.fill_walk()                                       #⑨
plt.scatter(rw.x_values, rw.y_values, s=3)           #⑩
plt.show()
```

【运行结果】

如图 11.2 所示。

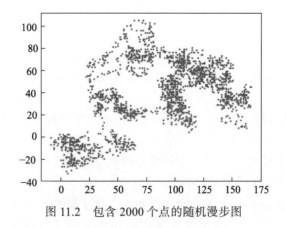

图 11.2　包含 2000 个点的随机漫步图

📑 **说明：**

☑ 语句①导入 random 模块的 choice()函数，达到随机决策的目的。

☑ 为模拟随机漫步，语句②创建一个名为 RandomWalk 的类，随机地选择前进方向。这个类需要三个属性，其中一个是存储随机漫步次数的变量，其他两个是列表，分别存储随机漫步经过的每个点的 x 和 y 轴坐标。

☑ 语句③将随机漫步包含的默认点数设置为 2000，这大到足以生成有趣的模式，同时又足够小，可确保能够快速地模拟随机漫步。

☑ 语句④⑤创建了两个用于存储 x 和 y 轴值的列表，并让每次漫步都从点(0, 0)出发。

☑ 语句⑥定义 fill_walk()来生成漫步包含的点，并决定每次漫步的方向。

☑ 语句⑦建立了一个循环，这个循环不断运行，直到漫步包含所需数量的点。这个循环模拟四种漫步决定：向右走还是向左走？沿 x 轴指定的方向走多远？向上走还是向下走？沿 y 轴指定的方向走多远？使用 choice([1, −1])给 x_direction 选择一个值，结果要么是表示向右走的 1，要么是表示向左走的−1。接下来，choice([0, 1, 2, 3, 4])随机地选择一个 0~4 的整数，告诉 Python 沿指定的方向走多远（x_distance）。将移动方向乘以移动距离，以确定沿 x 和 y 轴移动的距离。如果 x_step 为正，将向右移动，为负将向左移动，而为零将垂直移动；如果 y_step 为正，就意味着向上移动，为负意味着向下移动，而为零意味着水平移动。如果 x_step 和 y_step 都为零，则意味着原地踏步，为避免这样的情况，使用 continue 语句执行下一次循环。为获取漫步中下一个点的 x 值，将 x_step 与 x_values 中的最后一个值相加，对于 y 值也做相同的处理。获得下一个点的 x 值和 y 值后，将它们分别附加到列表 x_values 和 y_values 的末尾。

☑ 语句⑧创建了一个 RandomWalk 实例，并将其存储到 rw 中。

☑ 语句⑨调用 fill_walk()函数。

☑ 语句⑩将随机漫步包含的 x 和 y 值传递给 scatter()，并选择了合适的点尺寸。

11.1.4　SciPy

Scipy 是一个高级的科学计算库，它和 Numpy 联系很密切，Scipy 一般都是操控 Numpy 数组来进行科学计算，所以可以说是基于 Numpy 之上了。Scipy 有很多子模块可以应对不同的应用，例如线性代数、插值运算，优化算法、图像处理、数学统计等。

【实例 11.6】已知线性方程组如下，请求解。

$$1x + 3y + 5z = 10$$
$$2x + 5y + 1z = 08$$
$$2x + 3y + 8z = 03$$

求解 x，y，z 值的上述方程式，可以使用矩阵求逆来求解向量，如下所示。

$$\begin{bmatrix} x \\ y \\ z \end{bmatrix} = \begin{bmatrix} 1 & 3 & 5 \\ 2 & 5 & 1 \\ 2 & 3 & 8 \end{bmatrix}^{-1} \begin{bmatrix} 10 \\ 8 \\ 3 \end{bmatrix} = \frac{1}{25} \begin{bmatrix} -232 \\ 129 \\ 19 \end{bmatrix} = \begin{bmatrix} -9.28 \\ 5.16 \\ 0.76 \end{bmatrix}$$

```
#Example11.6.py

from scipy import linalg                                        #①
import numpy as np

a = np.array([[1, 3, 5], [2, 5, 1], [2, 3, 8]])
b = np.array([10, 8, 3])

result = linalg.solve(a, b)                                     #②
print(result)
```

【运行结果】

```
[-9.28  5.16  0.76]
```

📖 说明：

☑ 语句①从 scipy 中导入 linalg 模块。

☑ 语句②调用 solve()函数得到结果列表。

【实例 11.7】计算两点（1,1）、（4,5）的欧氏距离，计算三点（1,1）、（4,5）和（7,9）的欧氏距离。

```
#Example11.7.py

import numpy as np
from scipy.spatial.distance import pdist,squareform,cdist       #①

point1 = np.array([(1,1)])
point2 = np.array([(4,5)])
distance = cdist(point1,point2,"euclidean")                     #②
print(distance)

x = np.array([(1,1),(4,5),(7,9)])
x_d1 = pdist(x,"euclidean")                                     #③
print(x_d1)
x_d2 = squareform(x_d1)                                         #④
print(x_d2)
```

239

第
11
章

【运行结果】

```
[[ 5.]]
[ 5.  10.   5.]
[[  0.   5.  10.]
 [  5.   0.   5.]
 [ 10.   5.   0.]]
```

📖 说明：

☑ 欧几里得度量（euclidean metric）（也称欧氏距离）是一个通常采用的距离定义，指在 m 维空间中两个点之间的真实距离，或者向量的自然长度（即该点到原点的距离）。

☑ 二维空间计算公式为：$d = sqrt((x1–x2)^2 + (y1–y2)^2)$。

☑ scipy.spatial.distance.cdist(XA, XB, metric='euclidean', p=None, V=None, VI=None, w=None)，该函数用于计算两个输入集合的距离，通过 metric 参数指定计算距离的不同方式得到不同的距离度量值。metric 可取值：euclidean（欧氏距离）、correlation（相关系数）、cosine（余弦夹角）等。

☑ scipy.spatial.distance.pdist(X, metric='euclidean', p=2, w=None, V=None, VI=None)，该函数计算矩阵 X 样本之间（m*n）的欧氏距离，返回值 Y (m*m)为压缩距离元组或矩阵。第二个参数默认为欧氏距离。

☑ scipy.spatial.distance.squareform(X, force='no', checks=True)，该函数用来把一个向量格式的距离向量转换成一个方阵格式的距离矩阵，反之亦然。

☑ 语句①从 scipy.spatial.distance 模块导入 cdist()、pdist()、squareform()函数。

☑ 语句②调用 cdist()函数计算两点之间的欧氏距离。

☑ 语句③调用 pdist()函数计算三个点之间的欧氏距离，得到一个压缩矩阵。

☑ 语句④调用 squareform()函数将压缩矩阵转化为完整矩阵。

【实例 11.8】使用 **scipy.misc** 库进行常见图像处理。

```
#Example11.8.py

from scipy.misc import imread,imsave,imresize,imrotate,imfilter   #①
import matplotlib.pyplot as plt

img = imread("lena.jpg")                                          #②

print(img.dtype)                                                  #③
print(img.shape)                                                  #④

img_red = img[:,:,0]                                              #⑤
img_green = img[:,:,1]                                            #⑥
img_blue = img[:,:,2]                                             #⑦

img_filter = imfilter(img, 'find_edges')                          #⑧
img_resize = imresize(img,(256,128))                              #⑨
img_shear = img[200:400,200:400]                                  #⑩
```

```
img_rotate = imrotate(img,30)                              #⑪
imsave("img_rotate.jpg",img_rotate)                        #⑫

plt.subplot(2,4,1)                                         #⑬
plt.imshow(img)                                            #⑭

plt.subplot(2,4,2)
plt.imshow(img_red)

plt.subplot(2,4,3)
plt.imshow(img_green)

plt.subplot(2,4,4)
plt.imshow(img_blue)

plt.subplot(2,4,5)
plt.imshow(img_filter)

plt.subplot(2,4,6)
plt.imshow(img_resize)

plt.subplot(2,4,7)
plt.imshow(img_shear)

plt.subplot(2,4,8)
plt.imshow(img_rotate)
```

【运行结果】

```
uint8
(512, 512, 3)
```

如图 11.3 所示。

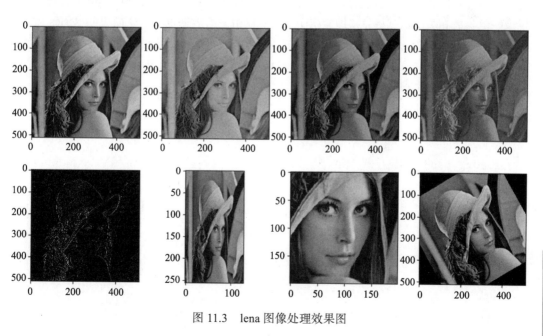

图 11.3　lena 图像处理效果图

241

第
11
章

Python 应用案例

📇 **说明：**

☑ 语句①从 scipy.misc 模块导入 imread()、imsave()、imresize()、imrotate()、imfilter() 函数。scipy.misc 模块进行图像处理时，图像将以数组对象进行存储运算。

☑ 语句②调用 imread()函数读取本地存储的 "lena.jpg" 图像。

☑ 语句③通过图像对象的 dtype 属性，打印图像的数据类型为 uint8。

☑ 语句④通过图像对象的 shape 属性，打印元组（512,512,3），分别表示图像的高度、宽度和色彩度（3 表示为彩色图像）。

☑ 语句⑤⑥⑦分别获得彩色图像的 RGB 三原色数组。

☑ 语句⑧调用 imfilter()函数进行图像滤波，传递参数 "find_edges" 表示获得图像的边缘数据。

☑ 语句⑨调用 imresize()函数进行图像缩放。

☑ 语句⑩通过数组的索引切片获得局部图像数据。

☑ 语句⑪调用 imrotate()函数进行图像旋转，传递参数 "30" 表示逆时针旋转角度。

☑ 语句⑫调用 imsave ()函数进行图像保存。

☑ 语句⑬调用 subplot()函数进行多张子图的绘制。

☑ 语句⑭调用 imshow()函数显示图像。

11.1.5　Pandas

Pandas 是 Python 的一个强大的分析结构化数据分析包，由 AQR Capital Management 于 2008 年 4 月开发，并于 2009 年底开源。目前由专注于 Python 数据包开发的 PyData 开发团队继续开发和维护，属于 PyData 项目的一部分。它的使用基础是 Numpy（提供高性能的矩阵运算），用于数据挖掘和数据分析，同时也提供数据清洗功能。

Series 是 Pandas 中一种类似于一维数组的对象，由一组数据（各种 NumPy 数据类型）以及一组与之相关的数据标签（即索引）组成。仅由一组数据也可产生简单的 Series 对象。

DataFrame 是 Pandas 中的一个表格型的数据结构，包含一组有序的列，每列可以是不同的值类型（数值、字符串、布尔型等），DataFrame 即有行索引也有列索引，可以被看作是由 Series 组成的字典。

【实例 11.9】创建和操作 Series 对象。

```
#Example11.9.py

import pandas as pd                         #①

lst = [1,4.5,'abc',True]
ser1 = pd.Series(lst)                        #②
print(ser1)

ser1.index=['a','b','c','d']                 #③
print(ser1)

print(ser1['b'])                             #④
```

```
print(ser1['b':'c'])                                    #⑤

ser1['a'] = 10                                          #⑥
print(ser1)

ser2 = ser1.drop('b')                                   #⑦
print(ser2)

del ser2['c']                                           #⑧
print(ser2)

ser3 = pd.Series({'x':1,'y':2,'z':3})                   #⑨
print(ser3)
```

【运行结果】

```
0       1
1       4.5
2       abc
3       True
dtype: object
a       1
b       4.5
c       abc
d       True
dtype: object
4.5
b       4.5
c       abc
dtype: object
a       10
b       4.5
c       abc
d       True
dtype: object
a       10
c       abc
d       True
dtype: object
a       10
d       True
dtype: object
x       1
y       2
z       3
dtype: int64
```

📎 说明：

☑ 语句①导入 pandas 模块，并起别名为 pd。

☑ 语句②调用 Series()函数生成 Series 对象。Series 对象是由一组标签索引和与之对应的一组值构成的。默认标签为 0，1，2，…

☑ 语句③通过 index 属性，用户为 Series 对象自定义标签索引序列。

☑ 语句④根据标签索引查找值。

☑ 语句⑤根据标签索引切片查找值。

☑ 语句⑥根据标签索引修改值。

☑ 语句⑦通过 drop()函数删除指定标签索引对应的值。drop()函数返回的是一个新对象，元对象不会被改变。

☑ 语句⑧使用 del 命令删除指定标签索引对应的值。

☑ 语句⑨通过字典创建 Series 对象。

【实例 11.10】 创建和操作 **DataFrame** 数据结构。

```python
#Example11.10.py

import pandas as pd
import numpy as np

df1 = pd.DataFrame(np.arange(16).reshape((4,4)),index=['a','b','c',
                'd'],\columns=['one','two','three','four'])    #①
print(df1)

df1['five'] = 1                                                #②
print(df1)

df2 = df1.drop('b',axis = 0)                                   #③
print(df2)
df3 = df1.drop('two',axis = 1)                                 #④
print(df3)

del df1['three']                                              #⑤
print(df1)

df1['two']['c'] = 100                                          #⑥
print(df1)

df1['four'] = 200                                              #⑦
print(df1)

df1['b':'b'] = 300                                             #⑧
print(df1)

print(df1['one'])                                             #⑨
print(df1[['one','four']])                                     #⑩
print(df1.loc[:,'one'])                                        #⑪
print(df1.loc['b':'b',:])                                      #⑫

data={'b':['1','2'],'a':['5','6']}
df4 = pd.DataFrame(data)                                       #⑬
print(df4)

df5 = pd.DataFrame(data,columns=['b','a'])                     #⑭
print(df5)
```

```
nest_dict={'shanghai':{2019:100,2020:101},'beijing':{2019:102,2020:1
03}}
df6 = pd.DataFrame(nest_dict)                                    #⑮
print(df6)
```

【运行结果】

```
   one   two   three   four
a   0    1      2       3
b   4    5      6       7
c   8    9     10      11
d  12   13     14      15
   one   two   three   four   five
a   0    1      2       3      1
b   4    5      6       7      1
c   8    9     10      11      1
d  12   13     14      15      1
   one   two   three   four   five
a   0    1      2       3      1
c   8    9     10      11      1
d  12   13     14      15      1
   one   three   four   five
a   0      2      3      1
b   4      6      7      1
c   8     10     11      1
d  12     14     15      1
   one   two   four   five
a   0    1      3      1
b   4    5      7      1
c   8    9     11      1
d  12   13     15      1
   one   two   four   five
a   0    1      3      1
b   4    5      7      1
c   8   100    11      1
d  12   13     15      1
   one   two   four   five
a   0    1     200     1
b   4    5     200     1
c   8   100    200     1
d  12   13     200     1
   one   two   four   five
a   0    1     200     1
b  300  300    300    300
c   8   100    200     1
d  12   13     200     1
a       0
b     300
c       8
d      12
Name: one, dtype: int32
   one   four
a   0    200
b  300   300
c   8    200
```

245

```
d   12    200
a       0
b   300
c       8
d   12
Name: one, dtype: int32
   one  two   four   five
b  300  300   300    300
   a  b
0  5  1
1  6  2
   b  a
0  1  5
1  2  5
        beijing   shanghai
2019       102        100
2020       103        101
```

📰 说明：

☑ 语句①调用 DataFrame()函数生成 DataFrame 数据结构。

☑ 语句②添加新列。

☑ 语句③④调用 drop()函数删除指定行（axis=0）或列（axis=1）。drop()函数返回的是一个新对象，元对象不会被改变。

☑ 语句⑤使用 del 命令删除指定列。

☑ 语句⑥通过列索引标签和行索引标签修改值。

☑ 语句⑦通过列索引标签修改对应列所有值。

☑ 语句⑧通过行索引切片修改对应行所有值。

☑ 语句⑨⑩⑪⑫通过标签切片和 loc 选择器，读取元素值。

☑ 语句⑬通过等长列表组成的字典来创建 DataFrame 对象。

☑ 语句⑭通过 columns 属性设置列顺序。

☑ 语句⑮传入嵌套字典（字典的值也是字典）创建 DataFrame。

pandas 提供了一个类似于关系数据库的连接（join）操作的方法 merge，可以根据一个或多个键将不同 DataFrame 中的行连接起来。

语法如下：

```
merge(left, right, how='inner', on=None, left_on=None, right_on=None,
      left_index=False, right_index=False, sort=True,
      suffixes=('_x', '_y'), copy=True, indicator=False)
```

该函数的典型应用场景是：针对同一个主键存在两张包含不同字段的表，现在想把它们整合到一张表里。在此典型情况下，结果集的行数并没有增加，列数则为两个元数据的列数和减去连接键的数量。

☑ on=None 用于显示指定列名（键名），如果该列在两个对象上的列名不同，则可以通过 left_on=None，right_on=None 来分别指定。或者想直接使用行索引作为连接键的话，就将 left_index=False，right_index=False 设为 True。

☑ how='inner'参数指的是当左右两个对象中存在不重合的键时，取结果的方式：inner 代表交集；outer 代表并集；left 和 right 分别为取一边。

☑ suffixes=('_x','_y')指的是当左右对象中存在除连接键外的同名列时，结果集中的区分方式，可以各加一个小尾巴。

☑ 对于多对多连接，结果采用的是行的笛卡尔积。

参数说明：

☑ left 与 right：两个不同的 DataFrame。

☑ how：指的是合并（连接）的方式有 inner（内连接），left（左外连接），right（右外连接），outer（全外连接）；默认为 inner。

☑ on：指的是用于连接的列索引名称。必须存在左右两个 DataFrame 对象中，如果没有指定且其他参数也未指定则以两个 DataFrame 的列名交集作为连接键。

☑ left_on：左侧 DataFrame 中用作连接键的列名；这个参数中左右列名不相同，但代表的含义相同时非常有用。

☑ right_on：右侧 DataFrame 中用作连接键的列名。

☑ left_index：使用左侧 DataFrame 中的行索引作为连接键。

☑ right_index：使用右侧 DataFrame 中的行索引作为连接键。

☑ sort：默认为 True，将合并的数据进行排序。在大多数情况下设置为 False 可以提高性能。

☑ suffixes：字符串值组成的元组，用于指定当左右 DataFrame 存在相同列名时在列名后面附加的后缀名称，默认为（'_x','_y'）。

☑ copy：默认为 True，总是将数据复制到数据结构中；大多数情况下设置为 False 可以提高性能。

☑ indicator：在 0.17.0 中还增加了一个显示合并数据中来源情况；如只来自己于左边（left_only）、两者（both）。

【实例 11.11】DataFrame 数据拼接。

```
#Example11.11.py

import pandas as pd

df1 = pd.DataFrame({'key':['a','b','d'],'data1':range(3)})
print(df1)
df2 = pd.DataFrame({'key':['a','b','c'],'data2':range(3)})
print(df2)
print(pd.merge(df1,df2))
print(pd.merge(df1,df2,how='left'))
print(pd.merge(df1,df2,how='right'))
print(pd.merge(df1,df2,how='outer'))

df3 = pd.DataFrame({'key1':['foo','foo','bar','bar'],'key2':['one',
'one','one','two'],'lval':[4,5,6,7]})
df4 = pd.DataFrame({'key1':['foo','foo','bar'],'key2':['one','two',
'one'],'lval':[1,2,3]})
print(pd.merge(df3,df4,on=['key1','key2'],how='outer'))
```

```
df5  =  pd.DataFrame({'key3':['foo','foo','bar','bar'],'key4':['one',
'one','one','two'],'lval':[4,5,6,7]})
print(pd.merge(df3,df5,left_on='key1',right_on='key3') )
```

【运行结果】

```
   data1 key
0     0   a
1     1   b
2     2   d
   data2 key
0     0   a
1     1   b
2     2   c
   data1 key data2
0     0   a     0
1     1   b     1
   data1 key data2
0     0   a    0.0
1     1   b    1.0
2     2   d    NaN
   data1 key data2
0   0.0   a     0
1   1.0   b     1
2   NaN   c     2
   data1 key data2
0   0.0   a    0.0
1   1.0   b    1.0
2   2.0   d    NaN
3   NaN   c    2.0
  key1 key2  lval_x  lval_y
0  foo  one     4.0     1.0
1  foo  one     5.0     1.0
2  bar  one     6.0     3.0
3  bar  two     7.0     NaN
4  foo  two     NaN     2.0
  key1 key2  lval_x key3 key4  lval_y
0  foo  one       4  foo  one       4
1  foo  one       4  foo  one       5
2  foo  one       5  foo  one       4
3  foo  one       5  foo  one       5
4  bar  one       6  bar  one       6
5  bar  one       6  bar  two       7
6  bar  two       7  bar  one       6
7  bar  two       7  bar  two       7
```

11.2　自然语言处理

11.2.1　概述

自然语言处理是计算机科学领域与人工智能领域中的一个重要方向,它研究能实现人与计算机之间用自然语言进行有效通信的理论和方法。自然语言处理是一门融语言学、计算机科学、数学于一体的科学。因此,该领域的研究将涉及自然语言,即人们日常使用的语言，所以它与语言学的研究有着密切的联系，但又有重要的区别。自然语言处理并不是一般地研究自然语言，而在于研制能有效地实现自然语言通信的计算机系统，特别是其中的软件系统，因而它是计算机科学的一部分。

实现人机间自然语言通信意味着要使计算机既能理解自然语言文本的意义，也能以自然语言文本来表达给定的意图、思想等。前者称为自然语言理解，后者称为自然语言生成。因此，自然语言处理大体包括了自然语言理解和自然语言生成两个部分。实现自然语言理解和自然语言生成是十分困难的。造成困难的根本原因是自然语言文本和对话的各个层次上广泛存在的各种各样的歧义性或多义性。

中文文本从形式上看是由汉字（包括标点符号等）组成的一个字符串。由字可组成词，由词可组成词组，由词组可组成句子，进而由一些句子组成段、节、章、篇。无论在上述的各种层次：字（符）、词、词组、句子、段……，还是在下一层次向上一层次转变中都存在着歧义和多义现象，即形式上一样的一段字符串，在不同的场景或不同的语境下，可以理解成不同的词串、词组串等，并有不同的意义。一般情况下，它们中的大多数都是可以根据相应的语境和场景的规定而得到解决的。也就是说，从总体上说，并不存在歧义。这也就是我们平时并不感到自然语言歧义，且能用自然语言进行正确交流的原因。但另一方面，为了消解歧义，是需要极其大量的知识进行推理的。如何将这些知识较完整地加以收集和整理出来；又如何找到合适的形式，将它们存入计算机系统中去；以及如何有效地利用它们来消除歧义，都是工作量极大且十分困难的工作。

目前存在的问题有两个方面：一方面，迄今为止的语法都限于分析一个孤立的句子，上下文关系和谈话环境对本句的约束和影响还缺乏系统的研究，因此分析歧义、词语省略、代词所指、同一句话在不同场合或由不同的人说出来所具有的不同含义等问题，尚无明确规律可循，需要加强语用学的研究才能逐步解决。另一方面，人理解一个句子不是单凭语法，还运用了大量的有关知识，包括生活知识和专门知识，这些知识无法全部贮存在计算机里。

以上存在的问题成为自然语言理解在机器翻译应用中的主要难题，这也就是当今机器翻译系统的译文质量离理想目标仍相差甚远的原因之一；而译文质量是机译系统成败的关键。中国数学家、语言学家周海中教授曾在经典论文《机器翻译五十年》中指出：要提高机译的质量，首先要解决的是语言本身问题而不是程序设计问题；单靠若干程序来做机译系统，肯定是无法提高机译质量的；另外在人类尚未明了大脑是如何进行语言的模糊识别和逻辑判断的情况下，机译要想完全达到"信、达、雅"的程度是不可能的。

【实例 11.12】成语接龙小游戏。

```
#Example11.12.py

import re                                              #①
import random

file = open('chengyu.txt','r',encoding='utf-8')        #②
line = file.readline()                                 #③

data = []
while line:
```

```
    p1 = re.compile(r'[【](.*?)[】)]', re.S)                      #④
    s = re.findall(p1, line)                                    #⑤
    data.append(s[0])                                           #⑥
    line = file.readline()

file.close()                                                    #⑦

start_data = [w for w in data if w.startswith('千')]            #⑧
while len(start_data) != 0:                                      #⑨
    current_word = start_data[random.randint(0,len(start_data)-1)]#⑩
    print(current_word)
    end_char = current_word[-1]                                 #⑪
    start_data = [w for w in data if w.startswith(end_char)]

print('over')
```

【运行结果之一】

```
千言万语
语不惊人
人才辈出
出敌不意
意在笔先
先断后闻
闻声相思
思前想后
后会有期
期期艾艾
over
```

📖 说明：

☑ 语句①导入 re 库，用于字符串匹配。

☑ 语句②调用 open()函数打开本地的 "chengyu.txt" 文件，如图 11.4 所示。每个成语占一行，用一对中文的中括号 "【】" 括起来。

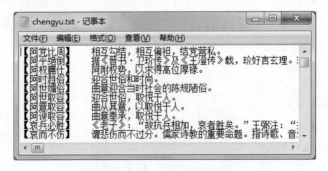

图 11.4 "chengyu.txt" 文件内容

☑ 语句③调用 file.readline()读取一行字符串。

☑ 语句④中正则表达式"r'[【](.*?)[】)]'"前加了"r"就是为了使得里面的特殊符号不用写反斜杠了;"[ ]"具有去特殊符号的作用,也就是说"[【]"里的"【"只是普通的括号;正则匹配串里的"()"是为了提取整个正则串中符合括号里的正则的内容;"."是为了表示除了换行符的任一字符。"*"克林闭包,出现0次或无限次;加了"?"是最小匹配,不加是贪婪匹配;"re.S"是为了让"."表示除了换行符的任一字符。

☑ 语句④调用 compile()函数编译正则表达式模式,返回一个模式对象。

☑ 语句⑤调用 findall()函数返回 line 中所有与 p1 相匹配的全部字串,返回形式为列表。

☑ 语句⑥将语句⑤得到列表的第一个元素值追加到列表 data 中。

☑ 语句⑦调用 close()函数关闭文件。

☑ 语句⑧得到所有以"千"开头的成语列表 start_data。

☑ 语句⑨判断如果列表 start_data 长度不等于 0,则进入 while 循环。

☑ 语句⑩从列表 start_data 中随机得到一个成语元素值赋给 current_word。

☑ 语句⑪得到 current_word 的最后一个字,准备生成下一个成语。

Python 在自然语言处理领域提供了多个资料库可以使用,包括 jieba、SnowNLP、NLTK、Gensim、TensorFlow、Pattern、Spacy 等。本小节将介绍其中几种库的基本使用方式。

11.2.2　jieba

"结巴"中文分词是最常用的 Python 中文分词组件之一。截止本书编写时,Jieba 在 Github 上已经有 23700 颗 star 数目,社区活跃度高,代表着该项目会持续更新,适合长期使用。Jieba 分词官网地址是:https://github.com/fxsjy/jieba。

jieba 主要有以下 3 种特性:

☑ 支持四种分词模式:精确模式、全模式、搜索引擎模式、paddle 模式(0.4 以后版本支持,请升级 jieba,pip install jieba --upgrade)。

☑ 支持繁体分词。

☑ 支持自定义词典。

【实例 11.13】jieba 分词案例。

```
#Example11.13.py

import jieba                                                    #①

jieba.enable_paddle()                                           #②

strs=["我来到大连大连外国语大学","大连是中国的足球城","大连理工大学"]
for str in strs:
    seg_list = jieba.cut(str,use_paddle=True)                   #③
    print("Paddle 模式: " + '/'.join(list(seg_list)))

seg_list = jieba.cut("我来到大连大连外国语大学", cut_all=True)      #④
print("全模式: " + "/ ".join(seg_list))

seg_list = jieba.cut("我来到大连大连外国语大学", cut_all=False)     #⑤
print("精确模式: " + "/ ".join(seg_list))
```

```
seg_list = jieba.cut("他来到了星海广场")                                    #⑥
print("默认是精确模式: " + "/ ".join(seg_list))

seg_list = jieba.cut_for_search("他毕业于大连外国语大学软件学院，后来在某世
界 500 强 IT 公司工作")                                                    #⑦
print("搜索引擎模式: " + "/ ".join(seg_list))
```

【运行结果】

```
Paddle enabled successfully......
Paddle 模式：我/来到/大连大连外国语大学
Paddle 模式：大连/是/中国/的/足球/城
Paddle 模式：大连理工大学
全模式：我/ 来到/ 大连/ 大连/ 外国/ 外国语/ 国语/ 大学
精确模式：我/ 来到/ 大连/ 大连/ 外国语/ 大学
默认是精确模式：他/ 来到/ 了/ 星海/ 广场
搜索引擎模式：他/ 毕业/ 于/ 大连/ 外国/ 国语/ 外国语/ 大学/ 软件/ 学院/ , / 后来
/ 在/ 某/ 世界/ 500/ 强/ IT/ 公司/ 工作
```

📑 说明:

☑ 语句①导入 jieba 库。

☑ 语句②启动 paddle 模式。0.40 版之后开始支持，早期版本不支持。

☑ jieba.cut 方法接收四个输入参数：需要分词的字符串；cut_all 参数用来控制是否采用全模式；HMM 参数用来控制是否使用 HMM 模型；use_paddle 参数用来控制是否使用 paddle 模式下的分词模式，paddle 模式采用延迟加载方式，通过 enable_paddle 接口安装 paddlepaddle-tiny。

☑ 语句③使用 paddle 模式分词。

☑ 语句④使用全模式分词。

☑ 语句⑤使用精确模式分词。

☑ 语句⑥使用默认模式分词，即精确模式分词。

☑ 语句⑦使用搜索引擎模式分词。

【实例 11.14】jieba 自定义词典。

```
#userdict.txt
市长 20000                                                              #①
星海湾 1000                                                             #②

#Example11_14.py

import jieba

sample_text = '大连市长参加了星海湾跨海大桥的通车仪式'
print("【未加载词典】: " + '/ '.join(jieba.cut(sample_text)))

jieba.load_userdict("userdict.txt")                                    #③
print("【加载词典后】: " + '/ '.join(jieba.cut(sample_text)))
```

【运行结果】

【未加载词典】: 大连市/ 长/ 参加/ 了/ 星/ 海湾/ 跨海大桥/ 的/ 通车/ 仪式
【加载词典后】: 大连/ 市长/ 参加/ 了/ 星海湾/ 跨海大桥/ 的/ 通车/ 仪式

⚑ 说明:

☑ 开发者可以指定自定义的词典, 以便包含 jieba 词库里没有的词。虽然 jieba 有新词识别能力, 但是自行添加新词可以保证更高的正确率。

☑ 词典中一个词占一行; 每一行分三部分: 词语、词频 (可省略)、词性 (可省略), 用空格隔开, 顺序不可颠倒。

☑ 语法格式为: jieba.load_userdict(file_name), file_name 为文件类对象或自定义词典的路径。file_name 若为路径或二进制方式打开的文件, 则文件必须为 UTF-8 编码。词频省略时使用自动计算的能保证分出该词的词频。

☑ 语句①②在自定义字典文件"userdict.txt"中添加两条词语, 保存为 UTF-8 格式。

☑ 语句③导入自定义字典。

11.2.3　SnowNLP

SnowNLP 是一个用 Python 写的类库, 可以方便地处理中文文本内容, 所有的算法都是自己实现的, 并且自带了一些训练好的字典。SnowNLP 相关资料下载可以访问官网地址: https://github.com/isnowfy/snownlp。

主要功能如下:

☑ 中文分词 (Character-Based Generative Model)

☑ 词性标注 (TnT 3-gram 隐马)

☑ 情感分析 (现在训练数据主要是买卖东西时的评价, 所以对其他场景可能效果不是很好, 待解决)

☑ 文本分类 (Naive Bayes)

☑ 转换成拼音 (Trie 树实现的最大匹配)

☑ 繁体转简体 (Trie 树实现的最大匹配)

☑ 提取文本关键词 (TextRank 算法)

☑ 提取文本摘要 (TextRank 算法)

☑ tf, idf (信息衡量)

☑ Tokenization (分割成句子)

☑ 文本相似 (BM25)

【实例 11.15】SnowNLP 中文处理案例。

```
#Example11_15.py

from snownlp import SnowNLP                                    #①

text1 = '''
八达岭长城, 位于北京市延庆区军都山关沟古道北口, 是中国古代伟大的防御工程万里长城的
```

重要组成部分，是明长城的一个隘口。八达岭长城为居庸关的重要前哨，古称"居庸之险不在关而在八达岭"。八达岭长城景区是全国文明风景旅游区示范点，以其宏伟的景观、完善的设施和深厚的文化历史内涵而著称于世，是举世闻名的旅游胜地。

```
'''
s1 = SnowNLP(text1)                                    #②

print(s1.words)                                        #③

tags = [x for x in s1.tags]                            #④
print(tags)

print(s1.sentences)                                    #⑤

print(s1.pinyin)                                       #⑥

print(s1.keywords(limit=5))                            #⑦

print(s1.summary(limit=4))                             #⑧

text2 = '这场足球比赛太精彩了，看得我热血沸腾'
text3 = '这场足球比赛太无聊了，看得我昏昏欲睡'
s2 = SnowNLP(text2)
s3 = SnowNLP(text3)
print(text2, s2.sentiments)                            #⑨
print(text3, s3.sentiments)                            #⑩
```

【运行结果】

['八达岭', '长城', '，', '位于', '北京市', '延庆区', '军', '都', '山', '关', '沟', '古道', '北口', '，', '是', '中国', '古代', '伟大', '的', '防御', '工程', '万里长城', '的', '重要', '组成部分', '，', '是', '明', '长城', '的', '一个', '隘', '口', '。', '八达岭', '长城', '为', '居庸关', '的', '重要', '前哨', '，', '古', '称', '"', '居庸', '之', '险', '不', '在', '关', '而', '在', '八达岭', '"。', '八达岭', '长城', '景区', '是', '全国', '文明', '风景', '旅游区', '示范点', '，', '以', '其', '宏伟', '的', '景观', '、', '完善', '的', '设施', '和', '深厚', '的', '文化', '历史', '内涵', '而', '著称', '于', '世', '，', '是', '举世闻名', '的', '旅游', '胜地', '。']
[('八达岭', 'ns'), ('长城', 'ns'), ('，', 'w'), ('位于', 'v'), ('北京市', 'ns'), ('延庆区', 'nz'), ('军', 'n'), ('都', 'd'), ('山', 'n'), ('关', 'v'), ('沟', 'n'), ('古道', 'n'), ('北口', 'f'), ('，', 'w'), ('是', 'v'), ('中国', 'ns'), ('古代', 't'), ('伟大', 'a'), ('的', 'u'), ('防御', 'vn'), ('工程', 'n'), ('万里长城', 'ns'), ('的', 'u'), ('重要', 'a'), ('组成部分', 'l'), ('，', 'w'), ('是', 'v'), ('明', 'nr'), ('长城', 'ns'), ('的', 'u'), ('一个', 'm'), ('隘', 'm'), ('口', 'q'), ('。', 'w'), ('八达岭', 'ns'), ('长城', 'ns'), ('为', 'p'), ('居庸关', 'ns'), ('的', 'u'), ('重要', 'a'), ('前哨', 'n'), ('，', 'w'), ('古', 'Tg'), ('称', 'v'), ('"', 'w'), ('居庸', 'ad'), ('之', 'u'), ('险', 'Ng'), ('不', 'd'), ('在', 'p'), ('关

', 'n'), ('而', 'c'), ('在', 'p'), ('八达岭', 'ns'), ('"。', 'ns'), ('八达岭', 'ns'), ('长城', 'ns'), ('景区', 'n'), ('是', 'v'), ('全国', 'n'), ('文明', 'n'), ('风景', 'n'), ('旅游区', 'n'), ('示范点', 'n'), ('，', 'w'), ('以', 'p'), ('其', 'r'), ('宏伟', 'a'), ('的', 'u'), ('景观', 'n'), ('、', 'w'), ('完善', 'v'), ('的', 'u'), ('设施', 'n'), ('和', 'c'), ('深厚', 'a'), ('的', 'u'), ('文化', 'n'), ('历史', 'n'), ('内涵', 'n'), ('而', 'c'), ('著称', 'v'), ('于', 'p'), ('世', 'Ng'), ('，', 'w'), ('是', 'v'), ('举世闻名', 'i'), ('的', 'u'), ('旅游', 'vn'), ('胜地', 'n'), ('。', 'w')]

['八达岭长城', '位于北京市延庆区军都山关沟古道北口', '是中国古代伟大的防御工程万里长城的重要组成部分', '是明长城的一个隘口', '八达岭长城为居庸关的重要前哨', '古称"居庸之险不在关而在八达岭"', '八达岭长城景区是全国文明风景旅游区示范点', '以其宏伟的景观、完善的设施和深厚的文化历史内涵而著称于世', '是举世闻名的旅游胜地']

['ba', 'da', 'ling', 'chang', 'cheng', '，', 'wei', 'yu', 'bei', 'jing', 'shi', 'yan', 'qing', 'qu', 'jun', 'dou', 'shan', 'guan', 'gou', 'gu', 'dao', 'bei', 'kou', '，', 'shi', 'zhong', 'guo', 'gu', 'dai', 'wei', 'da', 'de', 'fang', 'yu', 'gong', 'cheng', 'wan', 'li', 'chang', 'cheng', 'de', 'zhong', 'yao', 'zu', 'cheng', 'bu', 'fen', '，', 'shi', 'ming', 'chang', 'cheng', 'de', 'yi', 'ge', 'ai', 'kou', '。', 'ba', 'da', 'ling', 'chang', 'cheng', 'wei', 'ju', 庸, 'guan', 'de', 'zhong', 'yao', 'qian', 'shao', '，', 'gu', 'cheng', '"', 'ju', 庸, 'zhi', 'xian', 'bu', 'zai', 'guan', 'er', 'zai', 'ba', 'da', 'ling', '"。', 'ba', 'da', 'ling', 'chang', 'cheng', 'jing', 'qu', 'shi', 'quan', 'guo', 'wen', 'ming', 'feng', 'jing', 'lv', 'you', 'qu', 'shi', 'fan', 'dian', '，', 'yi', 'qi', 'hong', 'wei', 'de', 'jing', 'guan', '、', 'wan', 'shan', 'de', 'she', 'shi', 'huo', 'shen', 'hou', 'de', 'wen', 'hua', 'li', 'shi', 'nei', 'han', 'er', 'zhu', 'cheng', '于', 'shi', '，', 'shi', 'ju', 'shi', 'wen', 'ming', 'de', 'lv', 'you', 'sheng', 'di', '。']

['长城', '关', '八达岭', '文化', '深厚']

['八达岭长城', '八达岭长城为居庸关的重要前哨', '古称"居庸之险不在关而在八达岭"', '八达岭长城景区是全国文明风景旅游区示范点']

这场足球比赛太精彩了，看得我热血沸腾 0.9480654038652158
这场足球比赛太无聊了，看得我昏昏欲睡 0.1890465628091308

说明：

☑ 语句①导入 SnowNLP 库。

☑ 语句②调用 SnowNLP 函数，读取待处理的中文文本。

☑ 语句③通过 words 属性输出分词列表。

☑ 语句④通过 tags 属性获得词性标注列表。

☑ 语句⑤通过 sentences 属性获得句子列表。

☑ 语句⑥通过 pinyin 属性获得分词拼音列表。

☑ 语句⑦通过 keywords 函数，获得前 5 个关键词组成的列表。

☑ 语句⑧通过 summary 函数，获得前 4 个概括摘要组成的列表。

☑ 语句⑨和⑩通过 sentiments 属性进行情绪判断，返回值为正面情绪的概率，越接近 1 表示正面情绪，越接近 0 表示负面情绪。

11.2.4 NLTK

NLTK（Natural Language Toolkit），自然语言处理工具包，是 NLP 领域中最常使用的一个 Python 库，用于诸如标记化、词形还原、词干化、解析、POS 标注等任务。NLTK 由 Steven Bird 和 Edward Loper 在宾夕法尼亚大学计算机和信息科学系开发。NLTK 相关资料下载可以访问官网地址：https://www.nltk.org/。

若安装了 NLTK，可以运行下面的代码来安装 NLTK 相关包：

```
import nltk
nltk.download()
```

将打开 NLTK 下载器来选择需要安装的软件包，如图 11.5 所示。

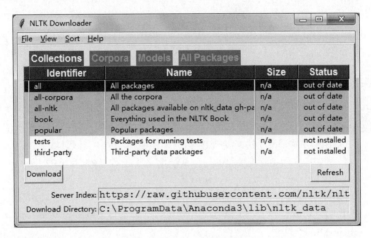

图 11.5 NLTK 下载器

从官方网站下载所有的数据包需要很长时间，本书作者已经将 nltk2.0 的 data 目录里的 zip 文件打包传到百度云盘：https://pan.baidu.com/s/1nSIVVo35-fGp97INIpff9w，提取码：x52a。

NLTK 模块如表 11.1 所示。

表 11.1 NLTK 模块说明表

处理任务	NLTK 模块	功能描述
获取和处理语料库	nltk.corpus	语料库和词典的标准化接口
字符串处理	nltk.tokenize, nltk.stem	分词，句子分解提取主干
搭配发现	nltk.collocations	t-检验，卡方，点互信息 PMI
词性标识符	nltk.tag	n-gram, backoff, Brill, HMM, TnT
分类	nltk.classify, nltk.cluster	决策树，最大熵，贝叶斯，EM，k-means
分块	nltk.chunk	正则表达式，n-gram，命名实体
解析	nltk.parse	图表，基于特征，一致性，概率，依赖
语义解释	nltk.sem, nltk.inference	λ演算，一阶逻辑，模型检验

处理任务	NLTK 模块	功能描述
指标评测	nltk.metrics	精度，召回率，协议系数
概率与估计	nltk.probability	频率分布，平滑概率分布
应用	nltk.app，nltk.chat	图形化的关键词排序，分析器，WordNet 查看器，聊天机器人
语言学领域的工作	nltk.toolbox	处理 SIL 工具箱格式的数据

【实例 11.16】 使用 **NLTK** 对网页信息进行统计分析。

```
#Example11.16.py

import urllib.request                              #①
from bs4 import BeautifulSoup                       #②
import nltk                                         #③
from nltk.corpus import stopwords                   #④

response = urllib.request.urlopen('http://php.net/')
html = response.read()
soup = BeautifulSoup(html,"html5lib")
text = soup.get_text(strip=True)
tokens = [t for t in text.split()]
clean_tokens = tokens[:]
sr = stopwords.words('english')                     #⑤
for token in tokens:                                #⑥
    if token in stopwords.words('english'):
        clean_tokens.remove(token)
freq = nltk.FreqDist(clean_tokens)                  #⑦
for key,val in freq.items():
    print (str(key) + ':' + str(val))

freq.plot(20,cumulative=False)                      #⑧
```

【运行结果】

如图 11.6 所示。

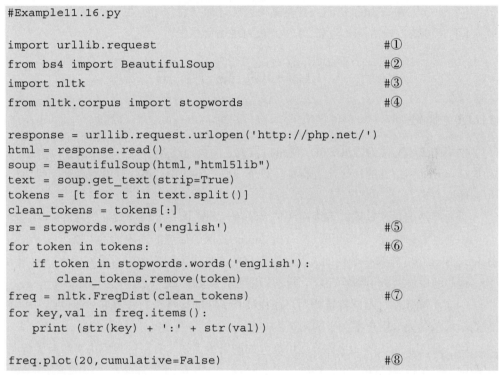

图 11.6　网页信息统计分析

📑 **说明：**

☑ 语句①导入 urllib 库来抓取网页内容，网页抓取内容会在第 11.3 节讲解。

☑ 语句②导入 BeautifulSoup 库来对抓取的文本进行处理。

☑ 语句③导入 nltk 库。

☑ 语句④导入 stopwords 库使用停止词表。

☑ 语句⑤获取英文停止词表。

☑ 语句⑥通过 for 循环语句对列表中的标记进行遍历并删除其中的停止词。

☑ 语句⑦通过 FreqDist()函数实现词频统计的功能。

☑ 语句⑧用绘图函数将前 20 个高频词绘制曲线图。

11.3 网 络 爬 虫

11.3.1 概述

网络爬虫（又称为网页蜘蛛、网络机器人、网页追逐者），是一种按照一定的规则，自动地抓取万维网信息的程序或者脚本。另外一些不常使用的名字还有蚂蚁、自动索引、模拟程序或者蠕虫。

随着网络的迅速发展，万维网成为大量信息的载体，如何有效地提取并利用这些信息成为一个巨大的挑战。搜索引擎（Search Engine），例如传统的通用搜索引擎 Yahoo、Google、Baidu、Bing 等，作为一个辅助人们检索信息的工具成为用户访问万维网的入口和指南。但是，这些通用性搜索引擎存在着一定的局限性，例如：

（1）不同领域、不同背景的用户往往具有不同的检索目的和需求，通过搜索引擎所返回的结果包含大量用户不关心的网页。

（2）通用搜索引擎的目标是尽可能大的网络覆盖率，有限的搜索引擎服务器资源与无限的网络数据资源之间的矛盾将进一步加深。

（3）万维网数据形式的丰富和网络技术的不断发展，图片、数据库、音频、视频多媒体等不同形式数据大量出现，通用搜索引擎往往对这些信息含量密集且具有一定结构的数据无能为力，不能很好地发现和获取。

（4）通用搜索引擎大多提供基于关键字的检索，难以支持根据语义信息提出的查询。

为了解决上述问题，定向抓取相关网页资源的聚焦爬虫应运而生。聚焦爬虫是一个自动下载网页的程序，它根据既定的抓取目标，有选择地访问万维网上的网页与相关的链接，获取所需要的信息。与通用爬虫不同，聚焦爬虫并不追求大的覆盖，而将目标定为抓取与某一特定主题内容相关的网页，为面向主题的用户查询准确数据资源。

网络爬虫是一个自动提取网页的程序，它为搜索引擎从万维网下载网页，是搜索引擎的重要组成。传统爬虫从一个或若干初始网页的 URL 开始，获得初始网页上的 URL，在抓取网页的过程中，不断从当前页面上抽取新的 URL 放入队列，直到满足系统的一定停止条件。聚焦爬虫的工作流程较为复杂，需要根据一定的网页分析算法过滤与主题无关的链接，保留有用的链接并将其放入等待抓取的 URL 队列。然后，它将根据一定的搜索策略从队列中选择下一步要抓取的网页 URL，并重复上述过程，直到达到系统的某一条件时停止。另外，所有被爬虫抓取的网页将会被系统存贮，进行一定的分析、过滤，并建立索引，以便之后的查询和检索；对于聚焦爬虫来说，这一过程所得到的分析结果还可能对以后的抓取过程给出反馈和指导。

聚焦爬虫需要解决三个主要问题：

（1）对抓取目标的描述或定义；

（2）对网页或数据的分析与过滤；

（3）对 URL 的搜索策略。

网络爬虫按照系统结构和实现技术，大致可以分为以下几种类型：通用网络爬虫（General Purpose Web Crawler）、聚焦网络爬虫（Focused Web Crawler）、增量式网络爬虫（Incremental Web Crawler）、深层网络爬虫（Deep Web Crawler）。实际的网络爬虫系统通常是几种爬虫技术相结合实现的。

由于篇幅原因，本章节只介绍最简单的网络爬虫案例。

11.3.2　爬虫实例

爬虫的核心模块有三个：抓取、解析、储存。

1. 抓取

使用 Python 基于 urllib 的第三方模块 requests，采用 Apache2 Licensed 开源协议的 HTTP 库，对 HTTP 协议进行了高度封装。所谓（Hypertext Transfer Protocol，HTTP），简单地说就是一个请求过程。使用 requests 模块可以把网页抓取（或者说下载）下来。

【实例 11.17】requests 库的使用。

```
#Example11_17.py

import requests                                              #①

response = requests.get(url='https://dict.baidu.com/')       #②
print('url:',response.url)                                   #③
print('status_code:',response.status_code)                   #④
print('encoding:',response.encoding)                         #⑤
print('headers:',response.headers)                           #⑥
print('content:\n',response.content)                         #⑦
print('text:\n',response.text)                               #⑧

response = requests.get(url='http://dict.baidu.com/s', params={'wd':
'python'})                                                   #⑨
print(response.url)
print(response.text)
```

【运行结果】

```
url: https://dict.baidu.com/
```

```
status_code: 200
encoding: UTF-8
headers: {'Content-Encoding': 'gzip', 'Content-Type': 'text/html;
charset=UTF-8', 'Date': 'Tue, 11 Feb 2020 04:36:46 GMT', 'P3p': 'CP="
OTI DSP COR IVA OUR IND COM "', 'Server': 'Apache',
......（省略部分内容）
content:
 b'<!DOCTYPE  html>\n<html>\n<head>\n<meta  http-equiv="Content-Type"
content="text/html; charset=utf-8">\n
......（省略部分内容）
text:
 <!DOCTYPE html>
<html>
<head>
    <meta http-equiv="Content-Type" content="text/html;charset=utf-8">
......（省略部分内容）
url: https://dict.baidu.com/s?wd=python
text:
 <!Doctype html>
<html>
<head>
......（省略部分内容）
<div class="tab-content">
        <p>
            Python 是一种跨平台的计算机程序设计语言。是一种面向对象的动态类型语言，
最初被设计用于编写自动化脚本（shell），随着版本的不断更新和语言新功能的添加，越多被
用于独立的、大型项目的开发。
......（省略部分内容）
```

📱 说明：

☑ 语句①导入 requests 模块。

☑ 语句②通过 get()函数把网页请求下来，返回的是一个包含了整个 HTTP 协议需要的 Response 对象，这个对象里面存的是服务器返回的所有信息，包括响应头、响应状态码等。其中返回的网页内容部分会存在 content 和 text 两个属性中。

☑ 语句③通过 url 属性得到请求网页的网址信息。

☑ 语句④通过 status_code 属性得到请求网页的状态码信息。

☑ 语句⑤通过 encoding 属性得到请求网页的编码信息。

☑ 语句⑥通过 headers 属性得到请求网页的头部信息。

☑ 语句⑦通过 content 属性得到请求网页的内容信息，以字节流形式表示。

☑ 语句⑧通过 text 属性得到请求网页的内容信息，以文本形式表示。

☑ 输出 content，会发现前面存在"b'"这样的标志，这是字节字符串的标志，而 text 是没有前面的"b'"。对于纯 ASCII 码，这两个可以说一模一样，而对于其他的文字，需要正确编码才能正常显示。大部分情况建议使用 text，因为显示的是汉字，但有时会显示乱码，这时需要用 content.decode('utf-8')，中文常用 UTF-8 和 GBK、GB2312 等。简而言之，text 是现成的字符串，content 还要编码，但是 text 不是所有时候显示都正常，这时就需要

用 content 进行手动编码。

☑ 语句⑨是带请求参数 get()函数的使用方式。

2. 解析

网页抓取到手之后就是解析网页了。网页解析就是从 HTML 网页中解析提取出"需要的、有价值的数据"或者"新的 URL 链接"。

常见的 Python 网页解析工具有：re 正则匹配、Python 自带的 html.parser 模块、第三方库 BeautifulSoup 以及 lxml 库，本书将使用 BeautifulSoup 进行网页解析。

BeautifulSoup 是一个可以从 HTML 或 XML 文件中提取数据的 Python 第三方库，它能够实现常用的文档导航、查找、修改文档的方式。

BeatufiulSoup 是"结构化解析"模式，以 DOM 树结构为标准，进行标签结构信息的提取。DOM（Document Object Model），即文档对象模型，其树形标签结构如图 11.7 所示。

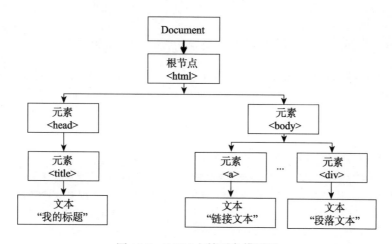

图 11.7 DOM 文档对象模型图

结构化解析时，网页解析器会将下载的整个 HTML 文档看成一个 Document 对象，然后再利用其上下文结构的标签形式，对这个对象的上下级标签进行遍历和信息提取操作。

BeautifulSoup 使用的一般流程分为三步，如图 11.8 所示。

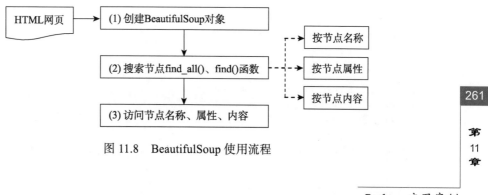

图 11.8 BeautifulSoup 使用流程

☑ soup.find_all(): 查找所有符合查询条件的标签节点，并返回一个列表。

☑ soup.find(): 查找符合查询条件的第一个标签节点。

☑ 利用 DOM 结构标签特性，可以进行更为详细的节点信息提取，如图 11.9 所示。

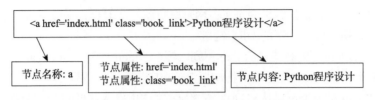

图 11.9　提取节点信息

【实例 11.18】BeautifulSoup 库的使用。

```
#Example11_18.py

from bs4 import BeautifulSoup                               #①

html_doc = """                                              #②
<html>
<head>
    <title>西游记</title>
</head>
<body>
    <p class="title"><b>师徒四人信息</b></p>

    <p class="story">西游记的主人公有四个人，分别是：
    <a href="http://example.com/tangsen" class="teacher">唐僧</a>、
    <a href="http://example.com/sunwukong" class="student">孙悟空</a>、
    <a href="http://example.com/zhubajie" class="student">猪八戒</a>、
<a href="http://example.com/shawujing" class="student">沙悟净</a>。

    </p>

    <p class="story">...</p>
</body>
</html>
"""

html = BeautifulSoup(html_doc,'html.parser')                #③

links = html.find_all('a',attrs={'class': 'teacher'})       #④
print('师傅信息')
for link in links:
    print(link.name,link['href'],link.get_text())           #⑤

links = html.find_all('a',attrs={'class': 'student'})       #⑥
print('徒弟信息')
for link in links:
    print(link.name,link['href'],link.get_text())
```

【运行结果】

```
师傅信息
a http://example.com/tangsen 唐僧
徒弟信息
a http://example.com/sunwukong 孙悟空
a http://example.com/zhubajie 猪八戒
a http://example.com/shawujing 沙悟净
```

说明：

☑ 语句①导入 BeautifulSoup 模块。

☑ 语句②定义一个存储 HTML 格式字符串的变量。

☑ 语句③通过 BeautifulSoup()函数创建 BeautifulSoup 对象，其中 "html.parser" 是解释器。BeautifulSoup 默认支持 Python 的标准 HTML 解析库，但是它也支持一些第三方的解析库，如表 11.2 所示。

表 11.2　BeautifulSoup 支持的解析库表

解析库	使用方法
Python 标准库	BeautifulSoup(html, 'html.parser')
lxml HTML 解析库	BeautifulSoup(html, 'lxml')
lxml XML 解析库	BeautifulSoup(html,['lxml', 'xml'])
htm5lib 解析库	BeautifulSoup(html, 'htm5llib')

☑ 语句④调用 find_all()函数查找所有标签 "a"，并且参数包含 "class='teacher'" 的字符串内容，返回一个列表。使用 attrs 属性设置检索条件。

☑ 语句⑤通过 name 属性获得标签名称，使用类似于 Python 字典索引的方式把 "a" 标签里面 "href" 参数的值提取出来，通过 get_text()函数获得标签里面的文字。

☑ 语句⑥调用 find_all()函数查找所有标签 "a"，并且参数包含 "class=student" 的字符串，返回一个列表。

3. 存储

网页解析之后就是内容存储了。储存有很多种不同的方式，一般来说是要根据后期管理和分析的需要来选择储存方式。总体来说可以分为两大类：文件和数据库。数据文件格式多种多样，例如 csv、dat、xml、xlsx 等；数据库有两大类：SQL 和 NoSQL（not only SQL）。本小节主要介绍存入 csv 格式的文件。

为什么要用 csv 呢？这主要是从数据处理方面考虑的。无论是统计软件系列（R、Stata等）还是 Python 的 Pandas，都对 csv 有着非常好的支持，所以推荐使用 csv 作为主要的文件储存方式。

Python 的 csv 模块支持 Python 数据结构转换成 csv 数据格式。这里简单列举一些有用的函数和类及其方法，关于参数就不多介绍了，有兴趣可以去查看官方文档。

```
#Python 列表 or 元组与 csv 的转换
```

```
csv.reader(file)                                    #读出 csv 文件
csv.writer(file)                                    #写入 csv 文件
writer.writerow(data)                               #写入一行数据
writer.writerows(data)                              #写入多行数据

#Python 字典与 csv 的转换
csv.DictReader(file)                                #读出 csv 文件
csv.DictWriter(file)                                #写入 csv 文件
writer.writeheader()                                #写文件头
writer.writerow(data)                               #写入一行数据
writer.writerows(data)                              #写入多行数据
```

【实例 11.19】 爬取笔者所在单位的学院要闻网页内容。

```
#Example11_19.py

import requests
from bs4 import BeautifulSoup
import csv                                                              #①

def getHTML(url):                                                       #②
    r = requests.get(url)
    return r.content

def parseHTML(html):                                                    #③
    soup = BeautifulSoup(html,'html.parser')
    mainlist = soup.find('div', attrs={'class': 'sx_ri_mainlist'})
    ulTag = mainlist.find('ul')
    aTag = ulTag.find_all('a')

    newsList = []                                                       #④
    for a in aTag:
        url = a['href']
        text = a.get_text()
        newsList.append([url,text])                                     #⑤
    return newsList                                                     #⑥

def writeCSV(file_name,data_list):                                      #⑦
    with open(file_name,'w',newline='',encoding='gbk') as f:            #⑧
        writer = csv.writer(f)                                          #⑨
        for data in data_list:
            writer.writerow(data)                                      #⑩

def readCSV(file_name):                                                 #⑪
    with open(file_name,'r',newline='',encoding='gbk') as f:            #⑫
        data_list = f.readlines()                                      #⑬
        for line in data_list:
            print(line)
```

```
URL = 'http://it.dlufl.edu.cn/xyyw/xyyw/'
html = getHTML(URL)
data_list = parseHTML(html)
writeCSV('test.csv',data_list)
readCSV('test.csv')
```

【运行结果】

```
http://it.dlufl.edu.cn/xyyw/xyyw/2019-12-25/70615.html,软件学院召开 2019
年党支部书记党建工作述职评议会 2019-12-24

http://it.dlufl.edu.cn/xyyw/xyyw/2019-12-20/70348.html,预防火灾，警钟长
鸣 软件学院召开消防安全知识专题讲座 2019-12-18

http://it.dlufl.edu.cn/xyyw/xyyw/2019-12-13/70241.html,我院学生在第十五
届「中国人の日本語作文コンクール」中荣获佳绩 2019-12-13

http://it.dlufl.edu.cn/xyyw/xyyw/2019-12-10/70131.html,软件学院举办优秀
毕业生励志讲座 2019-12-10
......（省略部分内容）
```

说明：

☑ 语句①导入 csv 模块，实现将数据结构转换为 csv 格式。

☑ 语句②定义函数 getHTML(url)抓取指定页面内容。

☑ 语句③定义函数 parseHTML(html)对抓取的内容进行解析。笔者所在单位的学院要闻网页的网址为：http://it.dlufl.edu.cn/xyyw/xyyw/，使用快捷键 Ctrl+Shift+I 打开网页的审查模式，如图 11.10 所示。新闻列表被 class='sx_ri_mainlist'的 div 标签包含，div 标签下包含 ul 标签，ul 标签下包含 a 标签。

☑ 语句④定义列表 newsList 用于存储网页解析的内容。

☑ 语句⑤将分析后的数据以列表的形式[url,text]追加到 newsList 列表尾部。

☑ 语句⑥返回数据列表 newsList。

☑ 语句⑦定义函数 writeCSV(file_name,data_list)将列表 data_list 中的内容写入到名为 file_name 的 csv 文件中。

☑ 语句⑧调用 open()函数：以"w"方式打开文件只用于写入操作，如果该文件已存在则打开文件，并从开头开始编辑，即原有内容会被删除，如果该文件不存在，则创建新文件；"newline=""" 区分换行符；"encoding='gbk'" 进行中文编码。

☑ 语句⑧使用的 with…as…是一个上下文管理协议，对于文件来说，它的作用就是相当于自动管理文件的打开和关闭，因此使用 with…as…是更安全的选择。

☑ 语句⑨调用 csv 的 writer()函数，创建文件写入对象 writer。

☑ 语句⑩调用 writerow()函数逐行写入文件。

☑ 语句⑪定义函数 readCSV(file_name)读取 csv 文件中的数据。

☑ 语句⑫调用 open()函数：以"r"方式打开文件只用于只读操作。

☑ 语句⑬调用 readlines()函数读取文件中所有数据行。

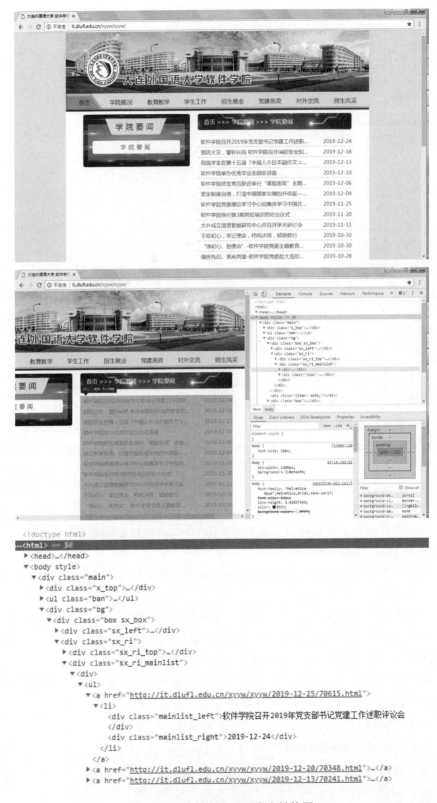

图 11.10 数据爬取网页内容结构图

【实例 11.20】爬取某病毒发展趋势数据。

```
#Example11.20.py

import time
import json
import requests
from datetime import datetime,timedelta
import numpy as np
import matplotlib
import matplotlib.figure
import matplotlib.pyplot as plt
import matplotlib.dates as mdates
import pandas as pd

plt.rcParams['font.sans-serif'] = ['FangSong']
plt.rcParams['axes.unicode_minus'] = False

def catch_daily():

url                                                                          =
'https://view.inews.qq.com/g2/getOnsInfo?name=wuwei_ww_cn_day_counts
&
callback=&_=%d'%int(time.time()*1000)                        #①
    data = json.loads(requests.get(url=url).json()['data'])
    data.sort(key=lambda x:x['date'])

    print(url)

    with
open('data-'+datetime.now().strftime("%Y-%m-%d")+'.json','w',encodin
g='utf-8') as fp:
        json.dump(data,fp,ensure_ascii=False)                    #②

    '''
    with open('data-*.json','r',encoding='utf-8')as fp:    #③
        data = json.load(fp)
    '''

    date_list = list()                                          #日期列表
    confirm_list = list()                                       #确诊列表
    suspect_list = list()                                       #疑似列表
    dead_list = list()                                          #死亡列表
    health_list = list()                                        #治愈列表
    for item in data:
        month, day = item['date'].split('/')
        date_list.append(datetime.strptime('2020-%s-%s'%(month, day),
'%Y-%m-%d'))
        confirm_list.append(int(item['confirm']))
        suspect_list.append(int(item['suspect']))
```

```
        dead_list.append(int(item['dead']))
        health_list.append(int(item['heal']))

    return date_list, confirm_list, suspect_list, dead_list, health_list


def plot_daily_all(date_list, confirm_list, suspect_list, dead_list,
health_list):                                                    #④

    plt.figure('某病毒累积新增趋势', facecolor='#f4f4f4', figsize=(10, 8))
    plt.title('某病毒累积新增趋势', fontsize=20)

    plt.plot(date_list, confirm_list, label='确诊病例')
    plt.plot(date_list, suspect_list, label='疑似病例')
    plt.plot(date_list, health_list, label='治愈病例')
    plt.plot(date_list, dead_list, label='死亡病例')


plt.gca().xaxis.set_major_formatter(mdates.DateFormatter('%y-%m-%d')
)
    plt.gcf().autofmt_xdate()
    plt.xticks(pd.date_range('2020-01-13',(datetime.now() + \

timedelta(days=-1)).strftime("%Y-%m-%d")),rotation=90)
    plt.grid(linestyle=':')
    plt.legend(loc='best')

    plt.savefig('某病毒累积新增趋势.png')


def plot_daily_single(date_list, single_list,txt):               #⑤

    daily_single_list = list([single_list[0]])
    for i in range(len(single_list)-1):
        daily_single_list.append(single_list[i+1] - single_list[i])

    plt.figure(txt, facecolor='#f4f4f4', figsize=(10, 8))
    plt.title(txt, fontsize=20)

    plt.bar(date_list, daily_single_list)

plt.gca().xaxis.set_major_formatter(mdates.DateFormatter('%y-%m-%d')
)
    plt.gcf().autofmt_xdate()
    plt.xticks(pd.date_range('2020-01-13',(datetime.now() + \

timedelta(days=-1)).strftime("%Y-%m-%d")),rotation=90)
    plt.grid(linestyle=':')
    plt.legend(loc='best')
```

```python
    plt.savefig(txt + '.png')


def plot_daily_confirm_health(date_list, confirm_list, health_list,
txt):                                                    #⑥

    daily_confirm_list = list([confirm_list[0]])
    daily_health_list = list([health_list[0]])

    for i in range(len(confirm_list)-1):
        daily_confirm_list.append(confirm_list[i+1] - confirm_list[i])
        daily_health_list.append(health_list[i+1] - health_list[i])

    daily_subtract_list = list()
    for i in range(len(confirm_list)):
        daily_subtract_list.append(daily_confirm_list[i]                -
daily_health_list[i])

    plt.figure(txt, facecolor='#f4f4f4', figsize=(10, 8))
    plt.title(txt, fontsize=20)

    plt.plot(date_list, daily_subtract_list, label='每日（确诊-治愈）病例
')
    plt.plot(date_list, daily_confirm_list, label='新增确诊病例')
    plt.plot(date_list, daily_health_list, label='新增治愈病例')


plt.gca().xaxis.set_major_formatter(mdates.DateFormatter('%y-%m-%d')
)
    plt.gcf().autofmt_xdate()
    plt.xticks(pd.date_range('2020-01-13',(datetime.now() + \
timedelta(days=-1)).strftime("%Y-%m-%d")),rotation=90)
    plt.grid(linestyle=':')
    plt.legend(loc='best')
    plt.savefig(txt + '.png')

if __name__ == '__main__':                                    #⑦
    date_list, confirm_list, suspect_list, dead_list, health_list =
catch_daily()
    plot_daily_all(date_list, confirm_list, suspect_list, dead_list,
health_list)
    plot_daily_single(date_list, confirm_list,'某病毒每日新增确诊病例')
    plot_daily_single(date_list, health_list,'某病毒每日新增治愈病例')
    plot_daily_confirm_health(date_list, confirm_list, health_list,'某
病毒每日（新增-治愈）人数')
```

【运行结果】

如图 11.11 所示。

Python 应用案例

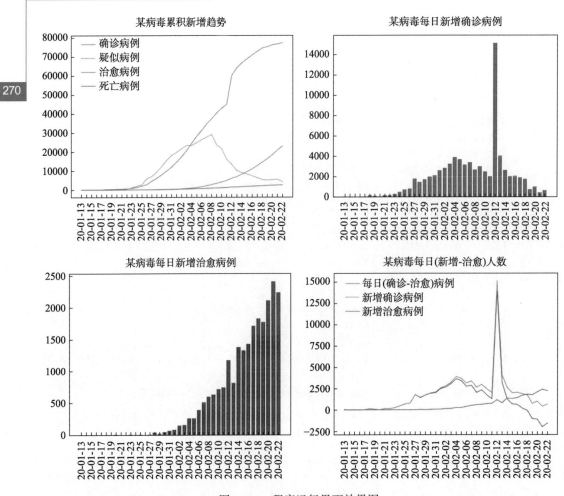

图 11.11　程序运行界面效果图

📖 **说明：**

    ☑ 语句①从腾讯网站通过抓包得到病毒疫情的数据来自此 URL，在 URL 后跟上一个 13 位的时间戳。

    ☑ 语句②将抓取到的数据存储到 json 文件中。

    ☑ 语句③被注释掉了，如果 URL 发生变化将导致无法在线爬取数据，读者可以从本书附带的 json 文件中读取数据。

    ☑ 语句④定义函数 plot_daily_all()，绘制某病毒累计新增趋势。

    ☑ 语句⑤定义函数 plot_daily_single()，绘制某指标每日新增病例。

    ☑ 语句⑥定义函数 plot_daily_confirm_health()，绘制某病毒每日(新增-治愈)人数。

    ☑ __name__是当前模块名，当模块被直接运行时模块名为__main__，见语句⑦。这句话的意思就是，当模块被直接运行时，以下代码块将被运行，当模块被导入时，代码块不被运行。

11.4　游戏开发

11.4.1　概述

Python 可以直接调用 OpenGL 实现 3D 绘制，这是高性能游戏引擎的技术基础。有很多 Python 语言实现的游戏引擎，例如 PyGame、Panda3D 以及 Cocos 2d 等。

PyGame 最初是由 Pete Shinner 编写的，该项目于 2000 年 10 月启动，六个月后发布 1.0 版。PyGame 是一个利用 SDL（Simple DirectMedia Layer）编写的游戏库。SDL 是一个用于控制多媒体的跨平台 C 库，与 DirectX 相当，已被用于数百种商业和开源游戏。Pete Shinner 对 Python 和 SDL 两个项目的简洁与优雅印象深刻，决定将 Python 和 SDL 结合起来，组建一个真正利用 Python 的项目，目标是让简单的事情变得更容易，让困难的事情变得简单。

11.4.2　游戏实例

【实例 11.21】第一个 Python 小游戏。

```
#Example11.21.py

import pygame
from pygame import *                                    #①

init()                                                  #②
screen = display.set_mode((400, 300))                   #③
display.set_caption('小游戏界面')                         #④

while True:                                              #⑤
    for event in pygame.event.get():                    #⑥
        if event.type == QUIT:                          #⑦
            exit()

    screen.fill(Color("red"))                           #⑧
    display.update()                                    #⑨
```

【运行结果】

如图 11.12 所示。

图 11.12　小游戏运行界面效果图

📇 **说明：**

- ☑ 语句①导入 pygame 模块中所有函数。
- ☑ 语句②调用 init()函数初始化所有引入的 pygame 模块。
- ☑ 语句③调用 set_mode()函数创建 screen 对象，设置窗口大小为 400*300 像素。
- ☑ 语句④调用 set_caption()函数设置窗口标题。
- ☑ 语句⑤设置恒真 while 循环，始终执行窗体操作。
- ☑ 语句⑥监听窗体所发生的事件。
- ☑ 语句⑦当事件的 type 属性为 QUIT 时，执行 exit()函数结束 pygame 窗口。
- ☑ 语句⑧调用 fill()函数给窗口填充指定颜色。
- ☑ 语句⑨调用 update()函数更新窗口界面。

【实例 11.22】 随机改变窗口背景色。

```
#Example11.22.py

import pygame
from pygame import *
import os                                                      #①
from sys import exit
from random import randint
from time import sleep                                         #②

size = (600,500)
white = (255,255,255)
title = '我的游戏'
message = '随机改变背景色'

pygame.init()
screen = pygame.display.set_mode((600,500))
pygame.display.set_caption('我的游戏')

font         =        pygame.font.Font(os.environ['SYSTEMROOT']        +
'\\Fonts\\simkai.ttf',60)                                      #③
text = font.render(message,True,white)                         #④
x = (size[0]-text.get_width()) / 2                             #⑤
y = (size[1]-text.get_height()) / 2                            #⑥

while True:
    for event in pygame.event.get():
        if event.type == QUIT:
            exit()

    color = (randint(0,255),randint(0,255),randint(0,255))     #⑦
    screen.fill(color)
    screen.blit(text,(x,y))                                    #⑧
    sleep(1)                                                   #⑨
    pygame.display.update()
```

【运行结果】

如图 11.3 所示。

图 11.13   小游戏运行界面效果图

📖 **说明：**

☑ 语句①导入 os 模块，用于获取操作系统的相关信息。

☑ 语句②导入 time 模块的 sleep()函数。

☑ 语句③设置显示文字的字体为楷体。

☑ 语句④设置显示文字的颜色为白色。

☑ 语句⑤⑥设置文字在窗口内的显示坐标。

☑ 语句⑦随机生成 RGB 三原色编码。

☑ 语句⑧调用 blit()函数在窗口上显示文字。

☑ 语句⑨调用 sleep()函数让程序休眠 1 秒钟。

【实例 11.23】贪吃蛇小游戏。

```
#Example11.23.py

import random
import pygame
import sys
from pygame.locals import *

Snakespeed = 3
Window_Width = 500
Window_Height = 400
Cell_Size = 20                                          #设置单元格尺寸
assert Window_Width % Cell_Size == 0, "窗口宽度必须是单元格大小的倍数。"
assert Window_Height % Cell_Size == 0, "窗口高度必须是单元格大小的倍数。"
Cell_W = int(Window_Width / Cell_Size)
Cell_H = int(Window_Height / Cell_Size)

White = (255, 255, 255)
Black = (0, 0, 0)
Red = (255, 0, 0)                                       #设置食物颜色
Green = (0, 255, 0)
DARKGreen = (0, 155, 0)
```

273

第
11
章

```python
DARKGRAY = (40, 40, 40)
YELLOW = (255, 255, 0)
Red_DARK = (150, 0, 0)
BLUE = (0, 0, 255)
BLUE_DARK = (0, 0, 150)

BGCOLOR = Black                                           #设置背景色

UP = 'up'                                                 #设置方向键
DOWN = 'down'
LEFT = 'left'
RIGHT = 'right'

HEAD = 0

def main():
    global SnakespeedCLOCK, DISPLAYSURF, BASICFONT

    pygame.init()
    SnakespeedCLOCK = pygame.time.Clock()
    DISPLAYSURF = pygame.display.set_mode((Window_Width, Window_Height))
    BASICFONT = pygame.font.Font('freesansbold.ttf', 18)
    pygame.display.set_caption('Snake')

    showStartScreen()
    while True:
        runGame()
        showGameOverScreen()


def runGame():
    startx = random.randint(5, Cell_W - 6)
    starty = random.randint(5, Cell_H - 6)
    wormCoords = [{'x': startx, 'y': starty},
                  {'x': startx - 1, 'y': starty},
                  {'x': startx - 2, 'y': starty}]
    direction = RIGHT

    apple = getRandomLocation()

    while True:
        for event in pygame.event.get():
            if event.type == QUIT:
                terminate()
            elif event.type == KEYDOWN:
                if (event.key == K_LEFT) and direction != RIGHT:
                    direction = LEFT
                elif (event.key == K_RIGHT) and direction != LEFT:
                    direction = RIGHT
                elif (event.key == K_UP) and direction != DOWN:
                    direction = UP
```

```
            elif (event.key == K_DOWN) and direction != UP:
                direction = DOWN
            elif event.key == K_ESCAPE:
                terminate()

        #判断蛇是否撞击自身或边界
        if wormCoords[HEAD]['x'] == -1 or wormCoords[HEAD]['x'] ==
Cell_W or wormCoords[HEAD]['y'] ==
-1 or wormCoords[HEAD]['y'] == Cell_H:
            return  # game over
        for wormBody in wormCoords[1:]:
            if wormBody['x'] == wormCoords[HEAD]['x'] and
wormBody['y'] == wormCoords[HEAD]['y']:
                return  # game over

        #判断蛇是否吃了苹果
        if wormCoords[HEAD]['x'] == apple['x'] and wormCoords[HEAD]['y']
== apple['y']:
            apple = getRandomLocation()
        else:
            del wormCoords[-1]

        if direction == UP:
            newHead = {'x': wormCoords[HEAD]['x'],
                       'y': wormCoords[HEAD]['y'] - 1}
        elif direction == DOWN:
            newHead = {'x': wormCoords[HEAD]['x'],
                       'y': wormCoords[HEAD]['y'] + 1}
        elif direction == LEFT:
            newHead = {'x': wormCoords[HEAD][
                'x'] - 1, 'y': wormCoords[HEAD]['y']}
        elif direction == RIGHT:
            newHead = {'x': wormCoords[HEAD][
                'x'] + 1, 'y': wormCoords[HEAD]['y']}
        wormCoords.insert(0, newHead)
        DISPLAYSURF.fill(BGCOLOR)
        drawGrid()
        drawWorm(wormCoords)
        drawApple(apple)
        drawScore(len(wormCoords) - 3)
        pygame.display.update()
        SnakespeedCLOCK.tick(Snakespeed)


def drawPressKeyMsg():
    pressKeySurf = BASICFONT.render('Press a key to play.', True, White)
    pressKeyRect = pressKeySurf.get_rect()
    pressKeyRect.topleft = (Window_Width - 200, Window_Height - 30)
    DISPLAYSURF.blit(pressKeySurf, pressKeyRect)


def checkForKeyPress():
```

```
        if len(pygame.event.get(QUIT)) > 0:
            terminate()
    keyUpEvents = pygame.event.get(KEYUP)
    if len(keyUpEvents) == 0:
        return None
    if keyUpEvents[0].key == K_ESCAPE:
        terminate()
    return keyUpEvents[0].key


def showStartScreen():
    titleFont = pygame.font.Font('freesansbold.ttf', 100)
    titleSurf1 = titleFont.render('Snake!', True, White, DARKGreen)
    degrees1 = 0
    degrees2 = 0
    while True:
        DISPLAYSURF.fill(BGCOLOR)
        rotatedSurf1 = pygame.transform.rotate(titleSurf1, degrees1)
        rotatedRect1 = rotatedSurf1.get_rect()
        rotatedRect1.center = (Window_Width / 2, Window_Height / 2)
        DISPLAYSURF.blit(rotatedSurf1, rotatedRect1)

        drawPressKeyMsg()

        if checkForKeyPress():
            pygame.event.get()
            return
        pygame.display.update()
        SnakespeedCLOCK.tick(Snakespeed)
        degrees1 += 3
        degrees2 += 7


def terminate():
    pygame.quit()
    sys.exit()


def getRandomLocation():
    return {'x': random.randint(0, Cell_W - 1), 'y': random.randint(0,
Cell_H - 1)}


def showGameOverScreen():
    gameOverFont = pygame.font.Font('freesansbold.ttf', 100)
    gameSurf = gameOverFont.render('Game', True, White)
    overSurf = gameOverFont.render('Over', True, White)
    gameRect = gameSurf.get_rect()
    overRect = overSurf.get_rect()
    gameRect.midtop = (Window_Width / 2, 10)
    overRect.midtop = (Window_Width / 2, gameRect.height + 10 + 25)
```

```python
        DISPLAYSURF.blit(gameSurf, gameRect)
        DISPLAYSURF.blit(overSurf, overRect)
        drawPressKeyMsg()
        pygame.display.update()
        pygame.time.wait(500)
        checkForKeyPress()

        while True:
            if checkForKeyPress():
                pygame.event.get()
                return


def drawScore(score):
    scoreSurf = BASICFONT.render('Score: %s' % (score), True, White)
    scoreRect = scoreSurf.get_rect()
    scoreRect.topleft = (Window_Width - 120, 10)
    DISPLAYSURF.blit(scoreSurf, scoreRect)


def drawWorm(wormCoords):
    for coord in wormCoords:
        x = coord['x'] * Cell_Size
        y = coord['y'] * Cell_Size
        wormSegmentRect = pygame.Rect(x, y, Cell_Size, Cell_Size)
        pygame.draw.rect(DISPLAYSURF, DARKGreen, wormSegmentRect)
        wormInnerSegmentRect = pygame.Rect(
            x + 4, y + 4, Cell_Size - 8, Cell_Size - 8)
        pygame.draw.rect(DISPLAYSURF, Green, wormInnerSegmentRect)


def drawApple(coord):
    x = coord['x'] * Cell_Size
    y = coord['y'] * Cell_Size
    appleRect = pygame.Rect(x, y, Cell_Size, Cell_Size)
    pygame.draw.rect(DISPLAYSURF, Red, appleRect)


def drawGrid():
    for x in range(0, Window_Width, Cell_Size):      #绘制垂直线
        pygame.draw.line(DISPLAYSURF, DARKGRAY, (x, 0), (x, Window_Height))
    for y in range(0, Window_Height, Cell_Size):      #绘制水平线
        pygame.draw.line(DISPLAYSURF, DARKGRAY, (0, y), (Window_Width, y))


if __name__ == '__main__':
    try:
        main()
    except SystemExit:
        pass
```

【运行结果】

如图 11.14 所示。

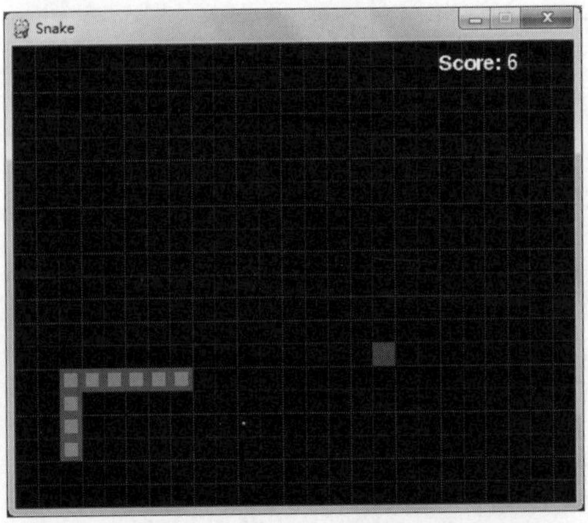

图 11.14　贪吃蛇运行界面

11.5　本 章 小 结

Python 科学计算常用的库包括：NumPy、matplotlib、SciPy、Pandas 等。

Python 自然语言处理常用的库包括：jieba、SnowNLP、NLTK 等。

Python 网络爬虫常用的库包括：requests、BeautifulSoup、csv 等。

Python 游戏开发常用的库包括：PyGame、Panda3D、cocos2d 等。

图 书 资 源 支 持

感谢您一直以来对清华版图书的支持和爱护。为了配合本书的使用，本书提供配套的资源，有需求的读者请扫描下方的"书圈"微信公众号二维码，在图书专区下载，也可以拨打电话或发送电子邮件咨询。

如果您在使用本书的过程中遇到了什么问题，或者有相关图书出版计划，也请您发邮件告诉我们，以便我们更好地为您服务。

我们的联系方式：

地　　址：北京市海淀区双清路学研大厦 A 座 701

邮　　编：100084

电　　话：010-83470236　010-83470237

资源下载：http://www.tup.com.cn

客服邮箱：2301891038@qq.com

QQ：2301891038（请写明您的单位和姓名）

资源下载、样书申请

书 圈

扫一扫，获取最新目录

课 程 直 播

用微信扫一扫右边的二维码，即可关注清华大学出版社公众号"书圈"。